应用型本科机电类专业“十三五”规划精品教材

AutoCAD 机械制图实践教程

主　编　张　融（武昌工学院）
　　　　祁　锋（武汉工程科技学院）
副主编　陈慧珍（沈阳科技学院）
　　　　王　杰（武汉工程科技学院）
参　编　吴晓光（武汉工程科技学院）
　　　　闫航瑞（武汉工程科技学院）
　　　　刘丽明（武汉工程科技学院）

华中科技大学出版社
中国·武汉

图书在版编目(CIP)数据

AutoCAD机械制图实践教程/张融,祁锋主编. —武汉:华中科技大学出版社,2017.2
应用型本科机电类专业"十三五"规划精品教材
ISBN 978-7-5680-2250-7

Ⅰ.①A… Ⅱ.①张… ②祁… Ⅲ.①机械制图-AutoCAD软件-高等学校-教材 Ⅳ.①TH126

中国版本图书馆CIP数据核字(2016)第243483号

AutoCAD机械制图实践教程
AutoCAD Jixie Zhitu Shijian Jiaocheng

张融 祁锋 主编

策划编辑:袁 冲
责任编辑:史永霞
封面设计:原色设计
责任监印:朱 玢
出版发行:华中科技大学出版社(中国·武汉) 电话:(027)81321913
武汉市东湖新技术开发区华工科技园 邮编:430223
录 排:武汉正风天下文化发展有限公司
印 刷:武汉市籍缘印刷厂
开 本:787mm×1092mm 1/16
印 张:10.5
字 数:274千字
版 次:2017年2月第1版第1次印刷
定 价:29.00元

目录 MULU

基础知识篇

实 战 篇

基础知识篇

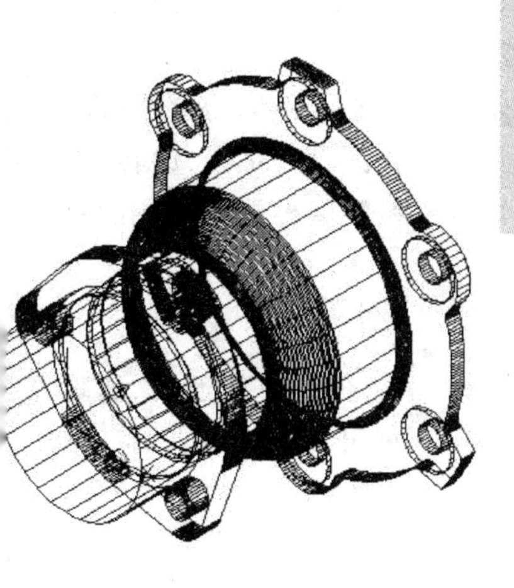

第 1 章

AutoCAD 软件环境熟悉

AutoCAD 是由美国 Autodesk 公司开发的通用计算机辅助设计(computer aided design，CAD)软件，具有易于掌握、使用方便、体系结构开放等优点，能够绘制二维图形与三维图形、标注尺寸、渲染图形以及打印输出图纸，目前已广泛应用于机械、建筑、电子、航天、造船、石油化工、土木工程、冶金、地质、气象、纺织、轻工、商业等领域。

1.1 AutoCAD 的基本功能

AutoCAD 自 1982 年问世以来，经历了十余次升级，其每一次升级在功能上都得到了逐步增强，且日趋完善。AutoCAD 具有强大的辅助绘图功能，因此已成为工程设计领域中应用最为广泛的计算机辅助绘图与设计软件之一。AutoCAD 作为一款计算机辅助绘图软件，其基本功能主要包括以下几个方面。

1. 绘制与编辑图形

AutoCAD 的“绘图”菜单中包含丰富的绘图命令，使用它们可以绘制直线、构造线、多段线、圆、矩形、多边形、椭圆形等基本图形，也可以将绘制的图形转换为面域，对其进行填充。如果再借助于“修改”菜单中的修改命令，便可以绘制出各种各样的二维图形。

对于一些二维图形，通过拉伸、设置标高和厚度等操作就可以轻松地将其转换为三维图形。使用“绘图”|“建模”命令中的子命令，用户可以很方便地绘制圆柱体、球体、长方体等基本实体，以及三维网格、旋转网格等曲面模型。同样，再结合“修改”菜单中的相关命令，还可以绘制出各种各样的复杂三维图形。

2. 尺寸标注

尺寸标注是向图形中添加测量注释的过程，是整个绘图过程中不可缺少的一步。AutoCAD 的“标注”菜单中包含了一套完整的尺寸标注和编辑命令，使用它们可以在图形的各个方向上创建各种类型的标注，也可以方便、快速地以一定格式创建符合行业或项目标准的标注。

标注显示了对象的测量值，对象之间的距离、角度，或者特征与指定原点的距离。AutoCAD 提供了线性、半径和角度三种基本的标注类型，可以进行水平、垂直、对齐、旋转、坐标、基线或连续等标注；此外，还可以进行引线标注、公差标注及自定义粗糙度标注。标注的对象可以是二维图形和三维图形。

3. 渲染与着色

在 AutoCAD 中可以使用渲染和着色功能对三维图形进行处理，从而得到更加逼真、清晰的效果。为图形设置光源、附着材质、添加场景、背景等，然后进行渲染，就可以得到逼真的三维实体模型。

4. 输出与打印

AutoCAD不仅允许将所绘图形以不同样式通过绘图仪或打印机输出，还能够将不同格式的图形导入AutoCAD或将AutoCAD图形以其他格式输出。

1.2 AutoCAD工作空间界面

1.2.1 AutoCAD经典工作空间界面

AutoCAD 2007是AutoCAD系列软件的经典版本，与AutoCAD先前的版本相比，它在性能和功能方面都有较大的增强，同时保证与低版本完全兼容，使用广泛，作为大学生入门学习较适宜。因此，选择AutoCAD 2007版本作为本书教程的软件版本，教程中所有操作均在此版本中完成。

AutoCAD 2007(中文版)为用户提供了"AutoCAD经典"和"三维建模"两种工作空间模式。已经习惯于AutoCAD传统界面的用户，可以采用"AutoCAD经典"工作空间模式。AutoCAD 2007(中文版)的AutoCAD经典工作空间界面主要由标题栏、菜单栏、工具栏、绘图窗口、命令行与文本窗口、状态栏等组成，如图1-1所示。

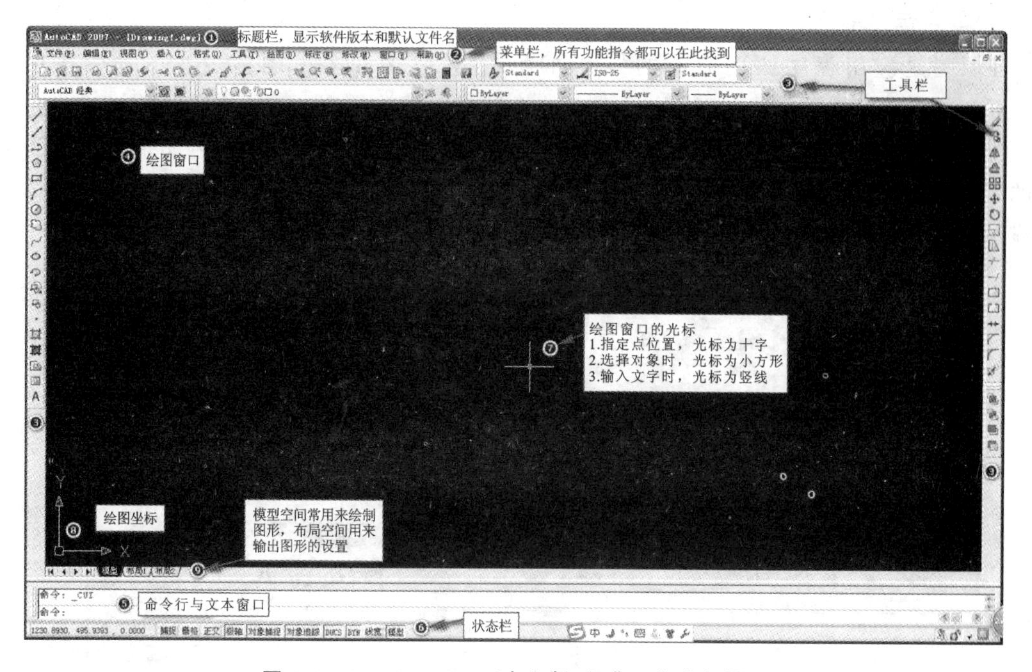

图1-1 AutoCAD 2007(中文版)经典工作空间界面

1. 标题栏

标题栏位于应用程序窗口的最上面，用于显示当前正在运行的程序名及文件名等信息。如果是AutoCAD默认的图形文件，其名称为DrawingN.dwg(N是数字)。单击标题栏右端的按钮，可以最小化、最大化或关闭应用程序窗口。标题栏最左边是应用程序的小图标，单击它将会弹出一个AutoCAD窗口控制下拉菜单，可以执行最小化或最大化窗口、恢复窗口、移动窗口、关闭AutoCAD等操作。

2. 菜单栏与快捷菜单

AutoCAD 2007（中文版）的菜单栏由“文件”“编辑”“视图”等菜单组成，几乎包括了AutoCAD中全部的功能和命令。快捷菜单又称为上下文相关菜单。在绘图窗口、工具栏、状态栏、模型与布局选项卡以及一些对话框上右击，将弹出一个快捷菜单，该菜单中的命令与AutoCAD当前状态相关。使用这些命令，可以在不启动菜单栏的情况下快速、高效地完成某些操作，如图1-2所示。

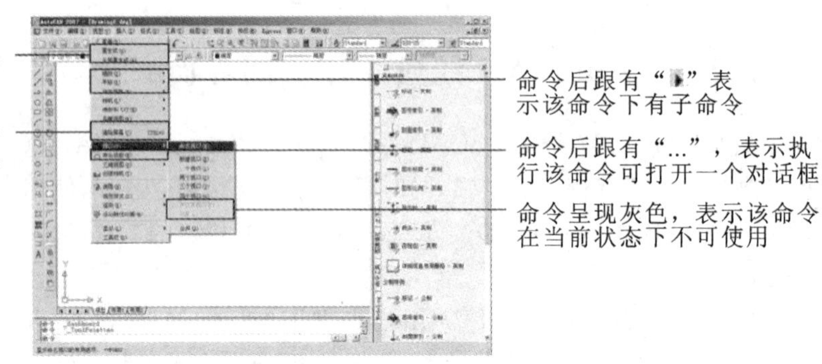

图 1-2　菜单栏与快捷菜单

3. 工具栏

工具栏是应用程序调用命令的另一种方式，它包含许多由图标表示的命令按钮。在AutoCAD中，系统共提供了20多个已命名的工具栏。默认情况下，“标准”（见图1-3(a)）、“属性”、“绘图”（见图1-3(b)）和“修改”（见图1-3(c)）等工具栏处于打开状态。如果要显示当前隐藏的工具栏，可在任意工具栏上右击，此时将弹出一个快捷菜单（见图1-3(d)），通过选择命令可以显示或关闭相应的工具栏。

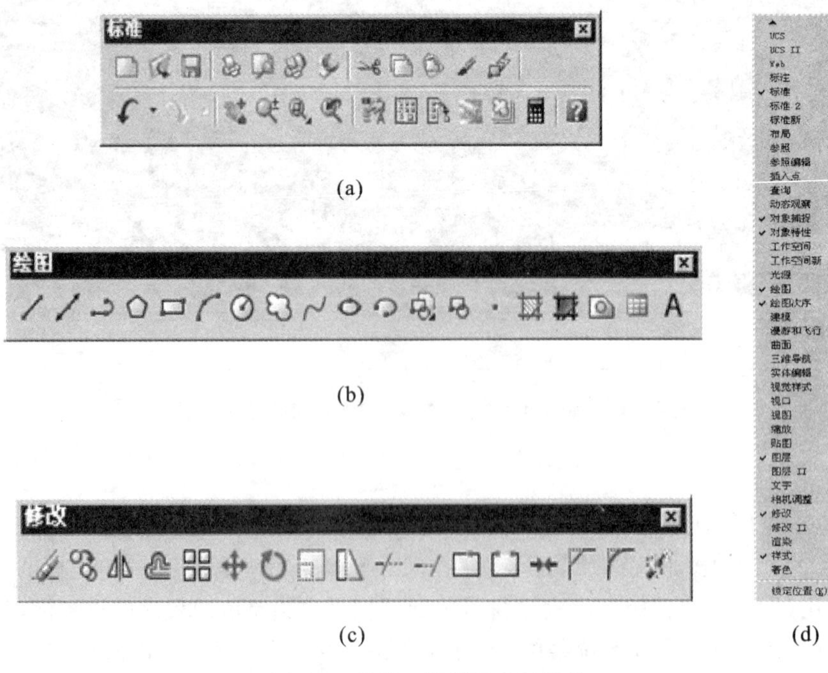

图 1-3　几种工具栏及右键菜单

4. 绘图窗口

在 AutoCAD 中，绘图窗口是用户绘图的工作区域，所有的绘图结果都反映在这个窗口中。可以根据需要关闭其周围和里面的各个工具栏，以增大绘图空间。如果图纸比较大，需要查看未显示部分，可以单击窗口右边与下边滚动条上的箭头，或拖动滚动条上的滑块来移动图纸。

绘图窗口除了显示当前的绘图结果外，还显示当前使用的坐标系类型以及坐标原点、X 轴、Y 轴、Z 轴的方向等。默认情况下，坐标系为世界坐标系(WCS)。绘图窗口的下方有“模型”和“布局”选项卡，单击其标签可以在模型空间或图纸空间之间来回切换。

5. 命令行与文本窗口

命令行窗口位于绘图窗口的底部，用于接收用户输入的命令，并显示 AutoCAD 提示信息，如图 1-4(a)所示。在 AutoCAD 2007 中，“命令行”窗口可以拖放为浮动窗口。

AutoCAD 文本窗口是记录 AutoCAD 命令的窗口，是放大的命令行窗口，它记录了已执行的命令，也可以用来输入新命令。在 AutoCAD 2007 中，可以选择“视图”|“显示”|“文本窗口”命令、执行 TEXTSCR 命令或按 F2 键来打开 AutoCAD 文本窗口，它记录了对文档进行的所有操作，如图 1-4(b)所示。

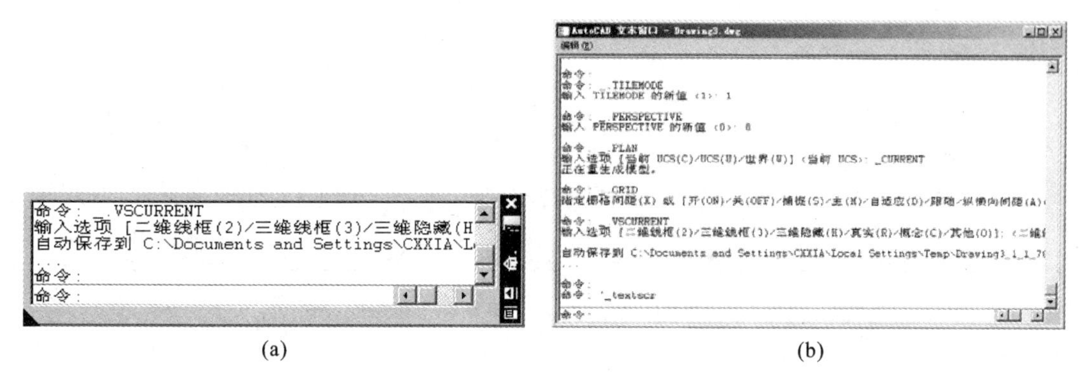

图 1-4

6. 状态栏

状态栏用来显示 AutoCAD 当前的状态，如当前光标的坐标、命令和按钮的说明等。在绘图窗口中移动光标时，状态栏的“坐标”区将动态地显示当前坐标值。坐标显示取决于所选择的模式和程序中运行的命令，共有“相对”“绝对”和“无”三种模式。状态栏中还包括如“捕捉”“栅格”“正交”“极轴”“对象捕捉”“对象追踪”“DUCS”“DYN”“线宽”“模型”(或“图纸”)等十个功能按钮，如图 1-5 所示。

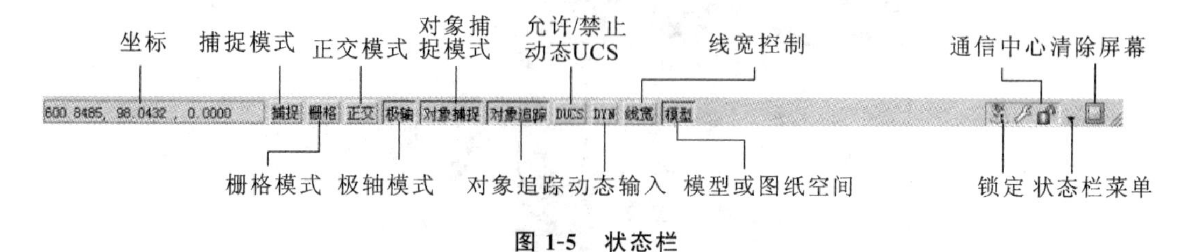

图 1-5 状态栏

1.2.2 AutoCAD 2007 的三维建模工作空间界面

在 AutoCAD 2007 中，选择“工具”|“工作空间”|“三维建模”命令，或在“工作空间”工具栏的下拉列表框中选择“三维建模”选项，都可以快速切换到三维建模工作空间界面。

三维建模工作空间界面对于用户在三维空间中绘制图形来说更加方便。默认情况下，“栅格”以网格的形式显示，增加了绘图的三维空间感，如图 1-6 所示。另外，“面板”选项板集成了“三维制作控制台”“三维导航控制台”“光源控制台”“视觉样式控制台”和“材质控制台”等选项组，从而为用户绘制三维图形、观察图形、创建动画、设置光源、为三维对象附加材质等操作提供了非常便利的环境。

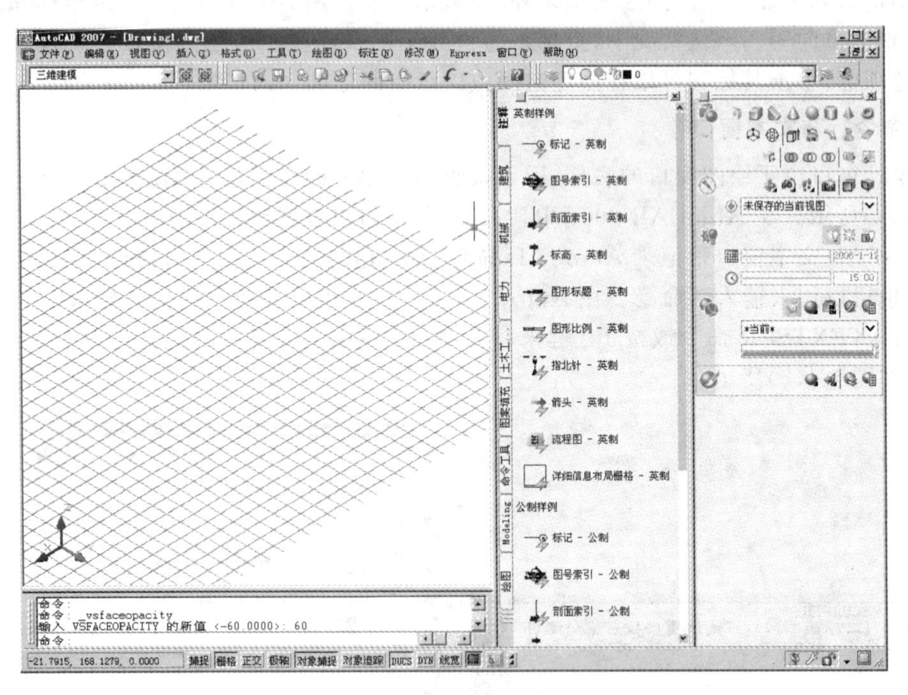

图 1-6　AutoCAD 2007 的三维建模工作空间界面

1.3　设置工作空间

首次打开 AutoCAD 绘图软件，系统便会让用户选择绘图的工作空间。工作空间就是根据设计人员的使用情况，将经常用到的功能布置到方便选择的位置。AutoCAD 默认工作空间有 AutoCAD 经典和三维建模。另外，用户可以根据自己的使用习惯，将自己的工作空间保存下来。工作空间的切换和设置，如图 1-7 和图 1-8 所示。

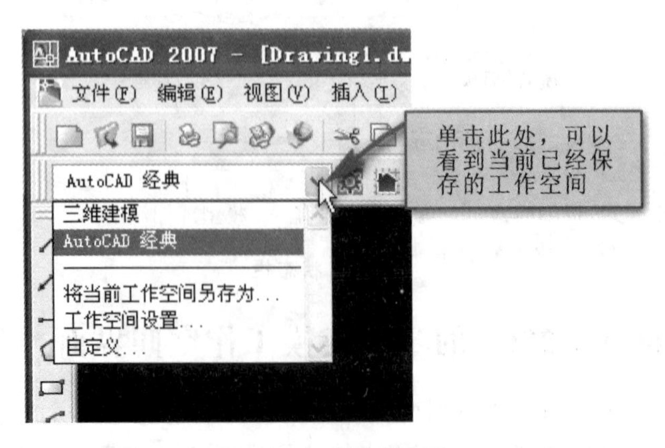

图 1-7　工作空间切换

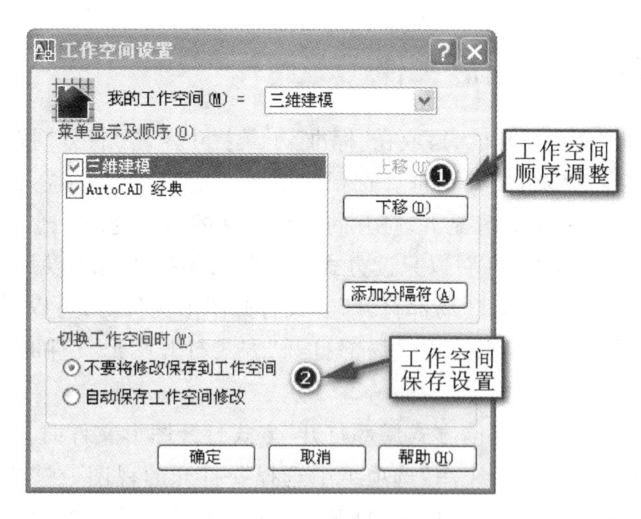

图 1-8　工作空间设置

1.4　图形文件管理

在 AutoCAD 2007 中，图形文件管理包括创建新的图形文件、打开已有的图形文件、关闭图形文件以及保存图形文件等操作。

1.4.1　创建新的图形文件

选择“文件”|“新建”命令(NEW)，或在“标准”工具栏中单击“新建”按钮，可以创建新的图形文件，此时将打开“选择样板”对话框。在“选择样板”对话框中，可以在“名称”列表框中选择某一样板文件，这时在其右面的“预览”框中将显示出该样板的预览图像。单击“打开”按钮，可以以选中的样板文件为样板创建新的图形，此时会显示图形文件的布局(选择样板文件 acad.dwt 和 acadiso.dwt 除外)。如图 1-9 所示，以样板文件 ISO A3-Color Dependent Plot Styles 创建新的图形文件。

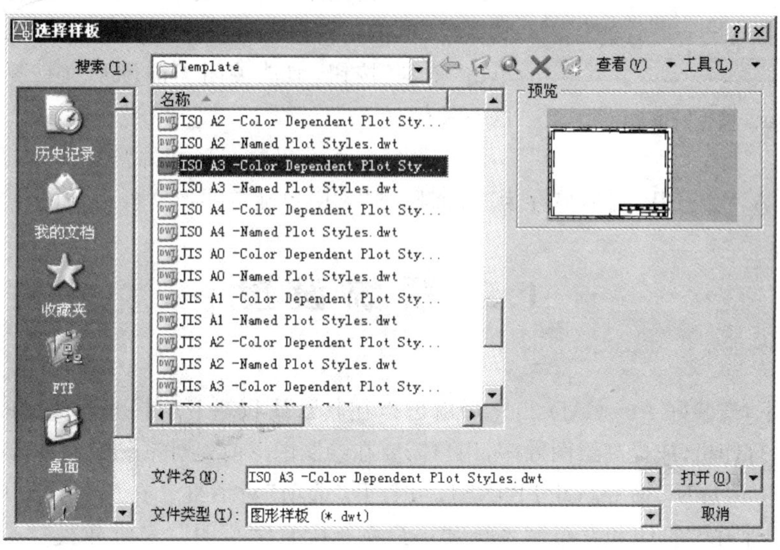

图 1-9　图形模板的选择

1.4.2 打开已有的图形文件

选择“文件”|“打开”命令(OPEN),或在“标准”工具栏中单击“打开”按钮,可以打开已有的图形文件,此时将打开“选择文件”对话框。选择需要打开的图形文件,在右面的“预览”框中将显示出该图形的预览图像。默认情况下,打开的图形文件的格式为.dwg。

在 AutoCAD 中,可以以“打开”“以只读方式打开”“局部打开”和“以只读方式局部打开”四种方式打开图形文件。当以“打开”“局部打开”方式打开图形文件时,可以对打开的图形进行编辑;如果以“以只读方式打开”“以只读方式局部打开”方式打开图形文件时,则无法对打开的图形进行编辑。

如果选择以“局部打开”“以只读方式局部打开”方式打开图形文件时,将打开“局部打开”对话框。可以在“要加载几何图形的视图”选项组中选择要打开的视图,在“要加载几何图形的图层”选项组中选择要打开的图层,然后单击“打开”按钮,即可在视图中打开选中图层上的对象。

1.4.3 保存图形文件

在 AutoCAD 中,可以使用多种方式将所绘图形以文件形式存入磁盘。例如,可以选择“文件”|“保存”命令(QSAVE),或在“标准”工具栏中单击“保存”按钮,以当前使用的文件名保存图形;也可以选择“文件”|“另存为”命令(SAVEAS),将当前图形以新的名称保存。在第一次保存创建的图形时,系统将打开“图形另存为”对话框。默认情况下,文件以“AutoCAD 2004 图形(*.dwg)”格式保存,也可以在“文件类型”下拉列表框中选择其他格式,如 AutoCAD 2000/LT2000 图形(*.dwg)、AutoCAD 图形标准(*.dws)等格式。

1.4.4 关闭图形文件

选择“文件”|“关闭”命令(CLOSE),或在绘图窗口中单击“关闭”按钮,可以关闭当前图形文件。

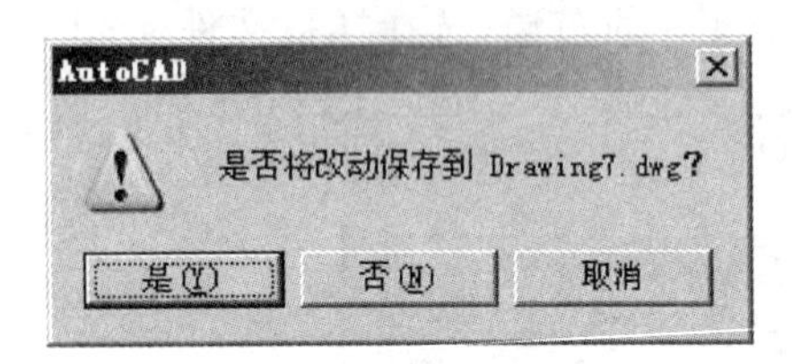

图 1-10 警告对话框

如果当前图形没有存盘,系统将弹出 AutoCAD 警告对话框,询问是否保存文件,如图 1-10 所示。此时,单击“是”按钮或直接按 Enter 键,可以保存当前图形文件并将其关闭;单击“否”按钮,可以关闭当前图形文件但不存盘;单击“取消”按钮,取消关闭当前图形文件操作,即不保存也不关闭。

如果当前所编辑的图形文件没有命名,那么单击“是”按钮后,AutoCAD 会打开“图形另存为”对话框,要求用户确定图形文件存放的位置和名称。

1.5 系统设置

通常情况下,安装好 AutoCAD 2007 后就可以在其默认状态下绘制图形,但有时为了使用特殊的定点设备、打印机,或提高绘图效率,用户需要在绘制图形前先对系统参数进行必要的设置。

选择“工具”|“选项”命令(OPTIONS),可打开“选项”对话框。在该对话框中包含“文件”“显示”“打开和保存”“打印和发布”“系统”“用户系统配置”“草图”“三维建模”“选择”和“配置”等十个选项卡,如图 1-11 所示。

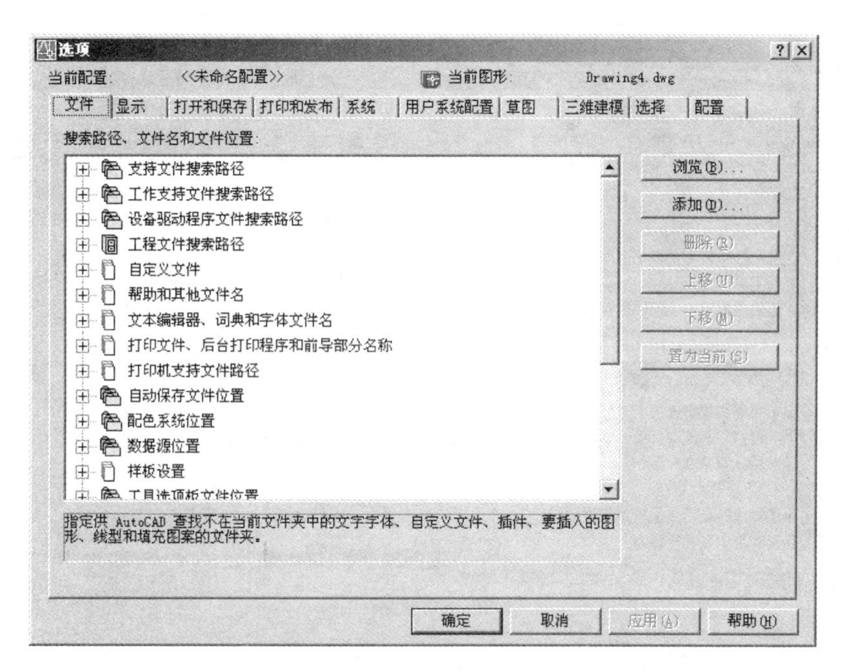

图 1-11 “选项”对话框

1.5.1 系统显示设置

按图 1-12 所示步骤打开并设置系统显示。

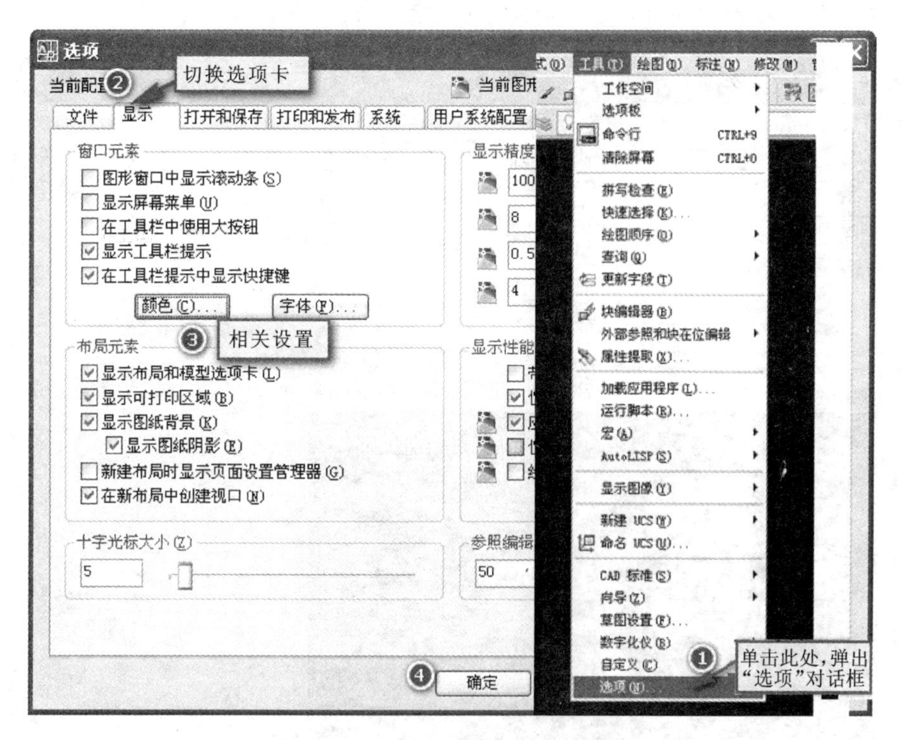

图 1-12 打开并设置系统显示步骤

在“显示”选项卡中可以对系统的窗口元素、显示精度、布局元素、显示性能等进行详细的设置,设置界面如图 1-13 所示。

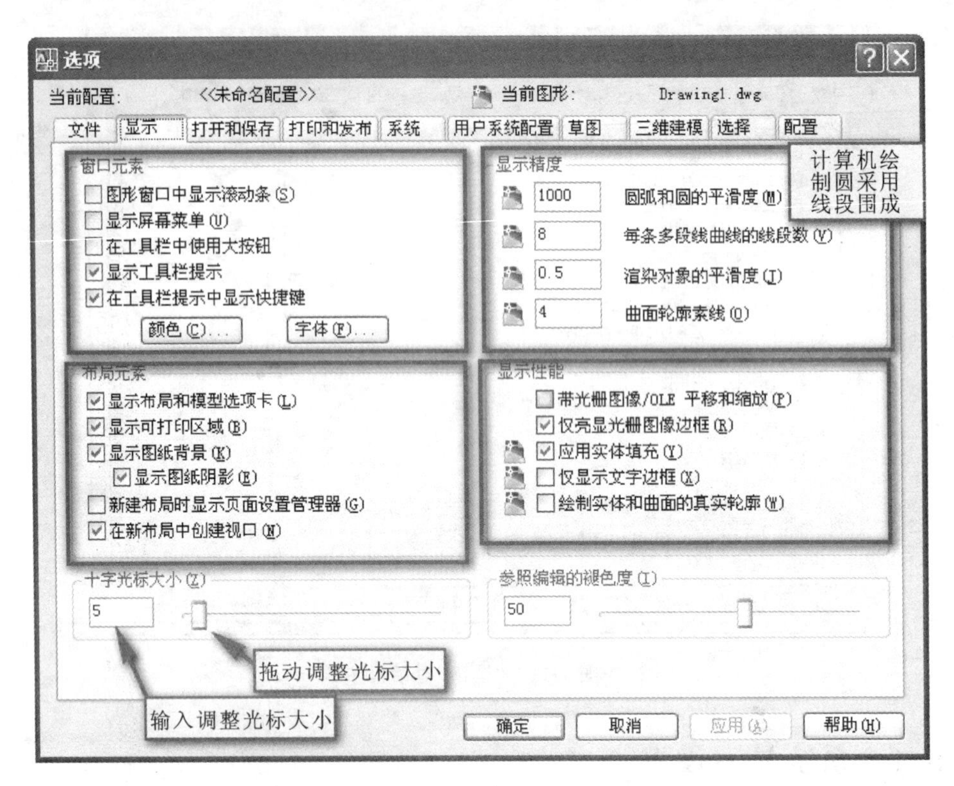

图 1-13　系统显示设置

例如,系统二维模型空间背景颜色设置步骤如图 1-14 所示。

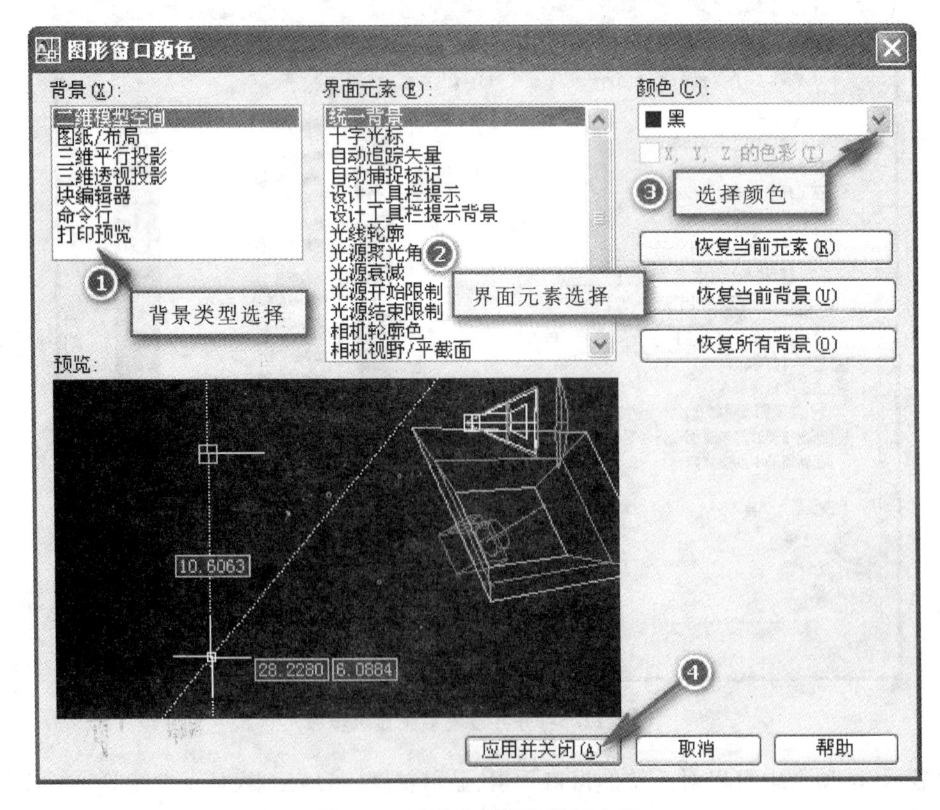

图 1-14　系统背景颜色设置步骤

1.5.2 打开和保存设置

在“打开和保存”选项卡中可以对系统默认保存的文件类型进行修改，如最近文件打开数量设置、自动保存时间间隔设置、文档加密等，设置界面如图 1-15 所示。

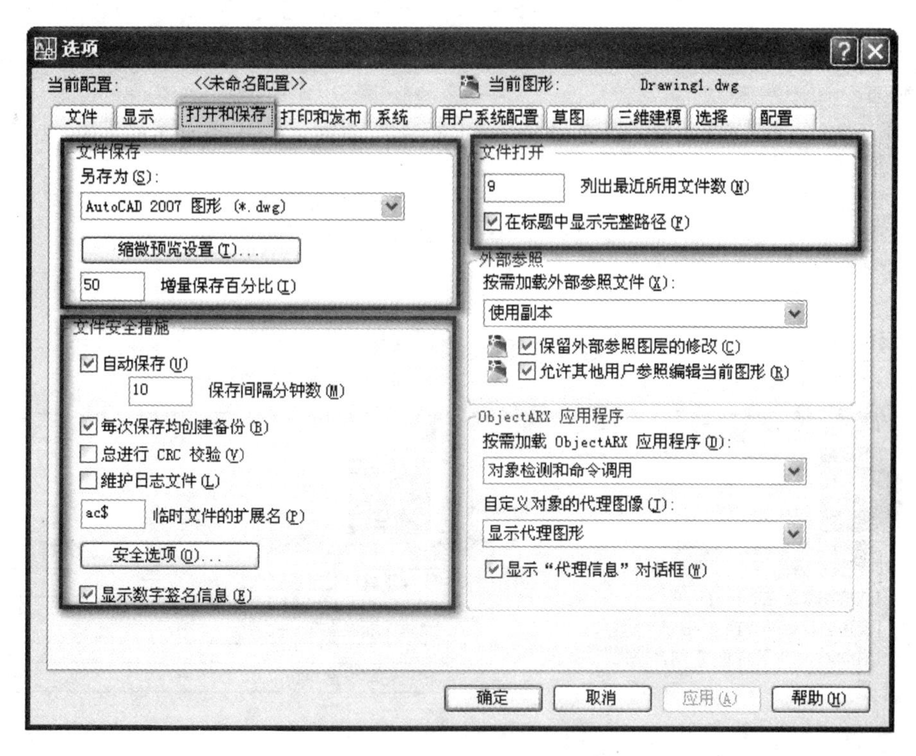

图 1-15 打开和保存设置界面

例如文档加密设置步骤如图 1-16 所示。

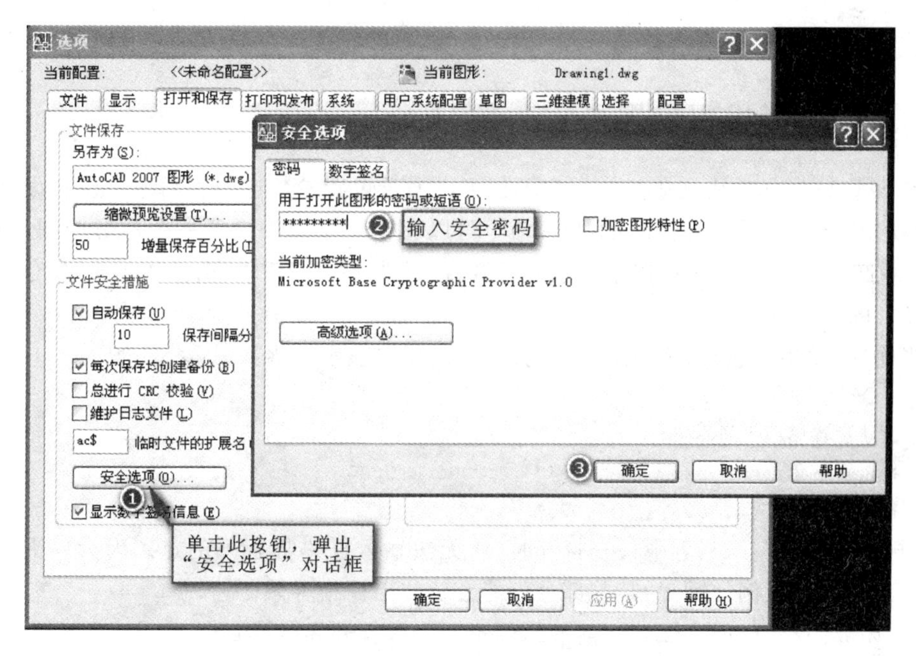

图 1-16 文档加密设置步骤

1.5.3 草图设置

在“草图”选项卡中可以对系统绘图过程中的自动捕捉、捕捉标记大小等进行设置，设置界面如图 1-17 所示。

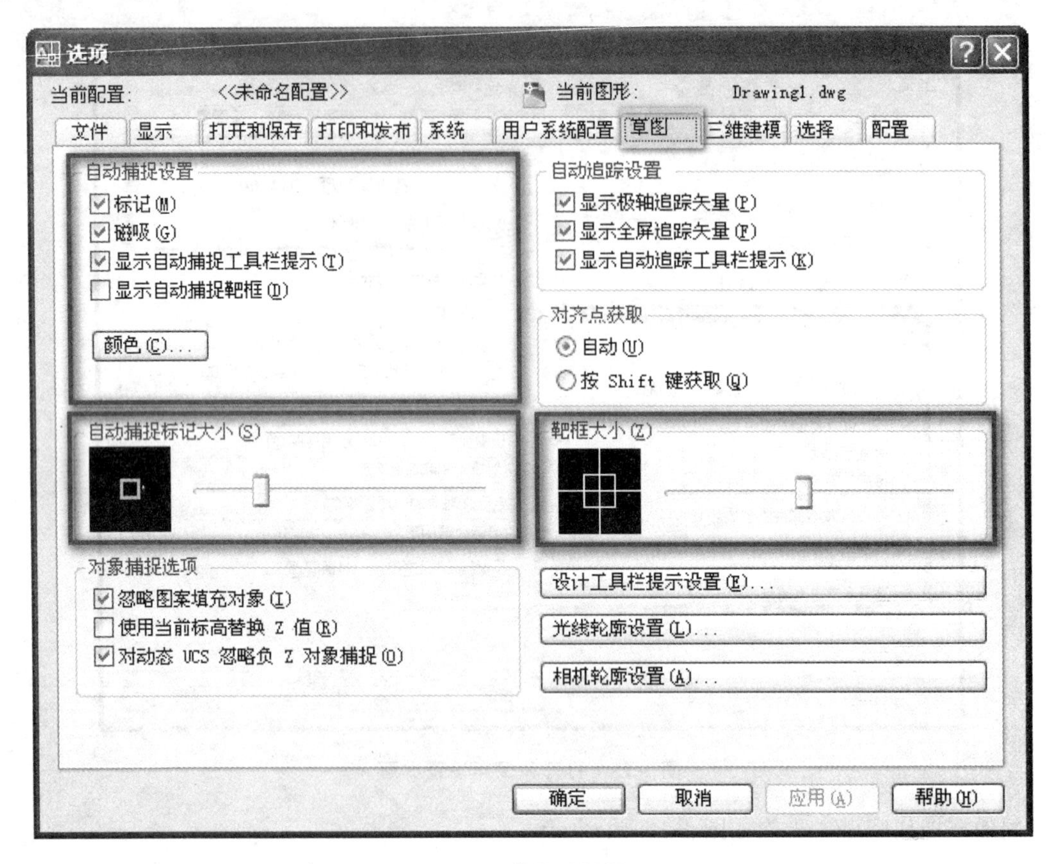

图 1-17 草图设置界面

1.5.4 图形界限设置

在 AutoCAD 2007(中文版)中，用户不仅可以通过设置参数选项和图形单位来设置绘图环境，还可以设置绘图图限。使用 LIMITS 命令可以在模型空间中设置一个矩形绘图区域，也称为图限。它确定的区域是可见栅格指示的区域，也是选择“视图”|“缩放”|“全部”命令时决定显示多大图形的一个参数。

在当前的“模型”或布局选项卡上，设置并控制栅格显示的界限。

```
命令:limits
重新设置模型空间界限:
指定左下角点或[开(ON)/关(OFF)]<0.0000,0.0000>:
指定右上角点<420.0000,297.0000>:
```

开:打开界限检查。当界限检查打开时，将无法输入栅格界限外的点。因为界限检查只测试输入点，所以对象(例如圆)的某些部分可能会延伸出栅格界限。

关:关闭界限检查，但是保持当前的值用于下一次打开界限检查。

图形界限相当于物理图纸的边缘，是进行绘图前的重要设置，相当于选择绘图图纸的大小。

图形界限的设置过程如图 1-18 所示。

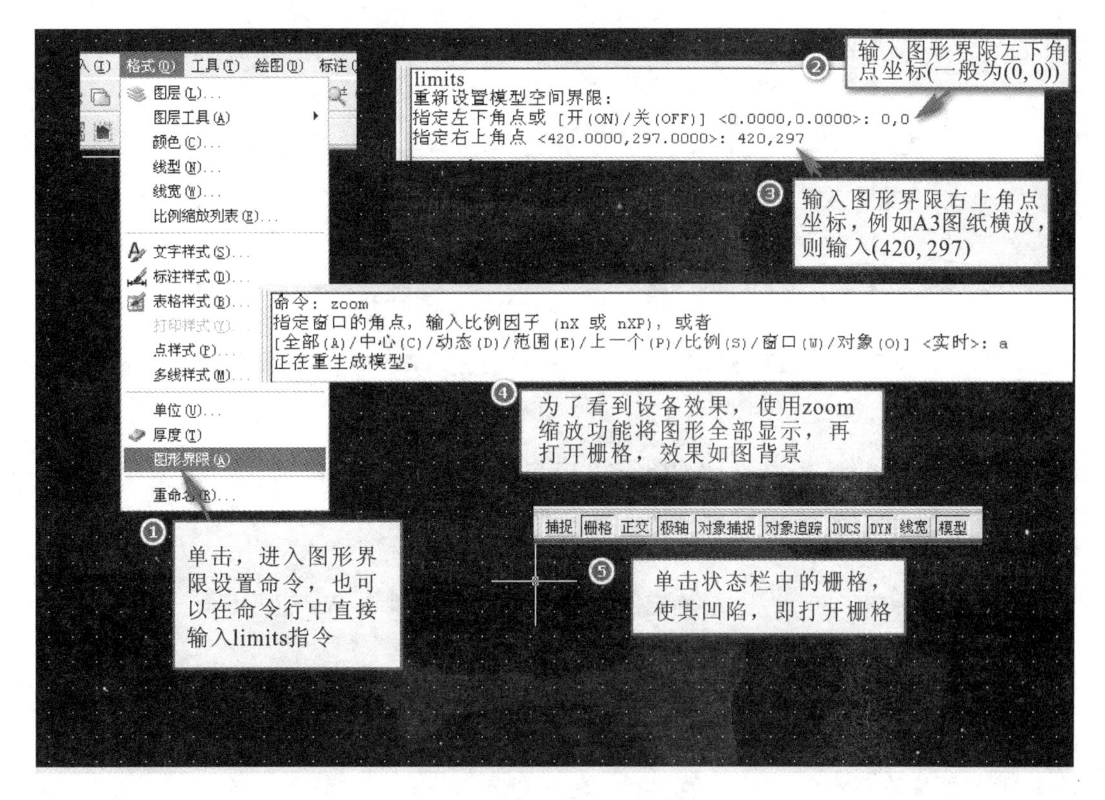

图 1-18　图形界限设置步骤

1.6　实践操作

要精确地输入坐标，可以使用几种坐标系输入方法，还可以使用一种可移动的坐标系，即用户坐标系（UCS），以便于输入坐标和建立工作平面。

在 AutoCAD 2007 中，坐标系分为世界坐标系（WCS，如图 1-19 所示）和用户坐标系（UCS）。

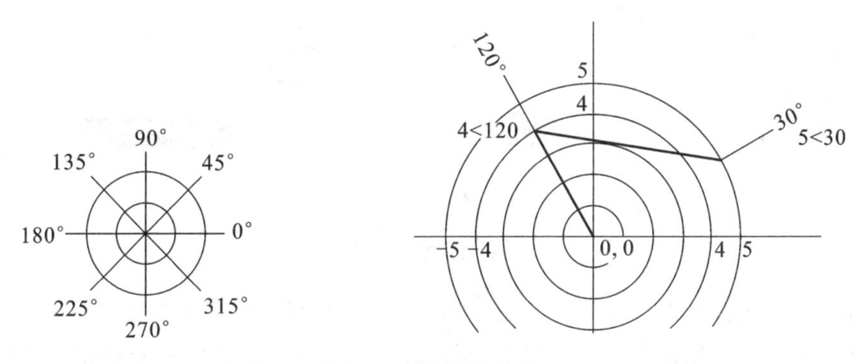

图 1-19　世界坐标系

AutoCAD 采用笛卡儿坐标系（直角坐标系，如图 1-20 所示）和极坐标系（见图 1-21）两种来确定坐标。使用 AutoCAD 绘制图形时，通常需要输入准确的坐标点。输入坐标是确定图形对象位置的重要方法，在 AutoCAD 2007 中，根据所给条件不同，用户可以使用绝对直角坐标、绝对极坐标、相对直角坐标和相对极坐标四种方法表示。

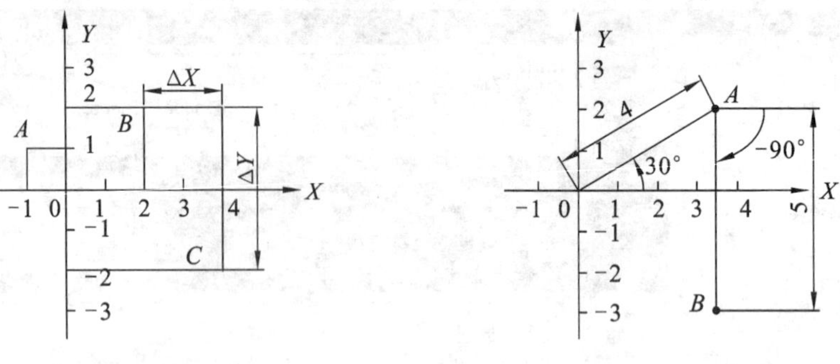

图 1-20　直角坐标系　　　　图 1-21　极坐标系

1. 直角坐标

◆绝对坐标:−1,1　　　　//如图 1-20 中的所示 *A* 点

◆相对坐标:@2,−4　　　//如图 1-20 中的 *C* 点相对于 *B* 点

2. 极坐标

◆绝对极坐标:4<30　　　//确定图 1-21 中的 *A* 点基准为 WCS 原点

◆相对极坐标:@5<−90　//确定图 1-21 中的 *B* 点

3. 定点设备输入

使用鼠标定点,进而输入数据。

4. 直接距离输入

在执行命令的第一个点后,通过移动光标指示方向,然后输入相对于第一点的距离,即用相对极坐标的方式确定一个点。

5. 动态输入

在 AutoCAD 2007 中新增了动态输入功能,使输入数据更加方便。

使用动态输入功能可以在工具栏提示中输入坐标值,而不必在命令行中进行输入,如图 1-22所示。

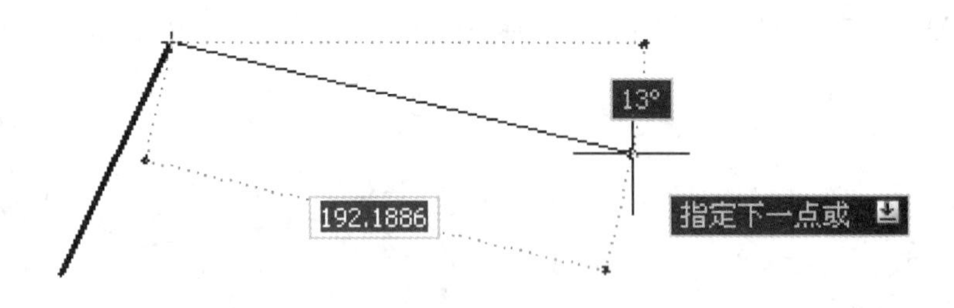

图 1-22　动态输入示例图

“动态输入”在光标附近提供了一个命令界面,以帮助用户专注于绘图区域。启用“动态输入”时,工具栏提示将在光标附近显示信息,该信息会随着光标移动而动态更新。当某条命令为活动时,工具栏提示将为用户提供输入的位置。

动态输入设置界面如图 1-23 所示。

在输入字段中输入值并按 Tab 键后,该字段将显示一个锁定图标,并且光标会受用户输入的值约束。随后可以在第二个输入字段中输入值。另外,如果用户输入值然后按 Enter 键,则

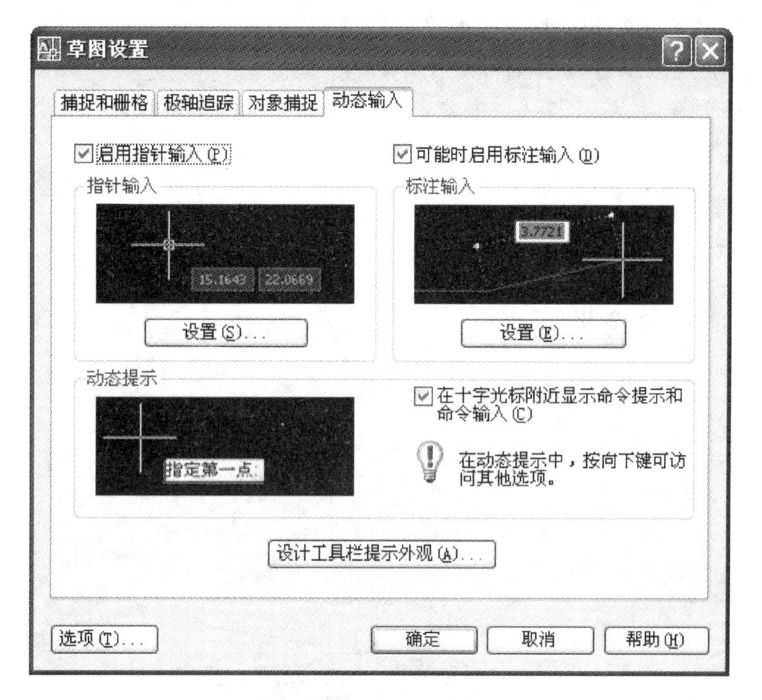

图 1-23 动态输入设置

第二个输入字段将被忽略，且该值将被视为直接距离输入。

如果用户不习惯这种输入方式，可以通过单击状态栏上的DYN按钮或功能键 F12 关闭动态输入功能。

1）打开和关闭动态输入

单击状态栏上的“DYN”来打开和关闭“动态输入”。按住 F12 键可以临时将其关闭。“动态输入”有三个组件：指针输入、标注输入和动态提示。在“动态”上单击鼠标右键，然后单击“设置”，以控制启用“动态输入”时每个组件所显示的内容。

2）指针输入

当启用指针输入且有命令在执行时，十字光标的位置将在光标附近的工具栏提示中显示为坐标（见图 1-24）。可以在工具栏提示中输入坐标值，而不用在命令行中输入。

第二个点和后续点的默认设置为相对极坐标（对于 RECTANG 命令，为相对笛卡儿坐标）。不需要输入 @ 符号。如果需要使用绝对坐标，请使用井号（#）前缀。例如，要将对象移到原点，请在提示输入第二个点时，输入 #0,0。

使用指针输入设置可修改坐标的默认格式，以及控制指针输入工具栏提示何时显示。

3）标注输入

启用标注输入时，当命令提示输入第二点时，工具栏提示将显示距离和角度值，如图 1-25 所示。

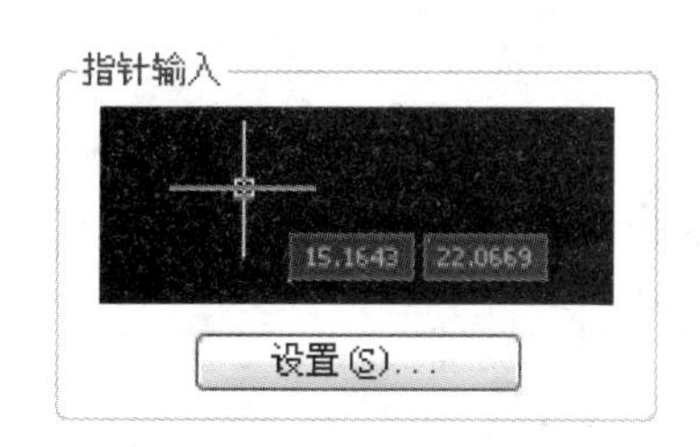

图 1-24 指针输入

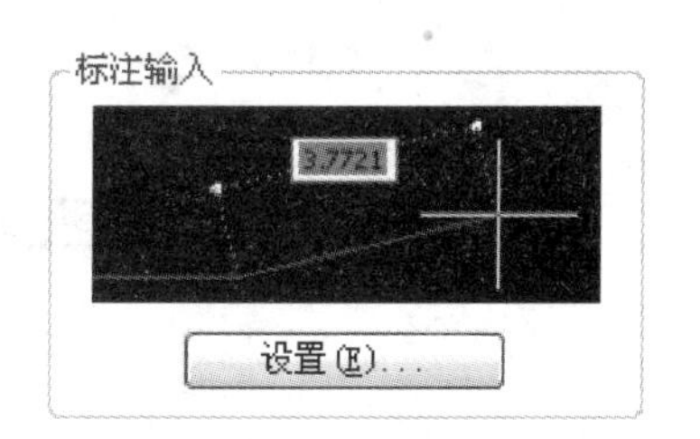

图 1-25 标注输入

在工具栏提示中的值将随着光标移动而改变。按 Tab 键可以移动到要更改的值。标注输入可用于 ARC、CIRCLE、ELLIPSE、LINE 和 PLINE。

使用夹点编辑对象时,标注输入工具栏提示可能会显示以下信息:

◆ 旧的长度;

◆ 移动夹点时更新的长度;

◆ 长度的改变;

◆ 角度;

◆ 移动夹点时角度的变化;

◆ 圆弧的半径。

使用夹点编辑的标注输入如图 1-26 所示。

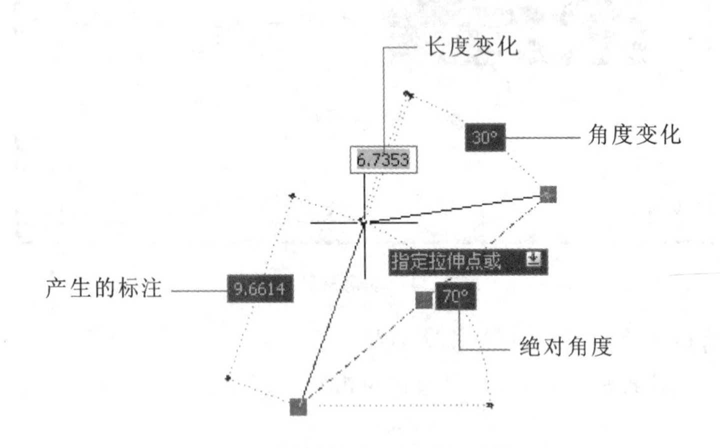

图 1-26　使用夹点编辑的标注输入

4) 动态提示

启用动态提示时,提示会显示在光标附近的工具栏提示中。用户可以在工具栏提示(而不是在命令行)中输入响应。按向下箭头键可以查看和选择选项,按向上箭头键可以显示最近的输入。

动态输入具体使用如图 1-27 所示。

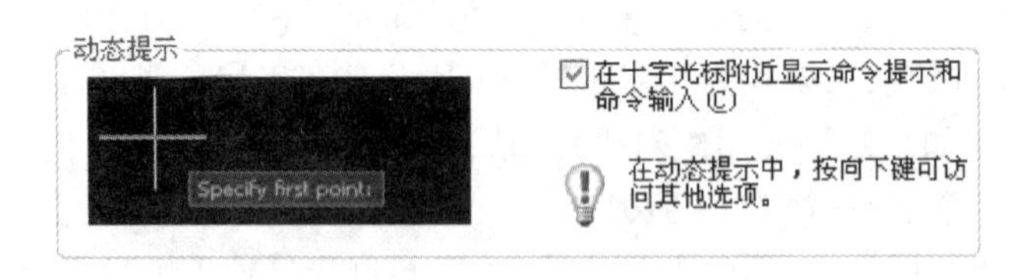

图 1-27　动态输入的使用

绘图命令一开始要求得到一个点坐标时,提示如图 1-28 所示。

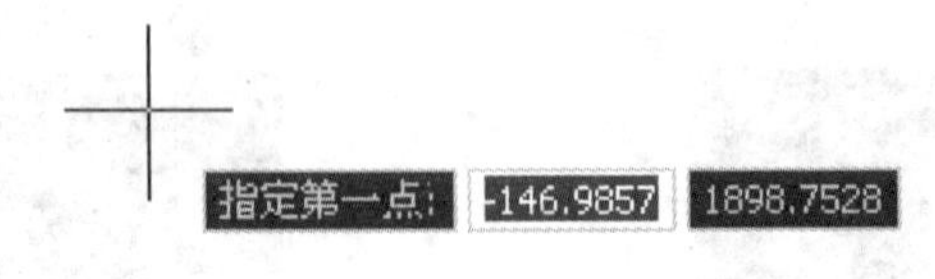

图 1-28　提示

当要输入相对极坐标时可采用图 1-21 所示,输入完极径后加“<”,显示图 1-29 所示。

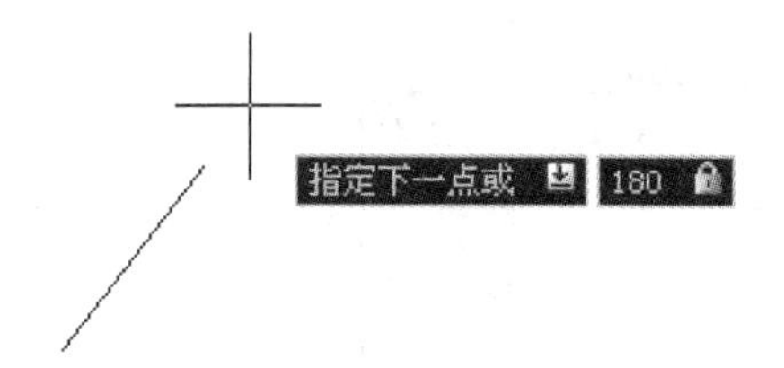

图 1-29　动态输入:绝对极坐标输入

也可在输入完极径后按 Tab 键,则极径锁定,输入角度就可以,如图 1-30 所示。

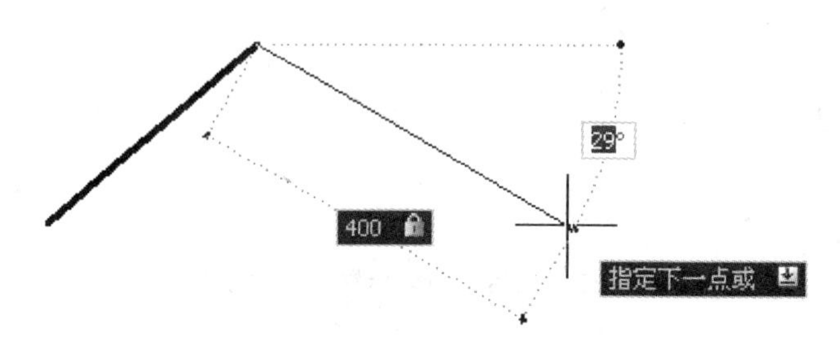

图 1-30　动态输入:相对极坐标输入

注意:该处角度位置因有参考(图中虚线所示),不能再输入负的角度,否则所绘线段就在与该角度相反,如图 1-31 所示。

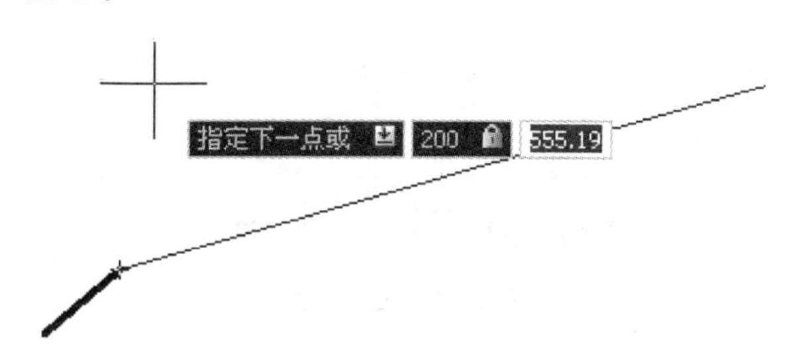

图 1-31　动态输入:相对直角坐标输入

如要输入相对直角坐标,则在长度方框内输入 ΔX 后加“,”(注意是半角),再输入 ΔY 就可以了。要输入绝对直角坐标时,在长度处输入“＊”后,显示如图 1-32 所示。

图 1-32　动态输入:绝对直角坐标输入

例　绘制图 1-33 的图形。

```
命令:_line                                    //执行绘制直线命令
指定第一点:100,100,0                           //使用绝对直角坐标输入 A 点坐标
指定下一点或 [放弃(U)]:@100,-30,0              //使用相对直角坐标输入 B 点坐标
指定下一点或 [放弃(U)]:50<30                   //使用绝对极坐标输入 C 点坐标
指定下一点或 [闭合(C)/放弃(U)]:@100<60         //使用相对极坐标输入 D 点坐标
指定下一点或 [闭合(C)/放弃(U)]:                //按回车键结束命令
```

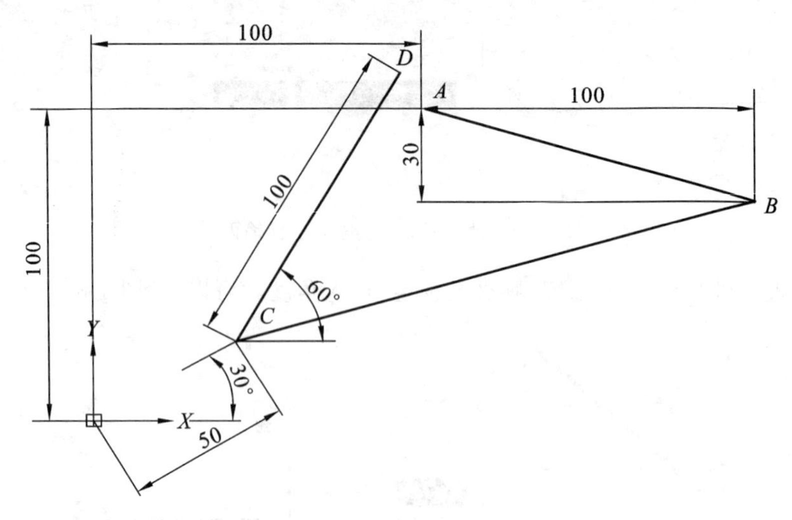

图 1-33　运用各种坐标输入方法绘制

6. 坐标的显示

在绘图窗口中移动光标的十字指针时，状态栏上将动态地显示当前指针的坐标。在AutoCAD 2007 中，坐标显示取决于所选择的模式和程序中运行的命令，共有三种方式，如图1-34所示。

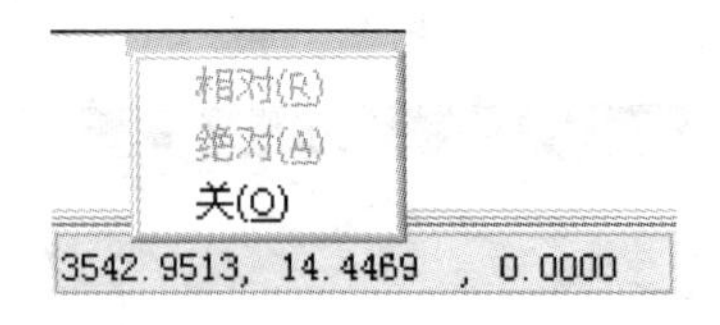

图 1-34　三种方式

第 2 章 绘图工具栏使用

图形由对象组成。通常情况下，对象是通过使用定点设备指定点的位置或通过在命令提示下输入坐标值来绘制的。

用户可以创建某些对象，从简单的直线和圆到样条曲线和椭圆。通常情况下，对象是通过使用定点设备指定点的位置或通过在命令提示下输入坐标值来绘制的。

图 2-1 所示为绘图工具栏。

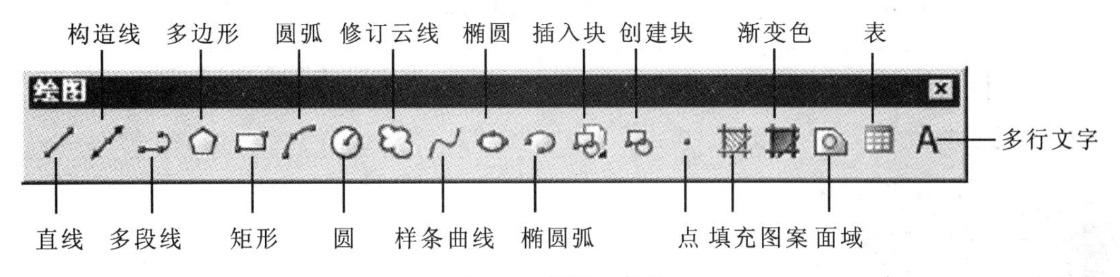

图 2-1 绘图工具栏

图 2-2 所示为“绘图”下拉菜单中的菜单项。

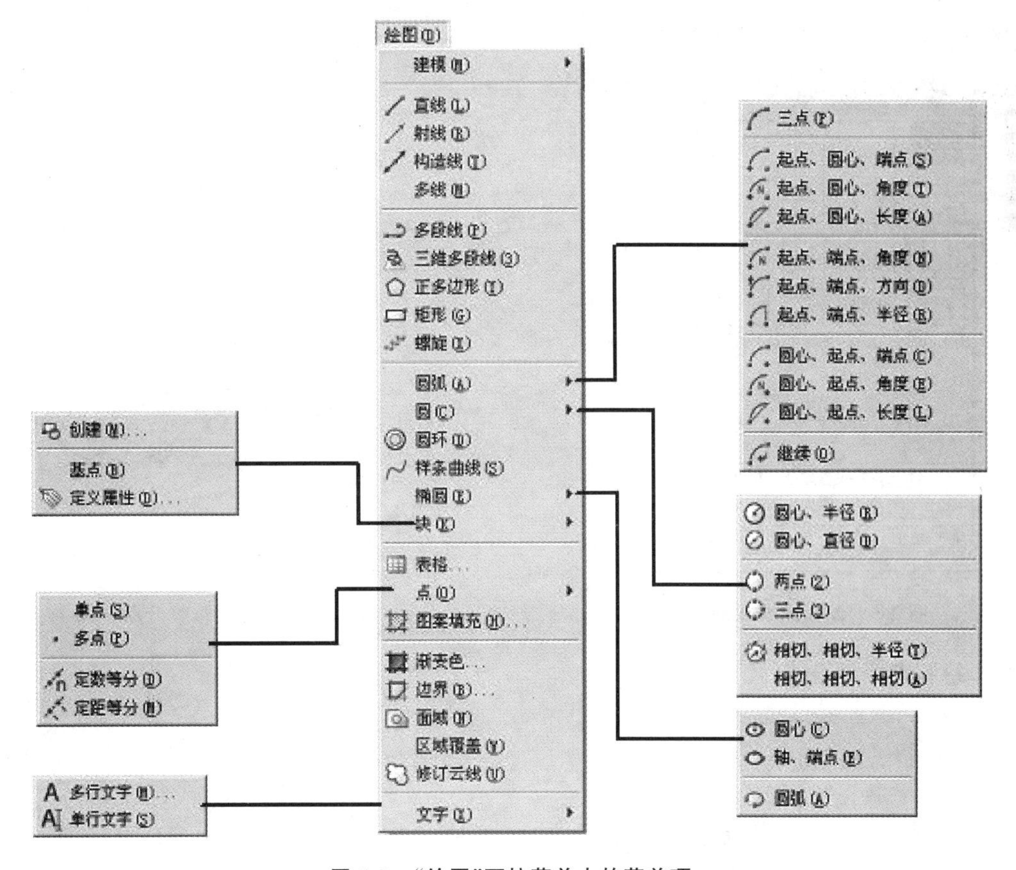

图 2-2 “绘图”下拉菜单中的菜单项

2.1 绘制点 POINT

在 AutoCAD 2007 中,点的绘制方法主要有三种,如图 2-3 所示,可以绘制四种点,即绘制单点、绘制多点、绘制定数等分点和绘制定距等分点,如图 2-4 所示。

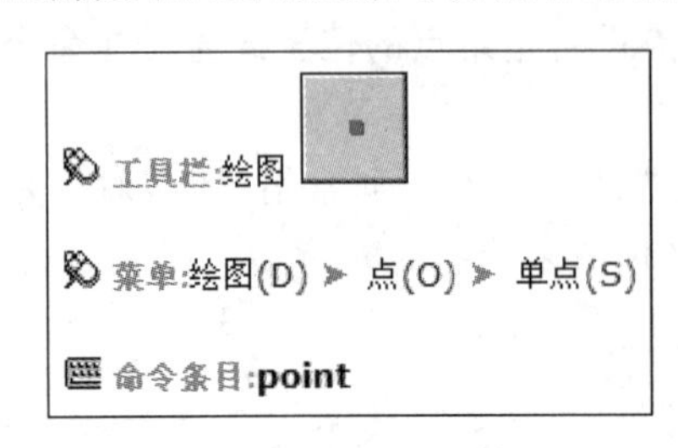

图 2-3 绘制点的方法

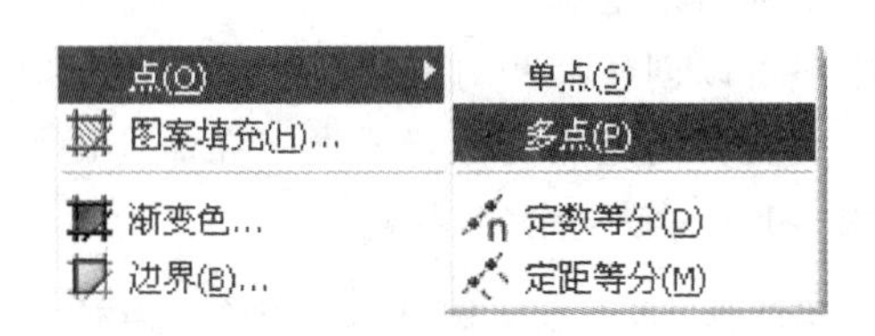

图 2-4 绘制点下拉菜单

1. 设置点样式

设置点样式对话框如图 2-5 所示。

2. 绘制定数等分点

```
命令:_divide
选择要定数等分的对象:
输入线段数目或[块(B)]:8
```

绘制定数等分点的效果如图 2-6 所示。

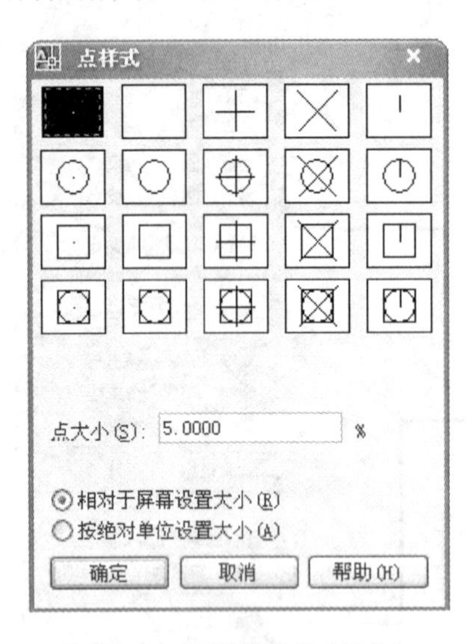

图 2-5 设置点样式对话框

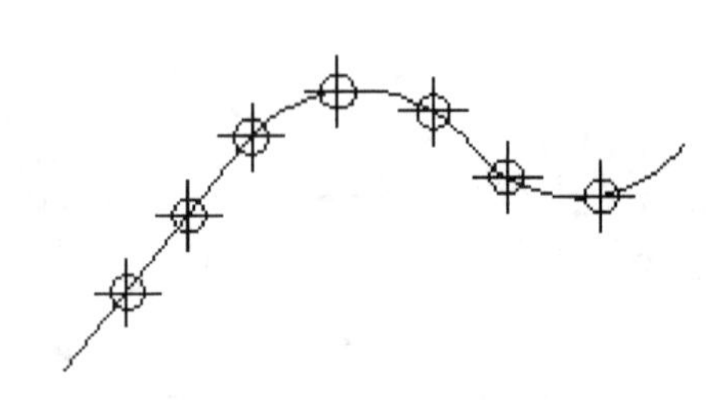

图 2-6 绘制定数等分点

3. 绘制定距等分点

```
命令:_measure
选择要定距等分的对象:
指定线段长度或[块(B)]:400
```

绘制定距等分点的效果如图 2-7 所示。

由于等分对象的长度是固定的,而等分后的每段线段的长度是指定的,所以最后一段测量

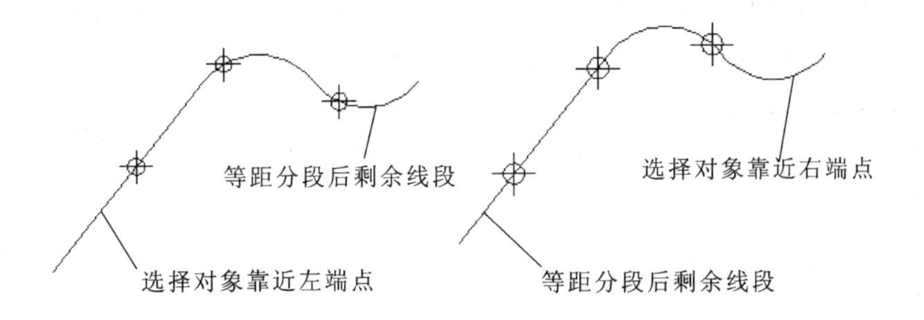

图 2-7 绘制定距等分点

长度不一定等于指定的长度。

注意选择对象的"最近原则"。

2.2 绘制直线 LINE

命令:_line 指定第一点:

指定下一点或[放弃(U)]:

指定下一点或[闭合(C)/放弃(U)]:

特别注意"取当前点"的绘制方法。如图 2-8 所示，在提示输入第一点的坐标时按回车键或空格键，系统把上次所画直线段、圆弧段、多段线的终点作为本次要画的直线段的起点。当上次所画图形为圆弧时，所绘直线与圆弧相切，只需要输入直线的长度。

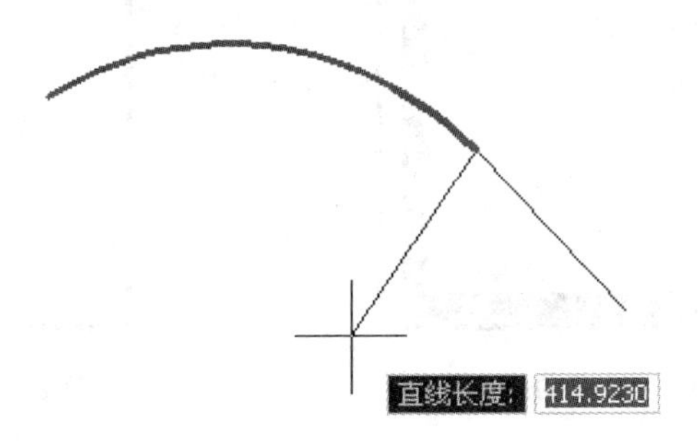

图 2-8 "取当前点"绘制直线

2.3 绘制矩形 RECTANG

矩形是 AutoCAD 中重要的基本图形。

执行绘制矩形命令后，命令行提示如下：

指定第一个角点或[倒角(C)/标高(E)/圆角(F)/厚度(T)/宽度(W)]://指定矩形的第一个角点指定另一个角点或[面积(A)/尺寸(D)/旋转(R)]://指定矩形的另一个角点

其中各命令选项功能介绍如下。

(1) 倒角(C)：选择此命令后，设置矩形的倒角距离。用户依次指定两个倒角距离后，即可创建具有倒角的矩形，如图 2-9 所示。

(2) 标高(E):选择此命令后,指定矩形的标高。标高是指当前图形相对于参考面的高度,所以在三维图形中才可以明显地看出来,如图 2-10 所示。

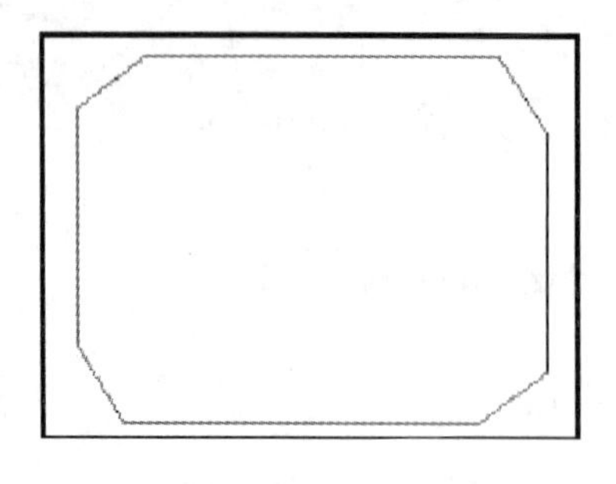

图 2-9　绘制倒角矩形

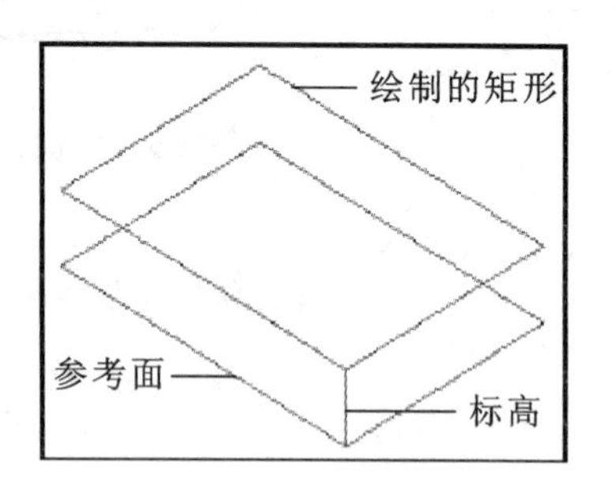

图 2-10　绘制具有标高的矩形

(3) 圆角(F):选择此命令后,指定矩形的圆角半径。

(4) 厚度(T):选择此命令后,指定矩形的厚度。与标高一样,矩形的厚度只有在三维空间中才可以显现出来。具有厚度的矩形看起来与长方体相同,但具有厚度的矩形实质上是多段线,而长方体是实体,如图 2-11 所示。

(5) 宽度(W):选择此命令后,为绘制的矩形指定多段线的宽度。

(6) 面积(A):选择此命令后,使用面积与长度或宽度创建矩形。

(7) 尺寸(D):选择此命令后,使用长和宽创建矩形。

(8)旋转(R):选择此命令后,按指定的旋转角度创建矩形,如图 2-12 所示。

图 2-11　绘制带有线宽的矩形

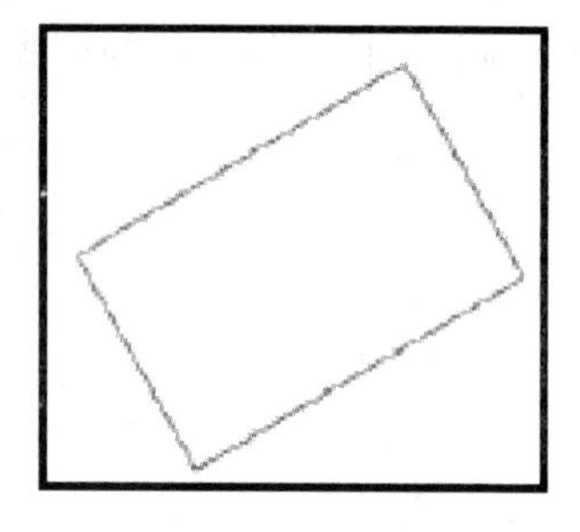

图 2-12　绘制旋转矩形

2.4　绘制圆 CIRCLE

绘制圆有几种方式,如图 2-13 所示。

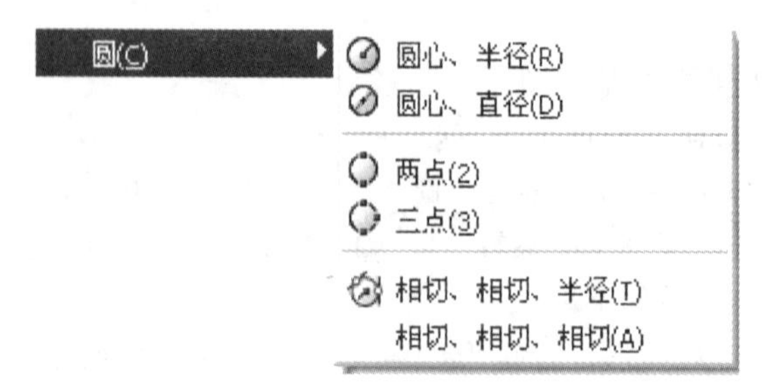

图 2-13　绘制圆下拉菜单

（1）在用“相切、相切、半径”方式绘制圆时，必须要在与所做圆相切的对象上捕捉切点，否则系统提示警告信息：“＊需要“切点”对象捕捉并且选择圆、圆弧或直线”。如果半径不合适，系统会提示：“圆不存在”。

有时会有多个圆符合指定的条件，程序将绘制具有指定半径的圆，其切点与选定点的距离最近。图 2-14 所示为用“相加、相切、半径”方式绘制圆的不同结果。

图 2-14　使用“相切、相切、半径”方式绘制圆的不同结果

（2）使用“相切、相切、相切”方式时选择对象遵循“最近原则”。

由图 2-14 可知，选择对象时选取点不一样，结果就会不一样。

```
命令：_circle
指定圆的圆心或［三点(3P)/两点(2P)/相切、相切、半径(T)］：_3p 指定圆上的第一个点：
_tan 到 //捕捉图 2-14 中的一个对象
指定圆上的第二个点：_tan 到 //捕捉图 2-14 中的一个对象
指定圆上的第三个点：_tan 到 //捕捉图 2-14 中的一个对象
```

使用“相切、相切、相切”方式绘制圆的不同结果如图 2-15 所示。

图 2-15　使用“相切、相切、相切”方式绘制圆的不同结果

2.5　绘制圆弧 ARC

绘制圆弧的下拉菜单如图 2-16 所示。

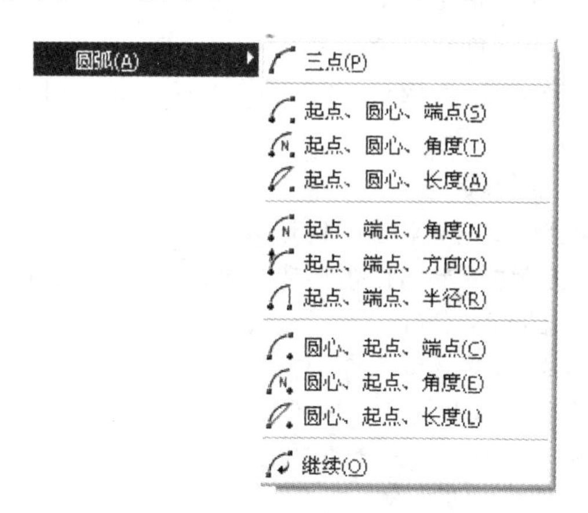

图 2-16　绘制圆弧下拉菜单

如果未指定点就按 Enter 键，最后绘制的直线或圆弧的端点将会作为起点，并立即提示指定新圆弧的端点。这将创建一条与最后绘制的直线、圆弧或多段线相切的圆弧。

注意：

(1) 除 3P 画弧外圆弧有方向性：逆时针由起点向终点。

(2) 长度(弦长)：为正画优弧；

为负画劣弧。

(3) 角度：为正逆时针画弧；

为负顺时针画弧。

(4) 紧接直线命令后画圆弧，取当前点，则圆弧与直线相切，如图 2-17 所示。

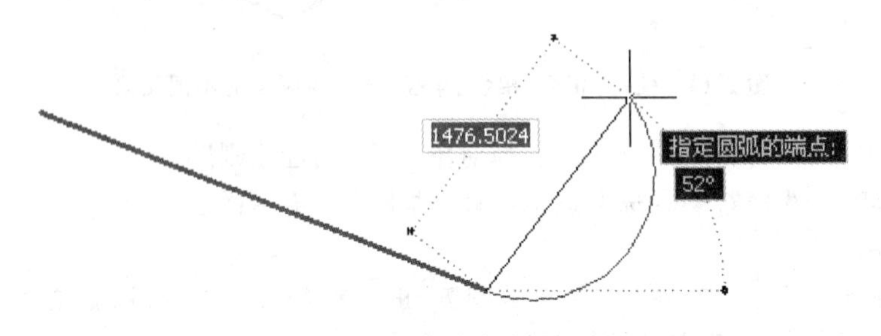

图 2-17 取当前点绘制圆弧

2.6 构造线 XLINE

构造线是一条向两边无限延伸的直线，多用于绘制其他对象的参照。构造线用于绘制无限长的直线，通常称为参照线。这类线通常作为辅助线使用。在绘制机械和建筑三视图中，为了保证主视图与左视图、顶视图的投影关系，需要利用构造线将图形对齐。

执行构造线命令后，命令行提示信息如下：

```
指定点或[水平(H)/垂直(V)/角度(A)/二等分(B)/偏移(O)]:
//指定一点，即用无限长直线所通过的两点定义构造线的位置
指定通过点：//指定构造线要经过的第二点，并按回车键结束该命令
```

其中命令行各选项功能如下。

(1) 水平(H)：创建一条通过指定点的水平构造线。

(2) 垂直(V)：创建一条通过指定点的垂直构造线。

(3) 角度(A)：以指定的角度创建一条构造线。

执行该选项后，命令行提示“输入构造线的角度(0)或[参照(R)]：”，在该提示下指定一个角度或输入 R 选择参照选项。

(4) 二等分(B)：绘制角平分线。

(5) 偏移(O)：创建平行于另一个对象的构造线。

执行该选项后，命令行提示“指定偏移距离或［通过(T)］＜通过＞：”。

例 1 绘制图 2-18 所示的角平分线。

```
命令：_xline 指定点或[水平(H)/垂直(V)/角度(A)/二等分(B)/偏移(O)]:B
指定角的顶点：//捕捉图 2-18 中 B 点
指定角的起点：//捕捉图 2-18 中 A 点
指定角的端点：//捕捉图 2-18 中 C 点
指定角的端点：//按回车键或者空格键结束命令
```

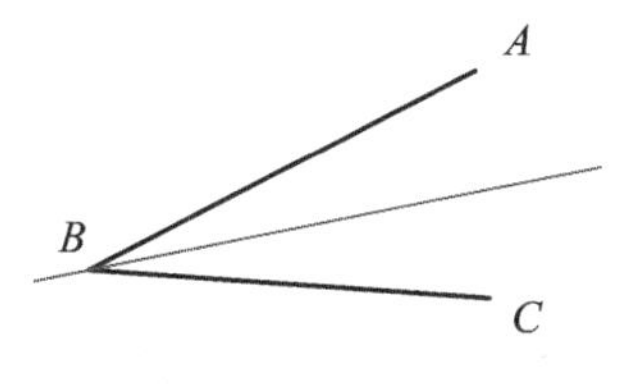

图 2-18 绘制角平分线

例 2 绘制图 2-19 中离指定点 A 距离为 100 mm、角度为 135°的直线。

注意:绘制前先打开“对象追踪”“对象捕捉”并设置捕捉端点。

```
命令:_xline 指定点或[水平(H)/垂直(V)/角度(A)/二等分(B)/偏移(O)]:A
输入构造线的角度 (0) 或[参照(R)]:  135
指定通过点:100 //出现图 2-20 时直接输入距离 100
指定通过点://按回车结束命令
```

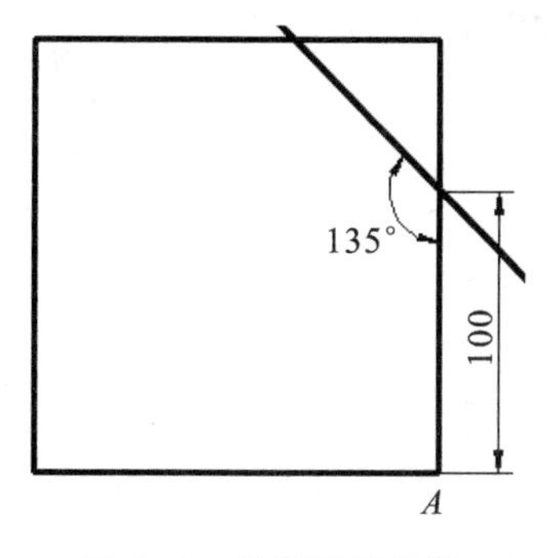

图 2-19 绘制图示斜线

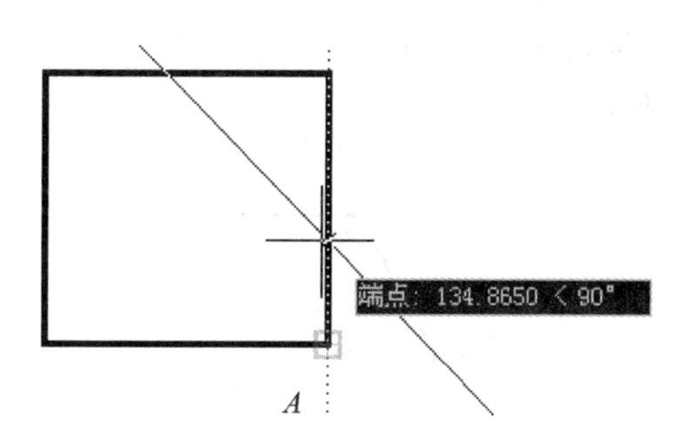

图 2-20 出现“对象追踪”

2.7 正多边形 POLYGON

执行此命令后,命令行提示如下:

```
命令:_polygon //执行绘制正多边形命令
输入边的数目<4>://输入正多边形的边数或按回车键
指定正多边形的中心点或[边(E)]://指定正多边形的中心点或选择其他命令选项
输入选项[内接于圆(I)/外切于圆(C)]<I> ://选择绘制正多边形的方式
指定圆的半径://输入圆的半径
```

选项功能介绍如下:

(1) 边(E):选择此命令选项,通过指定正多边形一条边的两个端点来定义正多边形。

(2) 内接于圆(I):选择此命令选项,通过指定正多边形的外接圆来确定正多边形的大小,正多边形中心点到各边端点的距离就是内接圆的半径,如图 2-21(a)所示。

(3) 外切于圆(C):选择此命令选项,通过指定正多边形外切圆来确定正多边形的大小,正多边形中心点到各边中点的距离就是外切圆的半径,如图 2-21(b)所示。

无论用内接圆法绘制正多边形,还是用外切圆法绘制正多边形,用户都只能看到随着光标缩放的正多边形,而内接圆与外切圆都是假想的。

绘制图 2-22(a)。

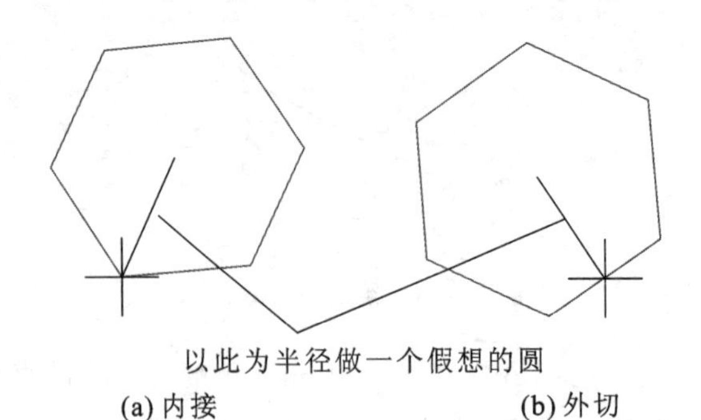

图 2-21 “内接”与“外切”正多边形

```
命令:_polygon
输入边的数目<4>:6
指定正多边形的中心点或[边(E)]:
输入选项[内接于圆(I)/外切于圆(C)]<I>: //选择用【内接于圆(I)】方式
指定圆的半径:90
```

绘制图 2-22(b)。

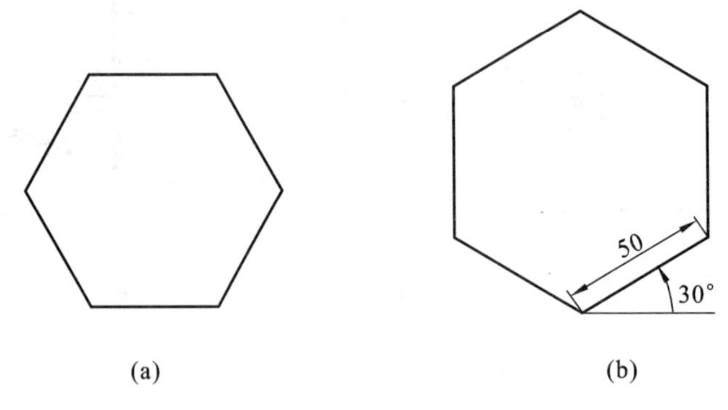

图 2-22 绘制正多边形

```
命令:_polygon 输入边的数目<6>:
指定正多边形的中心点或[边(E)]:E //选择用边[边(E)]方式
指定边的第一个端点:指定边的第二个端点:@50<30
```

2.8 多段线 PLINE

多段线是由直线和圆弧连接而成的折线或曲线。组成多段线的直线和圆弧的数量是任意的,但无论多少,该多段线始终被视为一个实体对象进行编辑。

多段线的绘制方式有三种,如图 2-23 所示。

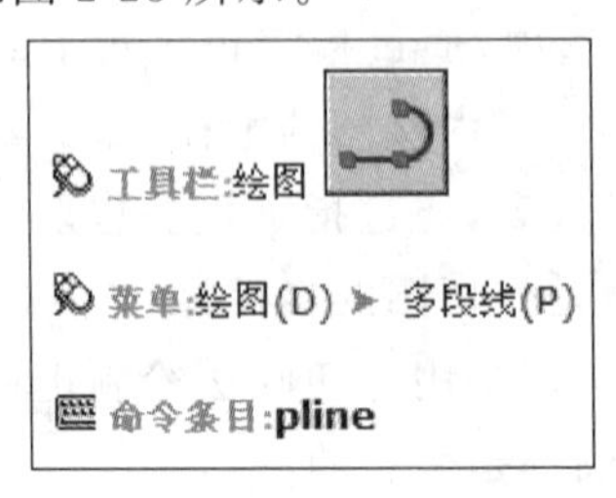

图 2-23 绘制多段线的三种方法

执行绘制多段线命令后，命令行提示如下：

```
命令:_pline //执行绘制多段线命令
指定起点://指定多段线的起点
当前线宽为 0.0000 //系统提示当前线宽为 0
指定下一个点或[圆弧(A)/半宽(H)/长度(L)/放弃(U)/宽度(W)]:
//指定多段线的下一个端点或选择其他命令选项
指定下一点或[圆弧(A)/闭合(C)/半宽(H)/长度(L)/放弃(U)/宽度(W)]:
//按回车键结束命令
```

例 绘制图 2-24 所示的箭头。

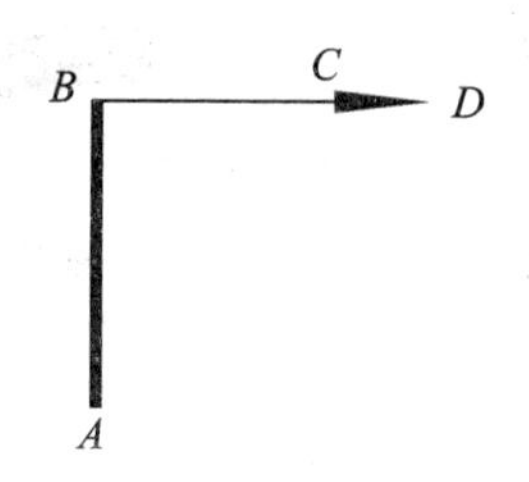

图2-24 用多段线绘制箭头

```
命令:_pline
指定起点:                                                    //指定图 2-24 中的 A 点
当前线宽为 0.0000
指定下一个点或[圆弧(A)/半宽(H)/长度(L)/放弃(U)/宽度(W)]:W
                                                             //设定 AB 的线宽
指定起点宽度 <0.0000> :0.5
指定端点宽度 <0.5000> :                                      //AB 的线宽为 0.5
指定下一个点或[圆弧(A)/半宽(H)/长度(L)/放弃(U)/宽度(W)]:
                                                             //指定图 2-24 中的 B 点
指定下一个点或[圆弧(A)/半宽(H)/长度(L)/放弃(U)/宽度(W)]:W
                                                             //设定 BC 的线宽
指定起点宽度 <0.5000> :0
指定端点宽度 <0.0000> :0                                     //BC 的线宽为 0
指定下一个点或[圆弧(A)/半宽(H)/长度(L)/放弃(U)/宽度(W)]:
                                                             //指定图 2-24 中的 C 点
指定下一个点或[圆弧(A)/半宽(H)/长度(L)/放弃(U)/宽度(W)]:W
                                                             //设定 CD 的线宽
指定起点宽度 <0.0000> :1
指定端点宽度 <1.0000> :0                                     //CD 的起始线宽为 1,终点线宽为 0
指定下一个点或[圆弧(A)/半宽(H)/长度(L)/放弃(U)/宽度(W)]:
                                                             //指定图 2-24 中的 D 点
指定下一个点或[圆弧(A)/半宽(H)/长度(L)/放弃(U)/宽度(W)]:
                                                             //回车结束命令
```

使用 PLINE 命令绘制圆弧的提示如下：

```
命令:_pline
指定起点:
当前线宽为 0.0000
指定下一个点或[圆弧(A)/半宽(H)/长度(L)/放弃(U)/宽度(W)]:A
```

```
//输入 A 进入圆弧绘制方式
指定圆弧的端点或
[角度(A)/圆心(CE)/方向(D)/半宽(H)/直线(L)/半径(R)/第二个点(S)/放弃(U)/宽度(W)]:
//指定圆弧第一点或绘制圆弧的方式
```

图 2-25 所示为带圆弧的多段线，图 2-26 为具有宽度的多段线。

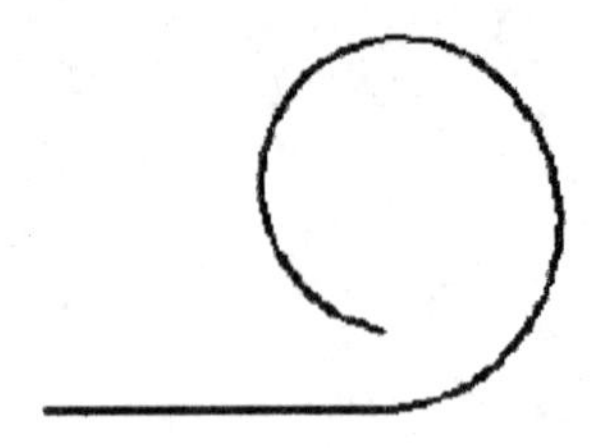

图 2-25　带圆弧的多段线

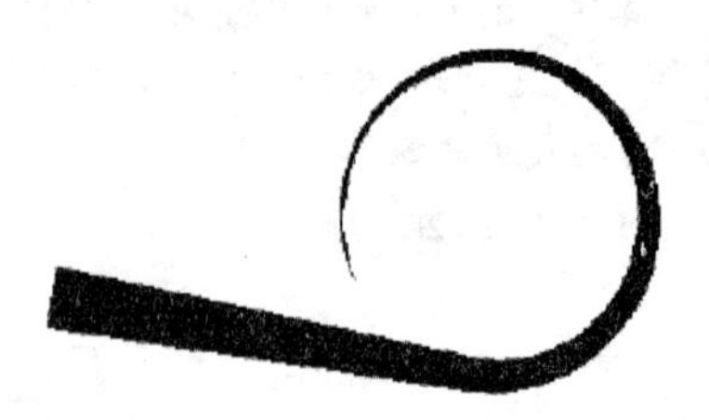

图 2-26　具有宽度的多段线

利用 PLINE 命令绘制图 2-27。

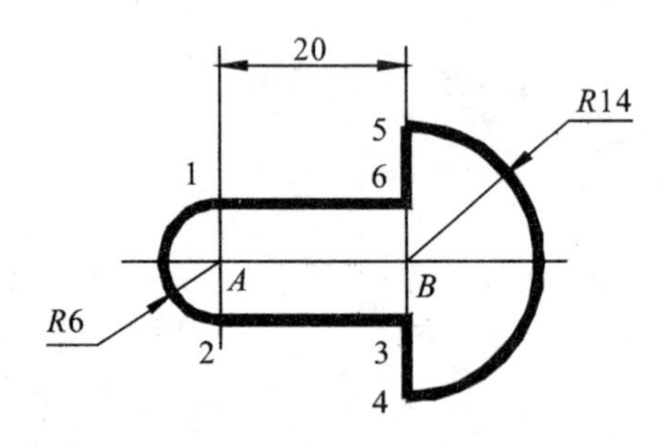

图 2-27　用多线段绘制的图形

```
命令:pline
指定起点:                                                    //指定图 2-27 的第 1 点
当前线宽为 0.0000
指定下一个点或[圆弧(A)
/半宽(H)/长度(L)/放弃(U)/宽度(W)]:W               //指定图 2-27 的绘图线宽,设置为 1
指定起点宽度<0.0000>:1
指定端点宽度<1.0000>:
指定下一个点或[圆弧(A)/半宽(H)/长度(L)/放弃(U)/宽度(W)]:A
                                  //圆弧(A)选项,由默认的直线绘图方式转到绘圆弧方式
指定圆弧的端点或[角度(A)/圆心(CE)/方向(D)
/半宽(H)/直线(L)/半径(R)/第二个点(S)/放弃(U)/宽度(W)]:A
                                                //指定角度(A)选项,用圆心角方式绘图
指定包含角:180
指定圆弧的端点或[圆心(CE)/半径(R)]:R                              //指定圆弧半径绘图
指定圆弧的半径:6
指定圆弧的弦方向<0> :270                   //指定圆弧的弦方向,即确定图 2-27 的第 2 点
指定圆弧的端点或[角度(A)/圆心(CE)/闭合(CL) /方向(D)/
半宽(H)/直线(L)/半径(R)/第二个点(S)/放弃(U)/宽度(W)]:L
                                      //直线(L)选项,由绘圆弧方式转到绘直线图方式
```

```
指定下一点或［圆弧(A)/闭合(C)
/半宽(H)/长度(L)/放弃(U)/宽度(W)］:@ 20<0 //指定图 2-27 的第 3 点
指定下一点或［圆弧(A)/闭合(C)
/半宽(H)/长度(L)/放弃(U)/宽度(W)］:@ 8<-90 //指定图 2-27 的第 4 点
指定下一点或［圆弧(A)/闭合(C)/半宽(H)/长度(L)/放弃(U)/宽度(W)］:A
                                      //圆弧(A)选项,由直线绘图方式转到绘圆弧方式
指定圆弧的端点或［角度(A)/圆心(CE)/闭合(CL) /方向(D)
/半宽(H)/直线(L)/半径(R)/第二个点(S)/放弃(U)/宽度(W)］:A
                                           //指定角度(A)选项,用圆心角方式绘图
指定包含角:180
指定圆弧的端点或［圆心(CE)/半径(R)］:R
指定圆弧的半径:14
指定圆弧的弦方向<270>:90                //指定圆弧的弦方向,即确定图 2-27 的第 5 点
指定圆弧的端点或［角度(A)/圆心(CE)/闭合(CL)/方向(D)
/半宽(H)/直线(L)/半径(R)/第二个点(S)/放弃(U)/宽度(W)］:L
                                      //直线(L)选项,由绘圆弧方式转到绘直线图方式
指定下一点或［圆弧(A)/闭合(C)/半宽(H)
/长度(L)/放弃(U)/宽度(W)］:@ 8<-90 //指定图 2-27 的第 6 点
指定下一点或［圆弧(A)/闭合(C)/半宽(H)/长度(L)/放弃(U)/宽度(W)］:C
                    //指定闭合(C)选项,以直线方式首尾闭合,即连接图 2-27 的第 6 点与第 1 点
```

2.9 样条曲线 SPLINE

在指定的公差范围内把光滑曲线拟合成一系列的点。

执行绘制样条曲线命令后,命令行提示如下:

```
命令:_spline   //执行绘制样条曲线命令
指定第一个点或［对象(O)］:   //指定样条曲线的第一个点
指定下一点:   //指定样条曲线的下一点
指定下一点或［闭合(C)/拟合公差(F)］< 起点切向> ://指定样条曲线的下一点
指定下一点或［闭合(C)/拟合公差(F)］< 起点切向> ://按回车键结束指定下一点
指定起点切向: //拖动鼠标指定起点切向
指定端点切向://拖动鼠标指定端点切向
```

其中各命令选项功能介绍如下。

(1) 对象:选择该命令选项,将二维或三维的二次或三次样条拟合多段线转换成等价的样条曲线并删除多段线。

(2) 闭合(C):选择该命令选项,将最后一点定义为与第一点一致并使它在连接处相切,这样可以闭合样条曲线。

(3) 拟合公差(F):选择该命令选项,修改拟合当前样条曲线的公差。

图 2-28 所示为绘制的样条曲线。

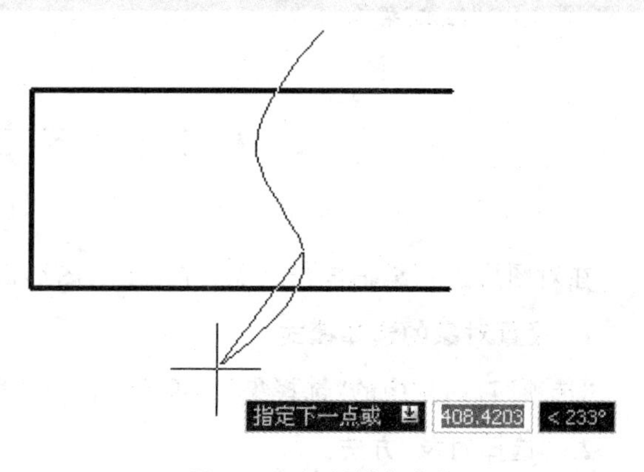

图 2-28 绘制样条曲线

第 3 章

修改工具栏使用

平面图形的编辑主要是指对图形进行修改、移动、复制及删除等操作。AutoCAD 2007 提供了丰富的图形编辑功能。“修改”菜单如图 3-1 所示，“修改”和“修改Ⅱ”工具栏如图 3-2 所示。

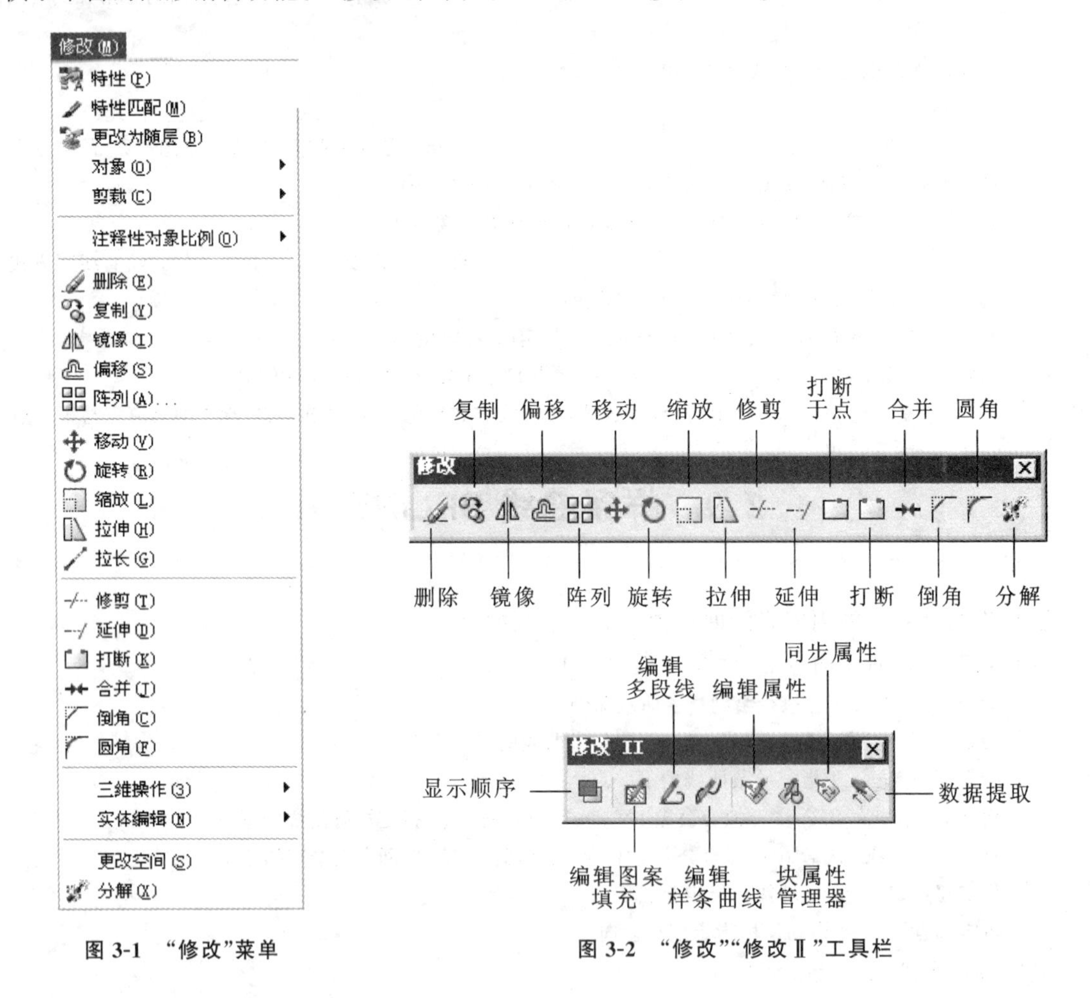

图 3-1 “修改”菜单

图 3-2 “修改”“修改Ⅱ”工具栏

3.1 选择对象

在对图形进行编辑操作之前，首先要对图形进行选择，以指定要对其进行操作的图形对象。

1. 设置对象的选择模式

“选项”对话框中的“选择集”选项卡如图 3-3 所示，在此可以设置对象的选择模式。

2. “选择对象”方法

当用户需要对图形进行编辑、修改时，系统就会提示：“选择对象：”，在该命令提示下输入

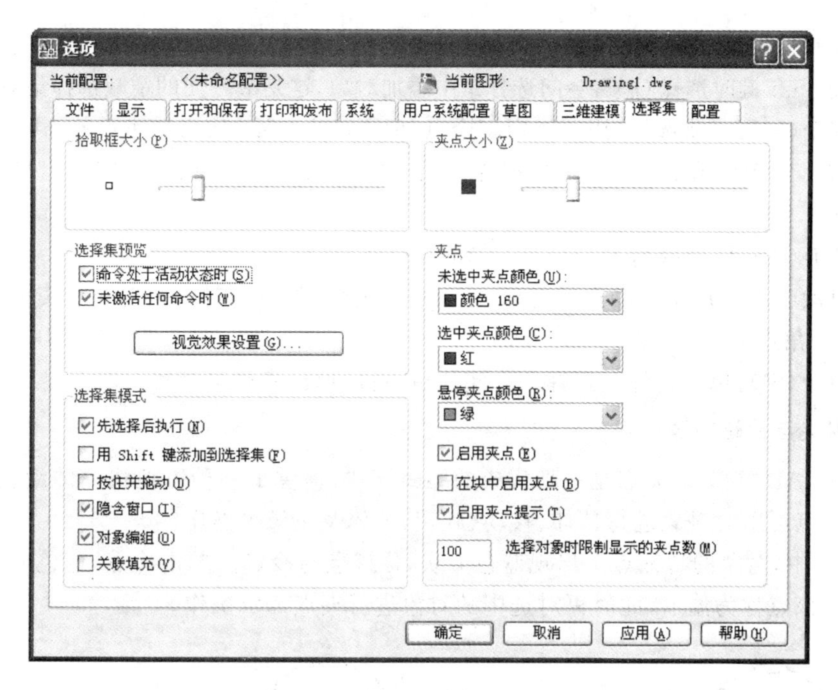

图 3-3　使用"选项"对话框设置选择模式

"?"号,命令行将显示如下提示信息:

```
需要点或窗口(W)/上一个(L)/窗交(C)/框(BOX)/全部(ALL)
/栏选(F)/圈围(WP)/圈交(CP)/编组(G)/添加(A)/删除(R)
/多个(M)/前一个(P)/放弃(U)/自动(AU)/单个(SI)
```

选择对象的参数很多,最常用的几个选项含义如下。

(1) 直接选择对象:用拾取框直接选择一个对象。可连续选择多个对象。

(2) 窗口(W):用一个矩形窗口选择对象,凡是在窗口内的目标均被选中。

(3) 上一个(L):将用户最后绘制的对象作为编辑对象。

(4) 窗交(C):交叉选择方式。该选项与"窗口"选项类似,不同的是,在此窗口内或与此窗口四边相交的图形都将被选中。

注意:在默认情况下,用户不输入选项,直接按从左到右的方法确定窗口,则系统按窗口方式建立选择集;如果按从右到左的方法确定窗口,则系统按窗交方式建立选择集,即"从左到右,W 方式;从右到左,C 方式"。

(5) 框(BOX):该选项是由"窗口"和"窗交"组合的一个单独选项。从左向右指定对角点,为"窗口"方式;反之,为"窗交"方式。

(6) 全部(ALL):全选方式。该选项用于选取图形中的所有对象。

(7) 栏选(F):围线选择方式。凡是与该折线相交的实体均被选中。

(8) 圈围(WP):多边形窗口方式。该选项与"窗口"方式相似,它可以构造任意形状的多边形区域,包含在多边形区域内的图形将被选中。

(9) 圈交(CP):交叉多边形窗口选择方式。该选项与"窗交"方式相似,与"圈围"方式不同的是,与多边形边界相交的对象也将被选中。

(10) 编组(G):输入已定义的选择集。

(11) 添加(A):用于将目标添加到选择集中。

(12) 删除(R):用于从已被选中的目标中删除一个或多个目标。

注意：在默认情况下，AutoCAD 选择对象时，如果按住 Shift 键再选对象，会将对象从选择集中去除，不按 Shift 键时选择对象，会向选择集中添加对象，这是最方便的增减选择集对象的方法。

(13) 多个(M)：多项选择，用于指定多个点，但不高亮显示，从而加速对象选取。

(14) 前一个(P)：用于选择前一次操作时所选择的选择集，适用于对同一组目标进行连续编辑操作。

(15) 放弃(U)：用于取消上一步所选择的目标。

(16) 自动(AU)：用于自动选择对象，若拾取点处恰好有一实体，则选择该实体，否则，要求用户确定另一角点。

(17) 单个(SI)：单一选择。选择一个实体后，自动退出实体选择状态。

3. 使用夹点编辑对象

在 AutoCAD 2007 中夹点是一种集成的编辑模式，提供了一种方便快捷的编辑操作途径。例如，使用夹点可以对对象进行拉伸、移动、旋转、缩放及镜像等操作。

在图 3-4 中，对象的特征点上出现蓝色方块，称该点为冷点。单击冷点，蓝色的方块就变成红色的方块，该点称为温点，此时可对选中的对象进行夹点编辑操作。

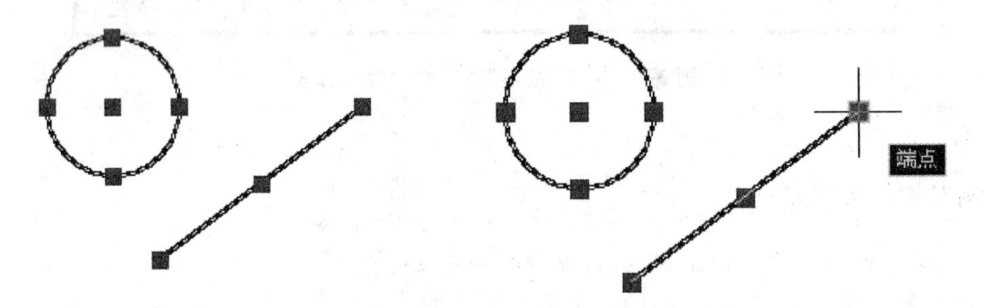

图 3-4 使用夹点编辑对象

使用夹点编辑对象的实例如图 3-5 所示。

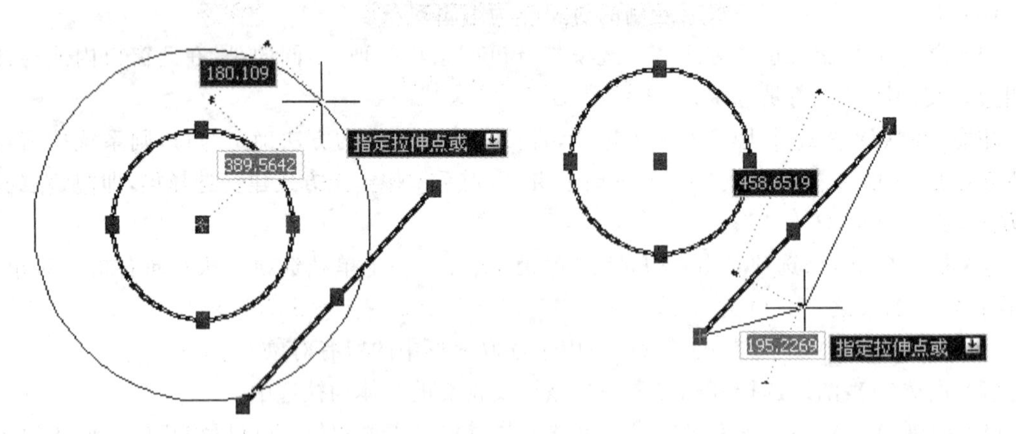

图 3-5 使用夹点编辑对象实例

夹点编辑提示如下：

```
**拉伸**
指定拉伸点或［基点(B)/复制(C)/放弃(U)/退出(X)］：
```

使用 Shift 键实现多个夹点拉伸：在选择要编辑的对象后，可以按下 Shift 键的同时，鼠标依次单击要拉伸的多个夹点，同时激活多个夹点，默认显示为红色，再用鼠标单击其中一个基准夹点，移动鼠标至合适位置单击。

如图 3-6 所示，快捷地将矩形拉伸成平行四边形、梯形。

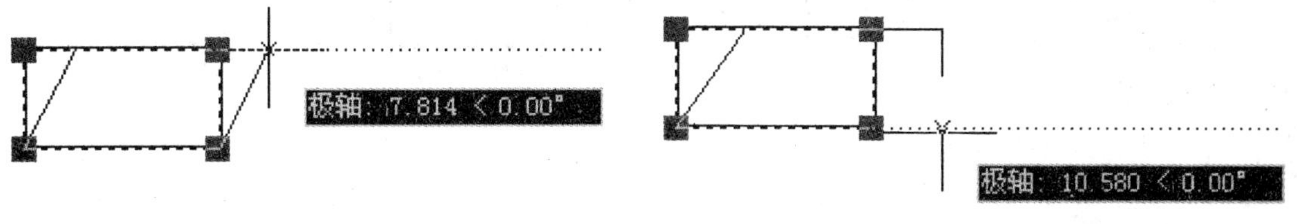

(a) 将矩形拉伸成平行四边形　　(b) 将矩形拉伸成梯形

图 3-6　实现多个夹点拉伸

3.2　复制 COPY

复制命令用于将一个或多个对象复制到指定位置，还可以将对象重复复制。

```
命令:COPY
选择对象:  //用任何一种目标选择方式选择对象
指定基点或[位移(D)]<位移>:  //指定一点作为位移第一点
指定第二个点或<使用第一个点作为位移>://指定一点作为位移第二点
```

复制对象的实例如图 3-7 所示。

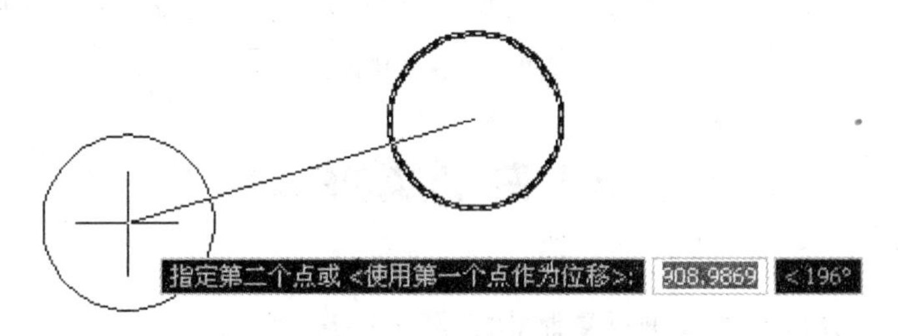

图 3-7　复制对象实例

命令行选项含义如下。

(1) 基点：复制对象的基准点，基点可以指定在被复制的对象上，也可以不指定在被复制的对象上。

(2) 位移(D)：指的是第一点和第二点之间的距离。

如果在"指定第二个点"提示下按 Enter 键，则第一个点将被认为是相对 X,Y,Z 位移。例如，如果指定基点为 2,3 并在下一个提示下按 Enter 键，对象将被复制到距其当前位置沿 X 方向 2 个单位、Y 方向 3 个单位的位置。

注意　使用＜使用第一个点作为位移＞表示：以第一点的 X、Y 坐标作为 ΔX、ΔY。

3.3　镜像 MIRROR

镜像命令用于将图形中个别图形实体进行镜像，也可以将对称图形绘制一半后用该命令进行镜像而得到另一半，如图 3-8 所示。

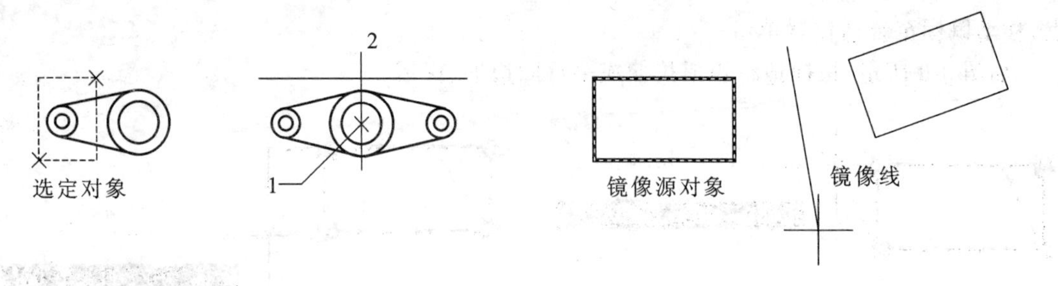

图 3-8　镜像

```
命令:_mirror
选择对象://选择需要镜像的对象
选择对象://按回车键或空格键结束选择对象
指定镜像线的第一点:
指定镜像线的第二点:
要删除源对象吗?[是(Y)/否(N)]<N>:
```

镜像文字对象时,文字的方向取决于系统变量 MIRRTEXT。如果变量 MIRRTEXT 的值为 1,那行要镜像的文字方向和位置全部发生镜像(不可读);如果变量 MIRRTEXT 的值为 0,那行镜像后的文字的位置会改变,而方向不会改变(可读),如图 3-9 所示。

R3　+12 V　10 K

镜像前　　镜像后，MIRRTEXT=1　　镜像后，MIRRTEXT=0

图 3-9　文字对象镜像

3.4　阵列 ARRAY

阵列命令按矩形或环形方式重复复制指定的对象。

1. 矩形阵列

矩形阵列是指将选中的对象进行多重复制、沿 *X* 轴和 *Y* 轴方向排列的阵列方式。

在“阵列”对话框中选择“矩形阵列”选项,其参数如图 3-10 所示,阵列效果如图 3-11 所示。

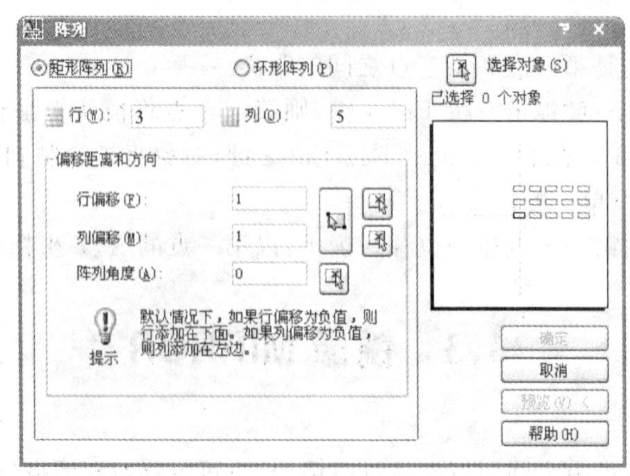

图 3-10　“阵列”对话框(矩形阵列)

2. 环形阵列

环形阵列是围绕用户指定的圆心或一个基点在其周围做圆形或成一定角度的扇形复制对象。例如，将图 3-12(a)中的小圆环形阵列 10 个，填充角度 360°，得到图 3-12(b)所示的效果。

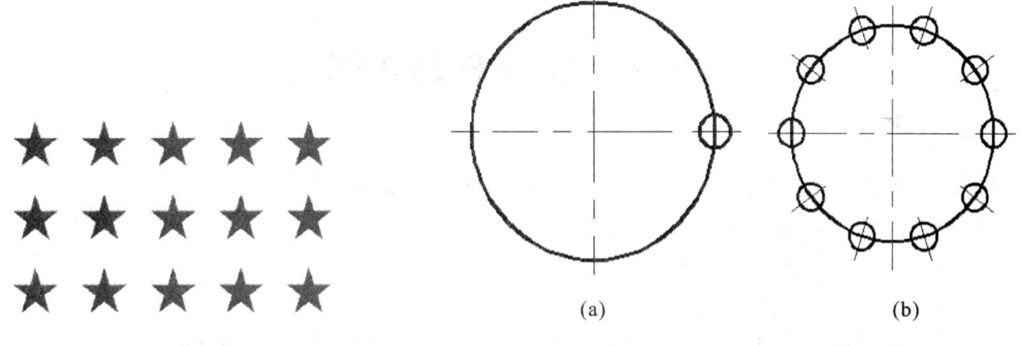

图 3-11 矩形阵列效果　　　　图 3-12 环形阵列效果

在“阵列”对话框中选择“环形阵列”选项，其参数如图 3-13 所示。

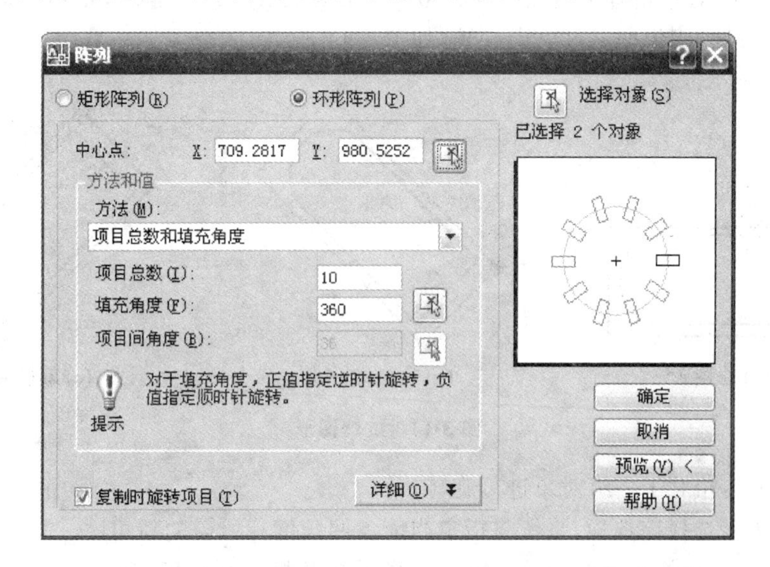

图 3-13 “阵列”对话框(环形阵列)

3.5 移动 MOVE

移动命令用于将对象从指定的基点移动到另一个新的位置，移动过程中并不改变对象的尺寸和位置。

执行移动命令后，命令行提示信息如下：

选择对象：//选择要移动的对象

指定基点或[位移(D)]<位移>：//指定移动基点或位移

指定第二个点或<使用第一个点作为位移>：//指定另一点，确定位移量

命令行各选项含义如下。

(1) 基点:复制对象的基准点,可以指定在被复制的对象上,也可以不指定在被复制的对象上。

(2) 位移(D):指定的两个点定义了一个位移矢量,它指明了被选定对象的移动距离和移动方向。

注意 使用〈使用第一个点作为位移〉表示:以第一点的 X、Y 坐标作为 ΔX、ΔY。

3.6 旋转 ROTATE

旋转命令用于将对象按一定的角度进行旋转而不改变对象的大小。

执行旋转命令后,命令行提示信息如下:

```
选择对象://选择要旋转的对象
指定基点://指定旋转基点
指定旋转角度或[复制(C)/参照(R)]<0>://指定旋转角度或选择其他选项
```

命令行提示中各选项含义如下。

(1) 旋转角度:对象相对于基点的旋转角度。有正、负之分。当输入正角度值时,对象沿逆时针方向旋转;反之,则沿顺时针方向旋转,如图 3-14 所示。

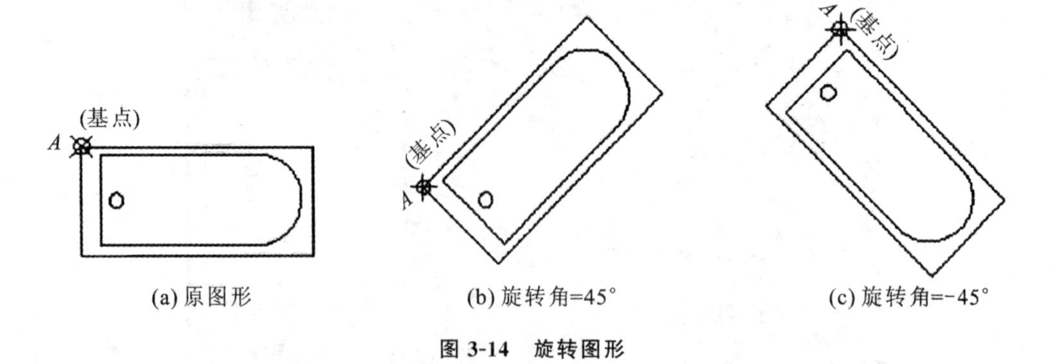

图 3-14 旋转图形

(2) 复制(C):相对于一组对象进行旋转。

(3) 参照(R):选择该选项,系统将指定当前参照角度和所需的新角度。

提示:用户可以用拖动方式旋转对象。选择对象并指定基点后,从基点到当前光标位置会出现一条连线,移动鼠标,选择的对象会动态地随着该连线与水平方向夹角的变化而旋转,最后按回车键确定旋转操作,如图 3-15 所示。

用参照(R)方式将矩形旋转,如图 3-16 所示。

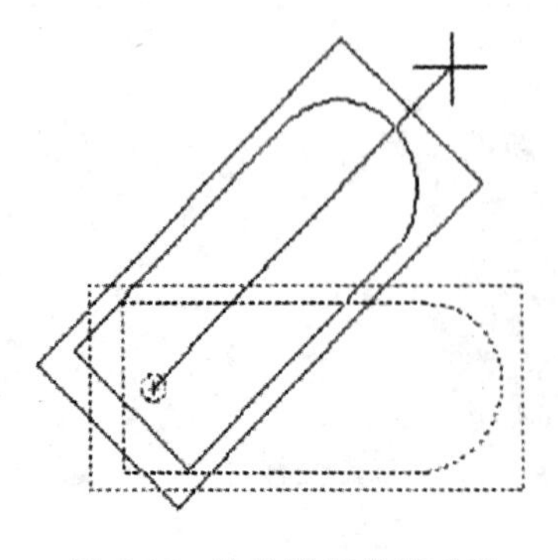

图 3-15 拖动鼠标旋转对象

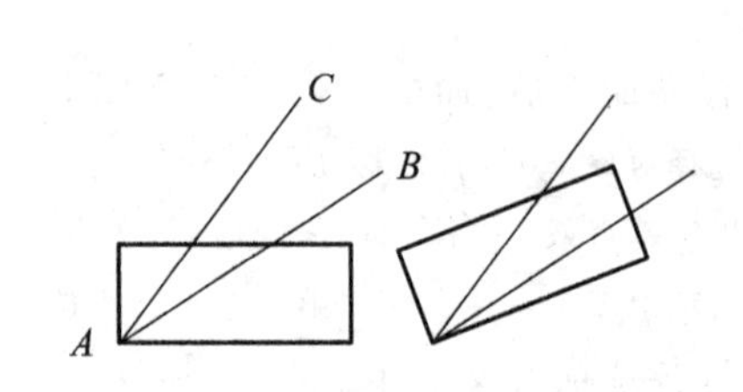

图 3-16 用参照(R)方式旋转对象

```
命令:_rotate
UCS 当前的正角方向:ANGDIR=逆时针   ANGBASE=0
选择对象:找到 1 个                          //选择图 3-16 中的矩形
选择对象:                                   //按回车键结束选择
指定基点:                                   //捕捉图 3-16 中的 A 点
指定旋转角度,或[复制(C)/参照(R)]<0> :R      //输入参照 R 选项
指定参照角 <0> :                            //捕捉图 3-16 中的 A 点
指定第二点:                                 //捕捉图 3-16 中的 B 点
指定新角度或[点(P)]<0> :                    //捕捉图 3-16 中的 C 点
```

图 3-17 所示为旋转的一个实例。

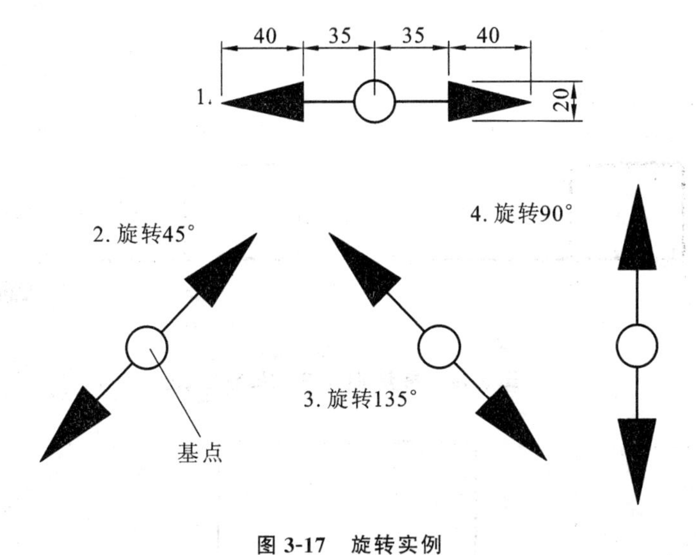

图 3-17 旋转实例

3.7 缩放 SCALE

缩放图形可以将图形对象按给定的基点和比例因子进行成比例扩大或缩小。

执行缩放命令后,命令行提示信息如下:

```
选择对象://选择要进行缩放的对象
指定基点://指定缩放基点
指定比例因子 或[复制(C)/参照(R)]<2.0000> ://输入比例因子或选择其他选项
```

命令行各选项含义如下。

(1) 比例因子:按指定的比例缩放选定对象,大于 1 的比例因子使对象放大,在 0 和 1 之间的比例因子使对象缩小。

(2) 复制(C):相对于一组对象进行缩放。

(3) 参照(R):使用参照值作为比例因子缩放操作对象。

提示:用户可以用拖动方法缩放对象,其操作方法为选择对象并指定基点后,从基点到当前光标位置会出现一条连线,线段的长度即为比例大小。移动鼠标,选择的对象会动态地随着该连线的长度变化而缩放,然后按回车键确定缩放操作,如图 3-18 所示。

例如,将图 3-19 的矩形进行缩放,将边 AB 放大到边 AC 长,结果如图 3-20 所示。

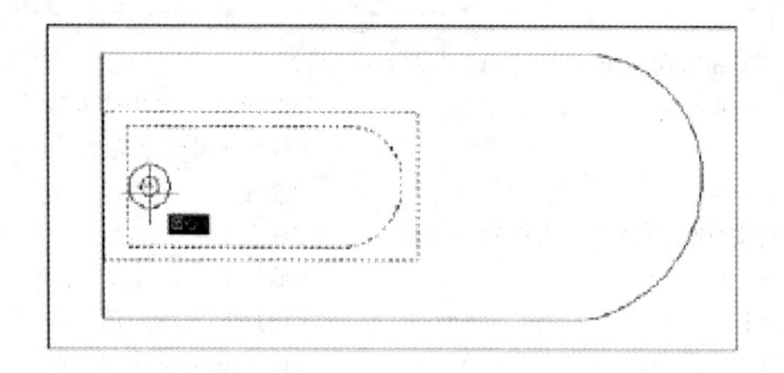

图 3-18　拖动鼠标缩放对象

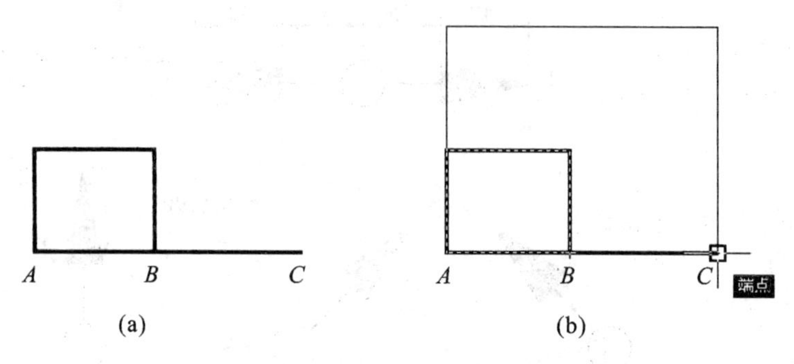

图 3-19　用参照(R)方式缩放对象

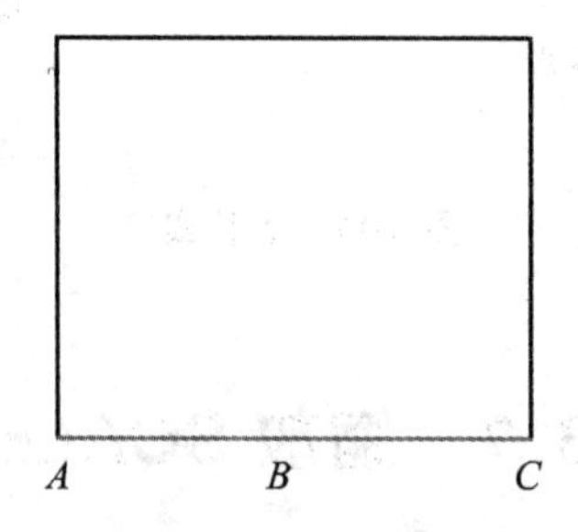

图 3-20　用参照(R)方式缩放对象的结果图

```
命令:_scale
选择对象:找到 1 个　//选择矩形,如图 3-19 所示
选择对象:　//按回车键结束选择
指定基点:　//捕捉图 3-19 中的 A 点
指定比例因子或[复制(C)/参照(R)]<3.0000>:R　//输入参照 R 选项
指定参照长度<391.2425>:　//捕捉图 3-19 中的 A 点
指定第二点:　//捕捉图 3-19 中的 B 点
指定新的长度或[点(P)]<1.0000>:　//捕捉图 3-19 中的 C 点
```

3.8　修剪 TRIM

修剪命令用于沿指定的修剪边界修剪对象中的某些部分,如图 3-21 所示。

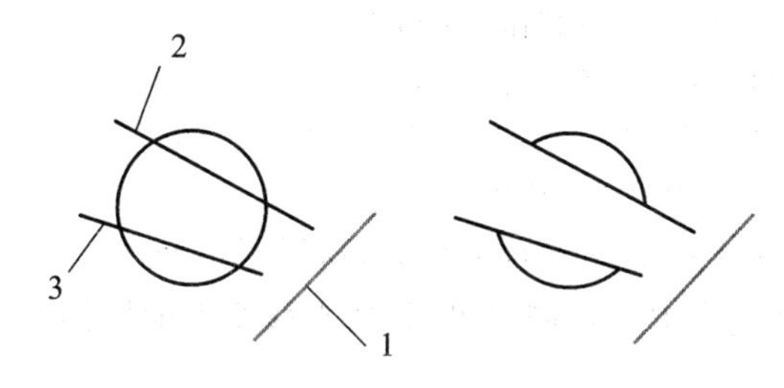

图 3-21 修剪图形

```
命令:_trim
当前设置:投影= UCS,边= 无
选择剪切边…
选择对象或 <全部选择> :                    //选择修剪参照边(原则上全选对象)
选择要修剪的对象,或按住"Shift"键选择要延伸的对象,
或[栏选(F)/窗交(C)/投影(P)/边(E)/删除(R)/放弃(U)]:
                                        //单击需要剪切的对象或者选择其他选项
```

命令行各选项含义如下。

(1) 栏选(F):通过指定栏选点修剪图形对象。

(2) 窗交(C):通过指定窗交对角点修剪图形对象。

(3) 投影(P):确定修剪操作的空间。

(4) 边(E):确定修剪边的隐含延伸模式。

(5) 删除(R):确定要删除的对象。

(6) 放弃(U):用于取消上一次操作。

思考:在图 3-21 中,以 2、3 为修剪边界,为何不能修剪直线 1? 如何解决?

注意 "当前设置:投影=UCS,边=无"的含义:"边=无"即修剪边界不延伸,因而无法修剪。选择"边(E)"为延伸就可解决。

```
命令:_trim
当前设置:投影=UCS,边=无
选择剪切边…
选择对象或 <全部选择> :
选择对象:      //按回车键或空格键结束选择
选择要修剪的对象,或按住 Shift 键选择要延伸的对象,
或[栏选(F)/窗交(C)/投影(P)/边(E)/删除(R)/放弃(U)]:E  //输入边界 E 选项
输入隐含边延伸模式[延伸(E)/不延伸(N)]<不延伸>:E  //输入延伸选项 E
选择要修剪的对象,或按住 Shift 键选择要延伸的对象,
或[栏选(F)/窗交(C)/投影(P)/边(E)/删除(R)/放弃(U)]:
          //现在选择图 3-21 中的直线 1 就可修剪
```

3.9 延伸 EXTEND

延伸命令可以将选定的对象延伸到指定的边界上。

```
命令:_extend
当前设置:投影=UCS,边=无
选择边界的边…
```

选择对象或 <全部选择> ： //选择作为边界的对象

选择对象： //按回车键选择延伸边界结束

选择要延伸的对象，或按住"Shift"键选择要修剪的对象，或[栏选(F)/窗交(C)/投影(P)/边(E)/放弃(U)]： //选择要延伸的对象或者选择其他选项

各选项含义与"修剪"命令中的选项含义相同，这里不再赘述。

思考：在图 3-22 中，以直线 1 为延伸边界，为何直线 2 不能延伸？

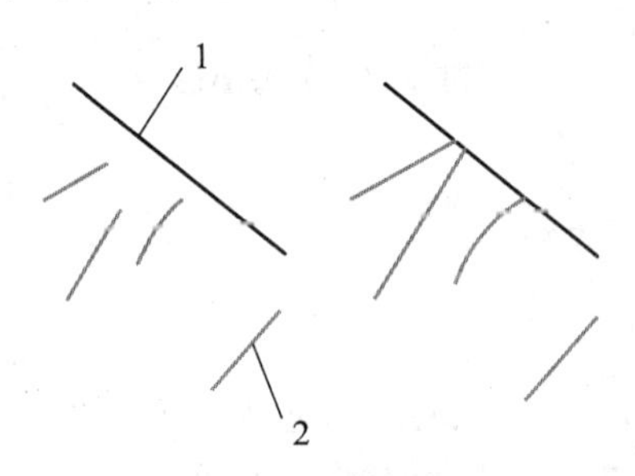

图 3-22 延伸图形

提示：在选择延伸对象时，应从拾取框靠近延伸对象的边界的那一端来选择延伸对象，即"最近原则"。

3.10 倒角 CHAMFER

倒角命令用于将两条相交直线进行倒角或对多段线的多个顶点进行一次性倒角。

执行倒角命令后，命令行提示信息如下：

选择第一条直线或[放弃(U)/多段线(P)/距离(D)/角度(A)/修剪(T)/方式(E)/多个(M)]： //选择要进行倒角的一条直线或进行倒角参数设置

选择第二条直线，或按住"Shift"键选择要应用角点的直线：

//选择要进行倒角的另一条直线

命令行各选项含义如下。

(1) 放弃(U)：放弃倒角操作命令。

(2) 多段线(P)：对整个二维多段线的各个交叉点进行倒角操作。

(3) 距离(D)：设置选定边的倒角距离。

(4) 角度(A)：通过第一条线的倒角距离和第二条线的倒角角度决定倒角距离。

(5) 修剪(T)：确定倒角后是否对对象进行修剪，如图 3-23 所示。

(6) 方式(E)：确定是采用"距离"方式还是"角度"方式作为倒角的默认方式。

(7) 多个(M)：同时对多个对象进行倒角操作。

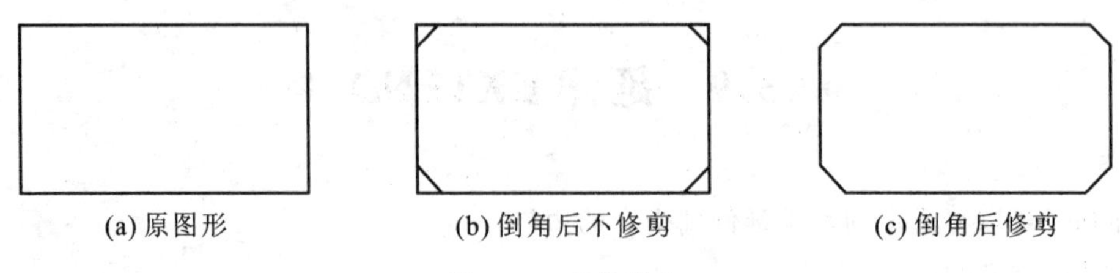

(a) 原图形　(b) 倒角后不修剪　(c) 倒角后修剪

图 3-23 修剪模式

```
命令:_chamfer
("修剪"模式) 当前倒角距离 1=0.0000,距离 2=0.0000
选择第一条直线或[放弃(U)/多段线(P)/距离(D)/角度(A)/修剪(T)/方式(E)/多个(M)]:D
//进行倒角距离设置
指定第一个倒角距离 <0.0000> :100
指定第二个倒角距离 <100.0000> :
选择第一条直线或[放弃(U)/多段线(P)/距离(D)/角度(A)/修剪(T)/方式(E)/多个(M)]:P
//选择[多段线(P)]选项
选择二维多段线://选择多段线
6 条直线已被倒角
```

倒角结果如图 3-24 所示。

图 3-24 用多段线(P)倒角示例

3.11 圆角 FILLET

圆角命令用于将两条相交直线进行倒圆或对多段线的顶点进行一次性倒圆。该命令可以用于直线、多段线和样条曲线等。执行圆角命令后,命令行提示信息如下:

```
选择第一个对象或[放弃(U)/多段线(P)/半径(R)/修剪(T)/多个(M)]:
  //选择要圆角的一个对象
选择第二个对象 或按住"Shift"键选择要应用角点的对象:
  //选择要圆角的另一个对象
```

命令行各选项含义如下。

(1) 放弃(U):放弃圆角操作命令。

(2) 多段线(P):对整个二维多段线的相邻边进行圆角操作。

(3) 半径(R):输入连接圆角的圆弧半径。

(4) 修剪(T):控制系统是否修剪选定的边使其延伸到圆角端点。

(5) 多个(M):用于对多个对象进行圆角操作。

注意:对平行线倒圆角,系统自动以平行线的距离作为倒圆角直径的值,设置的半径值无效,如图 3-25 所示。

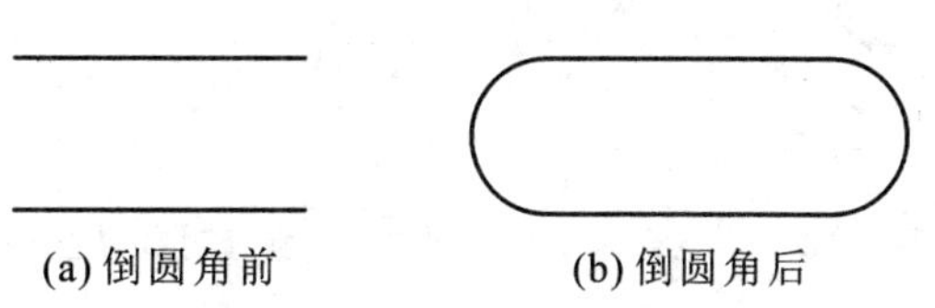

图 3-25 平行线倒圆角

3.12 拉伸 STRETCH

拉伸命令用于按指定的方向和角度拉长或缩短实体。

命令:_stretch
以交叉窗口或交叉多边形选择要拉伸的对象…
选择对象://用交叉窗口方式选择拉伸对象
选择对象://按回车键结束选择拉伸对象
指定基点或[位移(D)]<位移>: //指定拉伸的基点和位移
指定第二个点或<使用第一个点作为位移>://指定第二点以确定位移大小

提示:

(1) 在 AutoCAD 中可被拉伸的对象有直线、圆弧、多段线、样条曲线等,而块、圆和图块不能被拉伸。

(2) 只能用交叉窗口方式选择拉伸对象。

(3) 当所选对象的几何中心位于选取框中时,所选对象是移动不是拉伸。

选择的范围不一样时,拉伸结果也不一样,如图 3-26 至图 3-28 所示。

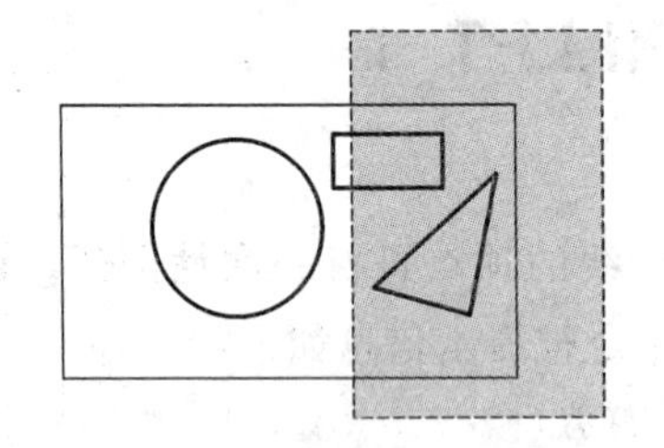
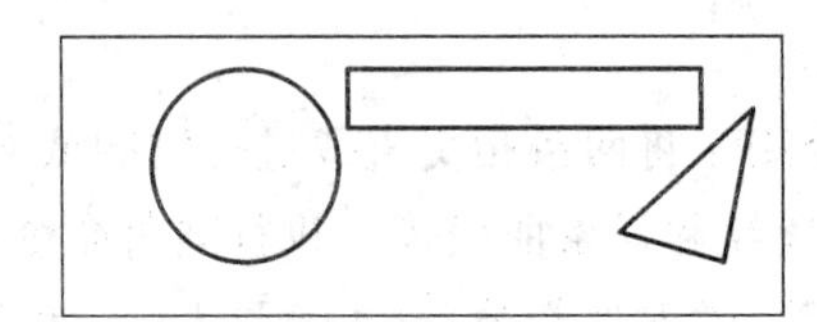

图 3-26 选择对象含三角形的中心,三角形被移动

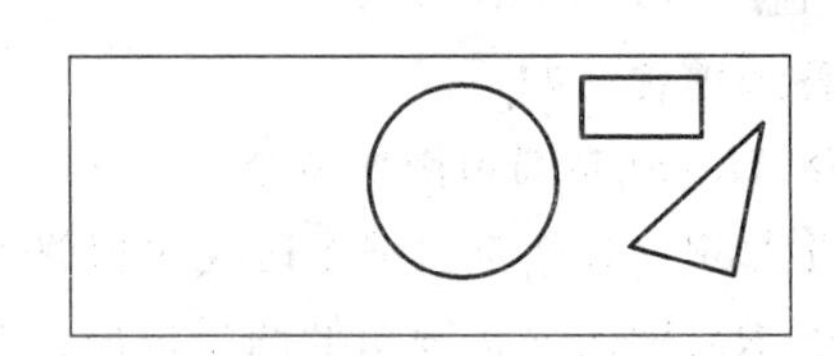

图 3-27 包含选择对象的中心,所选对象被移动

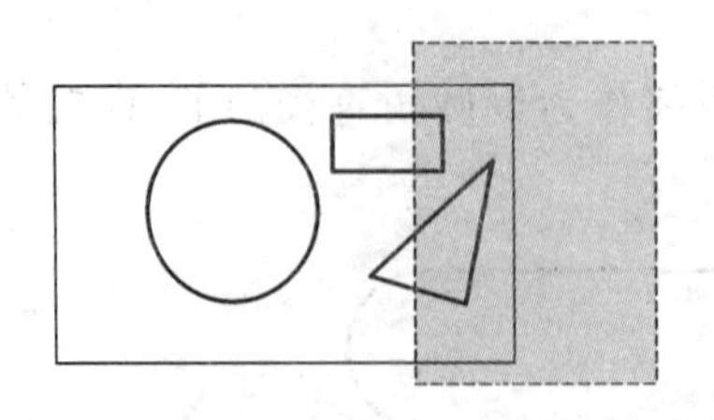
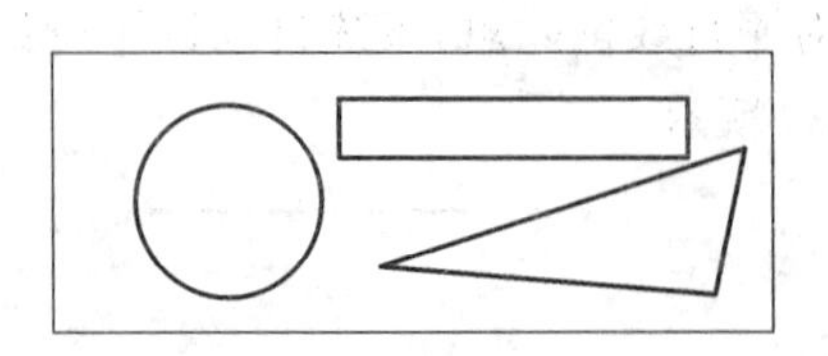

图 3-28 不包含选择对象的中心,所选对象被拉伸

注意:本命令在修改系列零件产品图形时很有用。为简便操作,最好标注采用测量值,剖面绘制要选择“关联”选项。

例如,在图 3-29 中,尺寸标注文本采用测量值,剖面线选用“关联”,拉伸操作后效果如图

3-30所示。

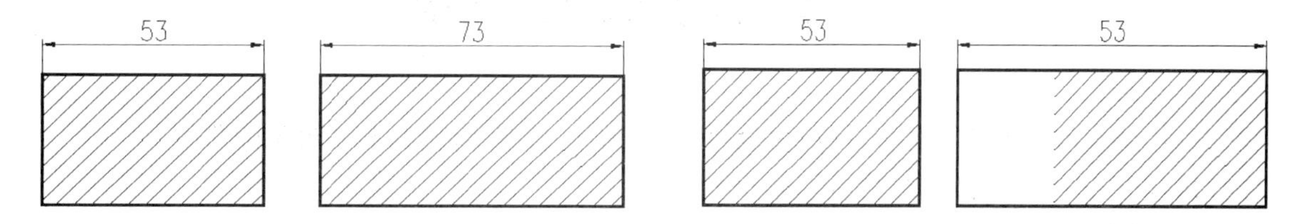

图 3-29 对尺寸标注、剖面线进行拉伸操作前　　图 3-30 对尺寸标注、剖面线进行拉伸操作后

例如，在图 3-31(a)中，尺寸标注文本不采用测量值，剖面线不选用“关联”，拉伸操作后效果如图 3-31(b)所示。

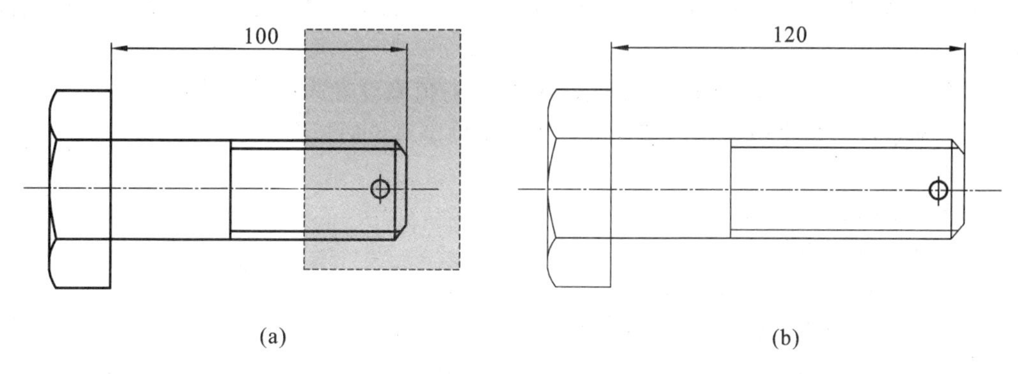

(a)　　(b)

图 3-31 零件线进行拉伸操作

3.13 打断 BREAK

打断命令用于将对象从某一点处断开分成两部分或删除对象的某一部分。

执行打断命令，命令行提示信息如下：

```
选择对象：  //选择打断对象，此时选择点将被当作第一断点
指定第二个打断点或[第一点(F)]：  //选择另一断点或者选择其他选项
```

注意：从圆或圆弧上打断某一部分时，系统默认将第一点到第二点之间的逆时针方向的圆弧删除，如图 3-32 所示。

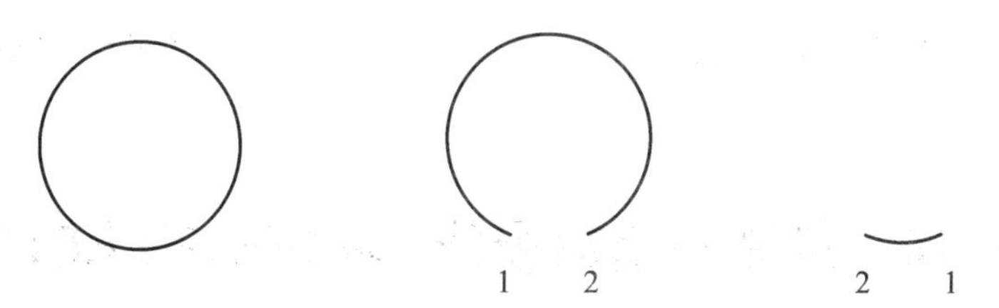

图 3-32 打断圆时第一点、第二点的选择对结果的影响

注意：使用过程中状态栏的“对象捕捉”设置最好处于无效状态，否则会出现不希望的结果。

3.14 拉长 LENGTHEN

拉长命令用于延长和缩短直线、多段线、样条曲线、圆弧、椭圆弧和非封闭的曲线。

执行拉长命令后，命令行提示信息如下：

```
选择对象或[增量(DE)/百分数(P)/全部(T)/动态(DY)]:
  //选择要进行拉长的对象或者选择其他选项
```

命令行各选项含义如下。

(1) 增量(DE)：通过输入增量来延长或缩短对象。

(2) 百分数(P)：以总长的百分比方式来改变直线长度，以圆弧总角度的百分比修改圆弧角度。

(3) 全部(T)：通过指定固定端点间总长度的绝对值来设置选定对象的长度。

(4) 动态(DY)：根据被拖动的端点位置改变来确定对象的长度。

```
命令: LENGTHEN
选择对象或[增量(DE)/百分数(P)/全部(T)/动态(DY)]:DY
选择要修改的对象或[放弃(U)]:
指定新端点: <对象捕捉 关>
```

用拉长命令的"DY"选项改变斜线的长度如图 3-33 所示。

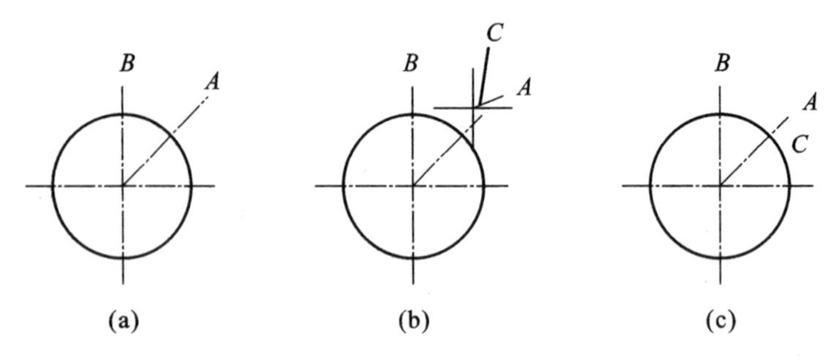

图 3-33 用拉长命令的"DY"选项改变斜线的长度

注意：样条曲线只能被缩短，不能被拉长。

3.15 分解 EXPLODE

分解命令用于将复合对象分解成若干个基本的组成对象。该命令可以分解块、面域、多线和多段线等实体。

3.16 绘制与编辑多线(MLINE、MLEDIT)

多线是一种由多条平行线组成的组合对象。平行线之间的间距和数目是可以调整的，多线常用于绘制建筑图中的墙体、电子线路图等平行线对象。

1. 使用“多线样式”对话框

选择“格式”|“多线样式”命令，如图 3-34 所示，打开“多线样式”对话框(见图 3-35)。可以根据需要创建多线样式，设置其线条数目和线的拐角方式。

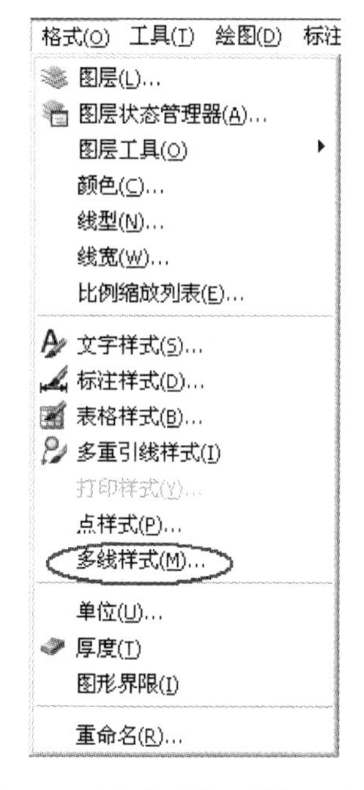

图 3-34 “格式”|“多线样式”命令

图 3-35 “多线样式”对话框

2. 创建多线样式

在“创建新的多线样式”对话框中，单击“继续”按钮，将打开“新建多线样式：AA”对话框(见图 3-36)，在此对话框中可以创建新多线样式的封口、填充、图元等内容。

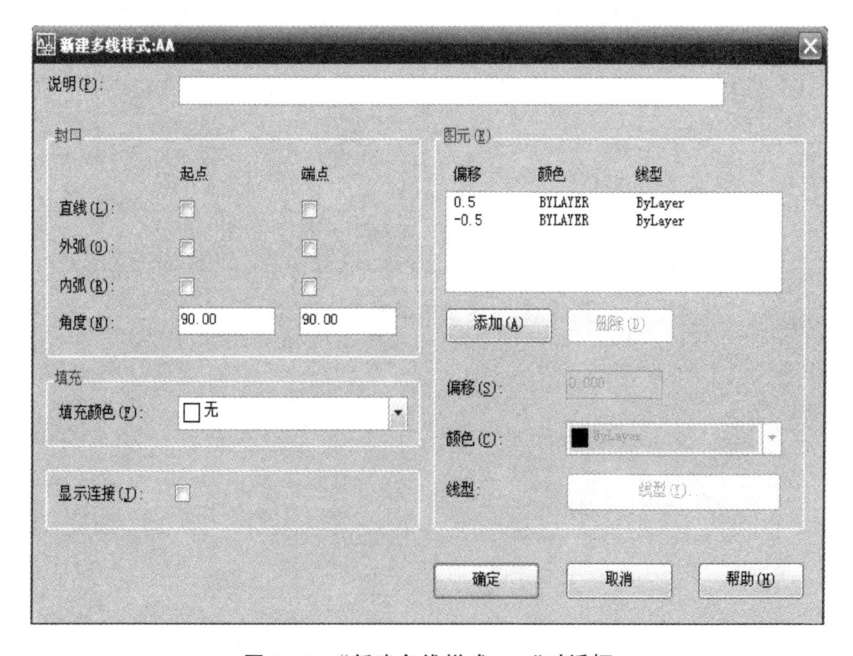

图 3-36 “新建多线样式：AA”对话框

3. 编辑多线

“多线”命令是一个专门用于多线对象的编辑命令，选择“修改”|“对象”|“多线”命令（见图3-37），可打开“多线编辑工具”对话框（见图3-38）。该对话框中的各个图形按钮形象地说明了编辑多线的方法。

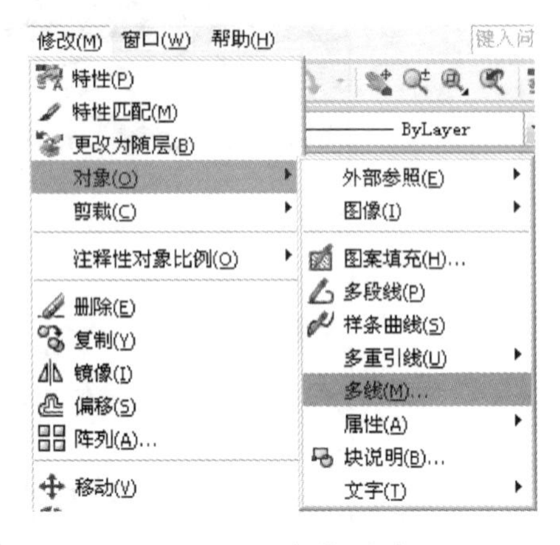

图 3-37 “多线”命令

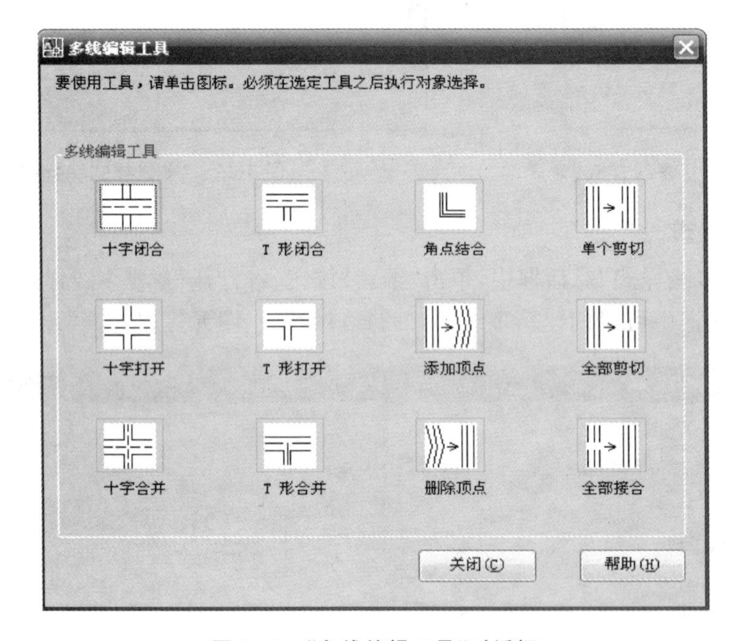

图 3-38 “多线编辑工具”对话框

绘制多线的一个示例如图 3-39 所示。

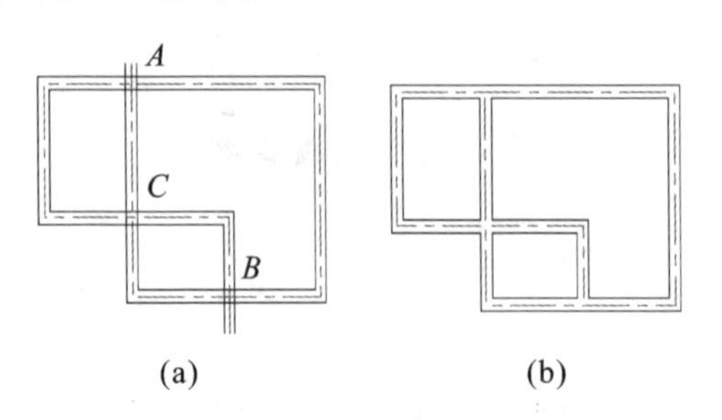

图 3-39 绘制多线示例

3.17 编辑多段线(PEDIT)

进入编辑多段线界面有三种方式,如图 3-40 所示。

菜单:修改(M) ▶ 对象(O) ▶ 多段线(P)

快捷菜单:选择要编辑的多段线,在绘图区域单击鼠标右键,然后选择“编辑多段线”。

命令条目:pedit

图 3-40 进入编辑多段线界面的三种方式

“多段线”命令的功能:编辑多段线和三维多边形网格。

命令:_pedit

选择多段线或[多条(M)]: //使用对象选择方法或输入 M,其余提示取决于是选择了二维多段线、三维多段线还是三维多边形网格。如果选定对象是直线或圆弧,则显示以下提示:

选定的对象不是多段线。

是否将其转换为多段线? <是> : //输入 Y 或 N,或按 Enter 键。如果输入 Y,则对象被转换为可编辑的单段二维多段线。使用此操作可以将直线和圆弧合并为多段线。如果 PEDITACCEPT 系统变量设置为 1,将不显示该提示,选定对象将自动转换为多段线。

如果选择二维多段线,将显示以下提示:

输入选项[闭合(C)/合并(J)/宽度(W)/编辑顶点(E)/拟合(F)/样条曲线(S)
/非曲线化(D)/线型生成(L)/放弃(U)]: //输入选项或按 Enter 键结束命令

例如,将图 3-41 中的多个对象合并成一个对象,其结果如图 3-42 所示。

图 3-41 将多个对象合并成一个对象

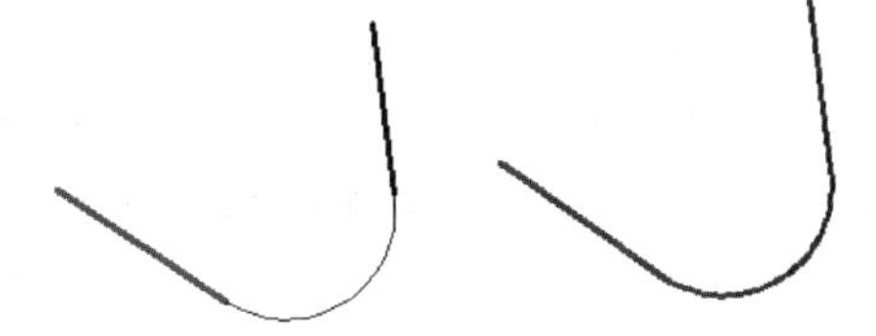

图 3-42 将多个对象合并成一个对象结果

命令:_pedit 选择多段线或[多条(M)]: //选择图 3-41 中的一条直线

选定的对象不是多段线

是否将其转换为多段线? <Y>

输入选项[闭合(C)/合并(J)/宽度(W)/编辑顶点(E)/拟合(F)/样条曲线(S)/非曲线化(D)/线型生成(L)/放弃(U)]:J

选择对象:找到 1 个 //选择图 3-41 中的一条直线

选择对象:找到 1 个,总计 2 个 //选择图 3-41 中的圆弧

选择对象:找到 1 个,总计 3 个 //选择图 3-41 中的一条直线

选择对象: //按回车键结束选择

2 条线段已添加到多段线

输入选项[闭合(C)/合并(J)/宽度(W)/编辑顶点(E)/拟合(F)/样条曲线(S)/非曲线化(D)/线型生成(L)/放弃(U)]://按回车键结束命令

例如，利用 PEDIT 命令的 F 选项把图 3-43 中的多段折线生成拟合曲线。

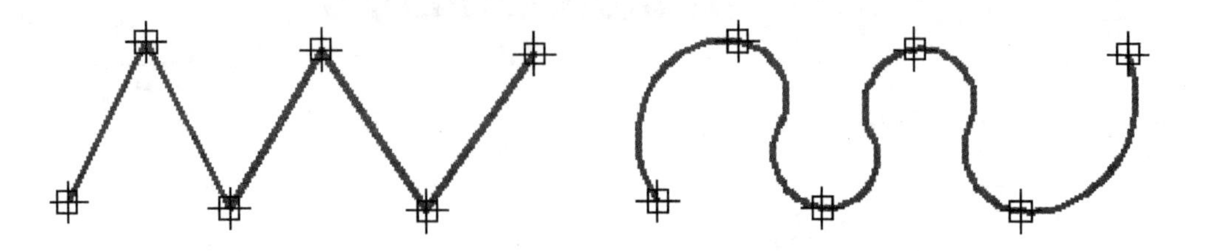

图 3-43　利用 PEDIT 命令的 F 选项拟合多段折线

命令：PEDIT
选择多段线或［多条(M)］：//选择图 3-43 中的多段线
输入选项［闭合(C)/合并(J)/宽度(W)/编辑顶点(E)/拟合(F)/样条曲线(S)/非曲线化(D)/线型生成(L)/放弃(U)］：F　　//输入 F 选项
输入选项［闭合(C)/合并(J)/宽度(W)/编辑顶点(E)/拟合(F)/样条曲线(S)/非曲线化(D)/线型生成(L)/放弃(U)］：　//按回车键结束命令

例如，利用 PEDIT 命令的 S 选项把图 3-44 中的多段折线生成样条曲线。

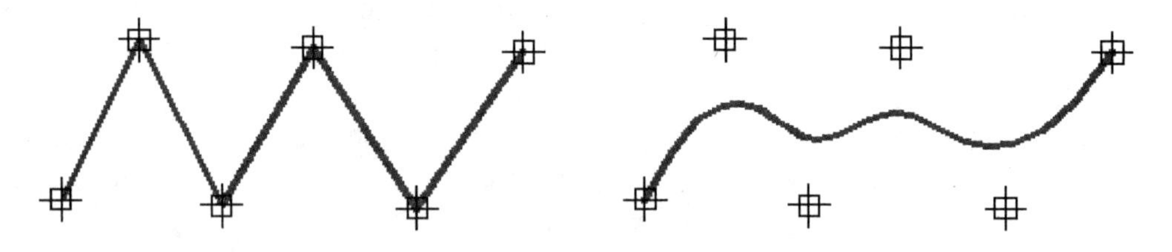

图 3-44　利用 PEDIT 命令的 S 选项生成样条曲线

命令：PEDIT
选择多段线或［多条(M)］：　//选择图 3-44 中的多段线
输入选项［闭合(C)/合并(J)/宽度(W)/编辑顶点(E)/拟合(F)/样条曲线(S)/非曲线化(D)/线型生成(L)/放弃(U)］：S　//输入 S 选项
输入选项［闭合(C)/合并(J)/宽度(W)/编辑顶点(E)/拟合(F)/样条曲线(S)/非曲线化(D)/线型生成(L)/放弃(U)］：　//按回车键结束命令

3.18　偏移 OFFSET

偏移命令用于实现平行复制对象，生成平行线或者同心圆等类似的图形。

执行偏移命令后，命令行提示信息如下：

指定偏移距离或［通过(T)/删除(E)/图层(L)］<通过>：
　//输入偏移距离或选择其他选项
选择要偏移的对象，或［退出(E)/放弃(U)］<退出>：　//选择偏移对象
指定要偏移的那一侧上的点，或［退出(E)/多个(M)/放弃(U)］<退出>：
　//指定偏移方向

命令行各选项含义如下。

(1) 通过(T)：指定偏移对象通过的点。

(2) 删除(E):确定是否在偏移后删除源对象。

(3) 图层(L):指定偏移对象的图层特性。

(4) 退出(E):结束偏移命令。

(5) 放弃(U):取消偏移命令。

偏移命令使用效果的示例如图 3-45 所示。

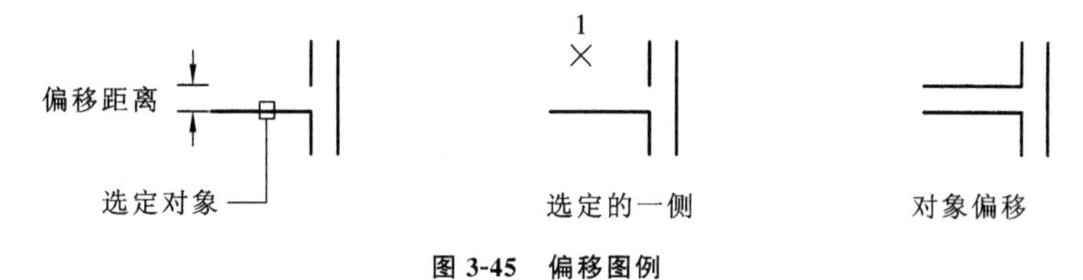

图 3-45 偏移图例

注意:该命令常用来绘制定位线。

第 4 章 图案填充与尺寸标注

4.1 图案填充和编辑

在绘图过程中，经常需要对图形的某些区域填充某种特定的图案，如机械图样的剖视图、建筑装潢制图中的地面或建筑断层面。

在 AutoCAD 2007 中，除了可以使用特定的图案填充外，还可以使用渐变色来填充。

图案填充命令用于在指定的填充边界内填充一定样式的图案。

启动“图案填充”命令有以下两种方法。

菜单栏：选择“修改”|“对象”|图案填充(H)...命令。

工具栏：在命令行中输入 HATCHEDIT，并按回车键。

启动“图案填充”命令后，会弹出“图案填充和渐变色”对话框，如图 4-1 所示。单击“图案”后的[...]按钮，会弹出“填充图案选项板”对话框，如图 4-2 所示，从中选择需要的图案。

图 4-1 “图案填充和渐变色”对话框

注意：

(1) 填充图案的比例设定很关键，比例过大或过小都不能达到填充效果，因此，用户可以调整比例，使其达到最佳效果。

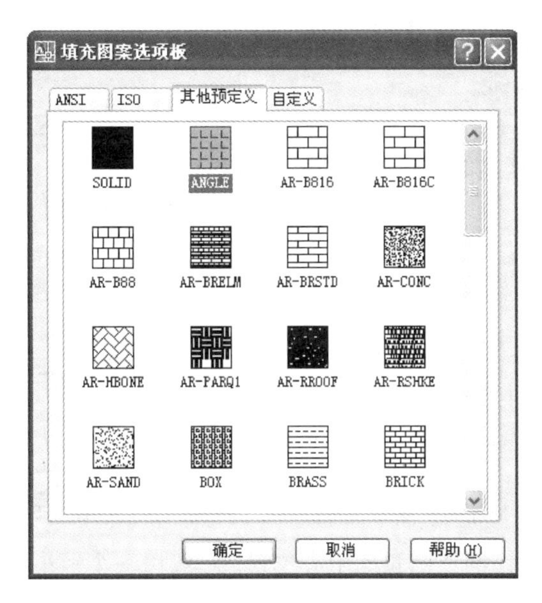

图 4-2 “填充图案选项板”对话框

(2) 机械制图多使用“用户定义”类型来绘制剖面线，角度及间距都容易控制。

图案填充原点，默认情况下，填充图案始终相互“对齐”。但是，有时可能需要移动图案填充的起点，例如，如果创建砖形图案，可能希望在填充区域的左下角以完整的砖块开始。在这种情况下，使用“图案填充和渐变色”对话框中的“图案填充原点”选项进行设置，其效果如图 4-3 所示。

填充图案的位置和行为取决于 HPORIGIN、HPORIGINMODE 和 HPINHERIT 系统变量，以及用户坐标系的位置和方向。

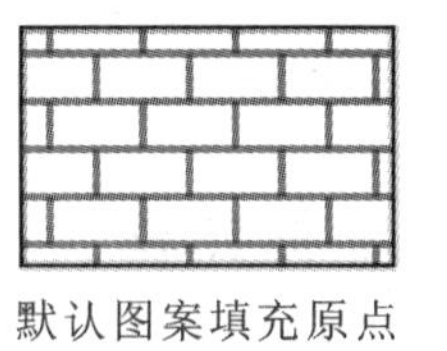

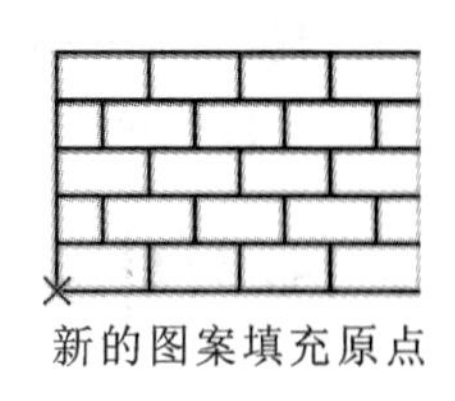

图 4-3 图案填充原点控制

HPORIGINMODE 控制 HATCH 确定默认图案填充原点的方式，初始值：0。控制 HATCH 确定默认图案填充原点的方式。

HPORIGINMODE＝0，使用 HPORIGIN 设置图案填充原点。

HPORIGINMODE＝1，使用图案填充边界矩形范围的左下角来设置图案填充原点。

HPORIGINMODE＝2，使用图案填充边界矩形范围的右下角来设置图案填充原点。

HPORIGINMODE＝3，使用图案填充边界矩形范围的右上角来设置图案填充原点。

HPORIGINMODE＝4，使用图案填充边界矩形范围的左上角来设置图案填充原点。

HPORIGINMODE＝5，使用图案填充边界矩形范围的中心来设置图案填充原点。

4.2 尺寸标注

尺寸标注是工程制图中的一项重要内容，它描述了设计对象中各组成部分的大小及相对位置关系，是工程实施的重要依据。AutoCAD 2007 提供了一套完整的、灵活的尺寸标注命令和实用程序。

一个完整的尺寸标注主要由尺寸界线、尺寸线、标注文本、尺寸箭头和圆心标记等要素组成，如图 4-4 所示。其中，每个部分都是一个独立的实体，用户可以对它们进行编辑。

(1) 尺寸界线：用于指明所要测量标注的长度或角度的起始位置和结束位置。

(2) 尺寸线：表示标注的范围。尺寸线的两端带有箭头，指出尺寸线的起点和端点。对于角度标注，尺寸线是一段圆弧。

(3) 标注文本：用于表示指定尺寸界线之间的距离和角度，是尺寸标注的核心。用户可以使用由 AutoCAD 自动计算出的实际测量值，也可以自己输入文字。

(4) 尺寸箭头：表示尺寸线的起始位置以及尺寸线相对于图形实体的位置。AutoCAD 2007 提供了各种箭头供用户选择，如图 4-5 所示。在机械制图中通常采用带箭头的直线进行标注，在建筑图中通常采用斜线进行标注。

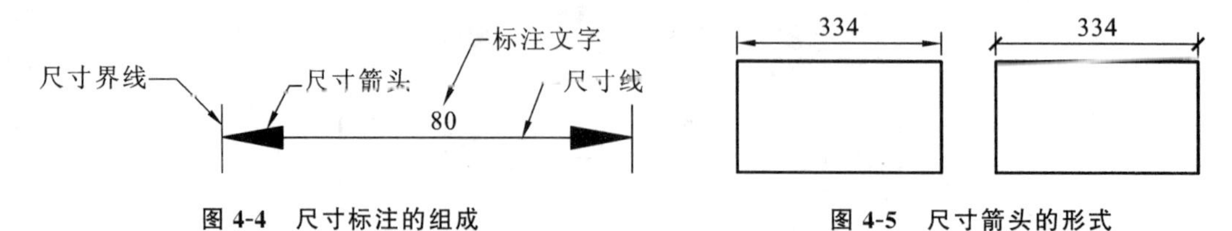

图 4-4　尺寸标注的组成　　图 4-5　尺寸箭头的形式

(5) 圆心标记：用于标记圆或圆弧的中心位置，一般用一个短小"+"字符号表示。

一般来讲，在 AutoCAD 中进行尺寸标注时，可以按以下步骤进行：

(1) 为尺寸标注建立新的文字样式。

(2) 为尺寸标注创建一个独立的图层，专门用于放置尺寸标注对象。

(3) 创建标注样式。

(4) 打开对象捕捉，对图形进行尺寸标注。

提示：尺寸标注命令可以自动测量所标注图形的尺寸，所以用户绘图时应尽量准确，这样可以减少修改尺寸文本所花费的时间，从而加快绘图速度。

4.2.1　创建与设置标注样式

标注样式是标注设置的命名集合，可用来控制标注的外观，如箭头样式、文字位置和尺寸公差等。用户可以创建标注样式，以快速指定标注的格式，并确保标注符合行业或项目标准。

启动标注样式管理器有以下 3 种方法。

菜单栏：选择"格式"| 标注样式(D)... 命令。

工具栏：单击"标注"工具栏中的按钮。

命令行：在命令行中输入 DIMSTYLE，并按回车键。

用户创建尺寸标注时，标注的格式和外观是由当前尺寸样式控制的，AutoCAD 默认的尺寸标注样式为"ISO-25"。使用 标注样式管理器 对话框（见图 4-6）可以创建或修改标注样式。

提示：在"样式"选项区中选择样式名称后单击鼠标右键，利用弹出的快捷菜单可以设置当前标注样式、重命名标注样式和删除标注样式。

4.2.2　标注样式示例

在"创建新标注样式"对话框中，输入新样式名"精度 0"，如图 4-7 所示，单击"继续"按钮，弹出"新建标注样式：精度 0"对话框，如图 4-8 所示。

在"新建标注样式：精度 0"对话框的"线""符号和箭头""文字""主单位"选项卡下设置相应参数，如图 4-8 至图 4-10 所示。

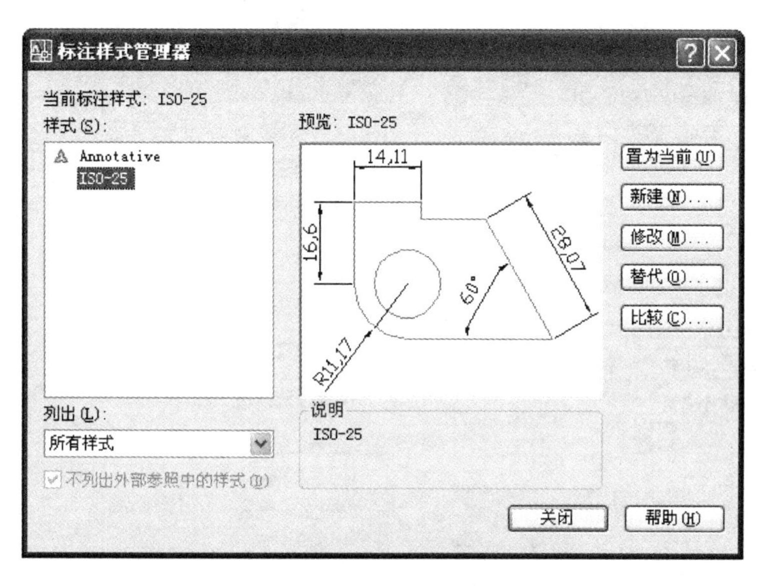

图 4-6 “标注样式管理器”对话框

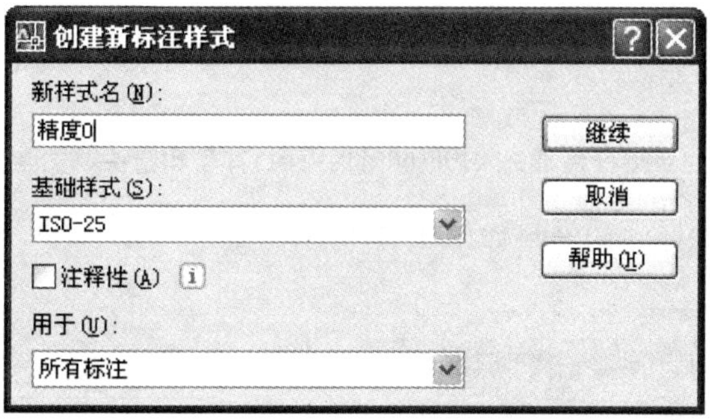

创建新标注样式
新样式名(N)：
精度0
继续
基础样式(S)：
ISO-25
取消
注释性(A)
帮助(H)
用于(U)：
所有标注

图 4-7 “创建新标注样式”对话框

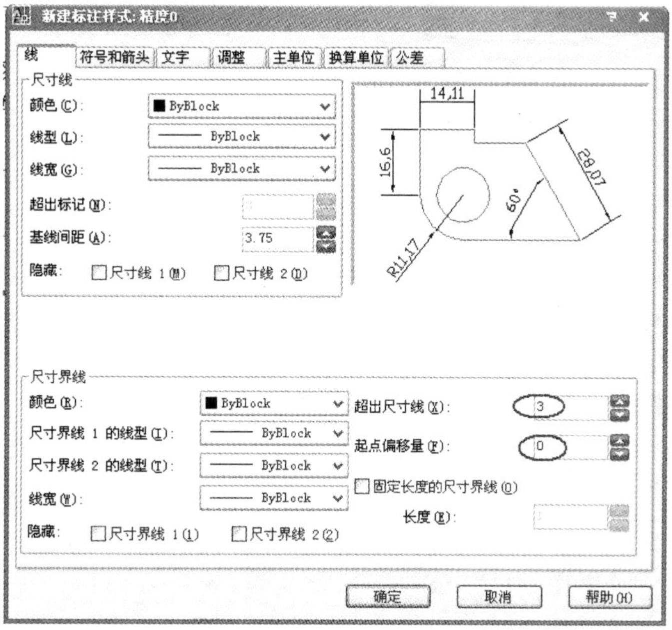

新建标注样式：精度0
线 | 符号和箭头 | 文字 | 调整 | 主单位 | 换算单位 | 公差
尺寸线
颜色(C)： ByBlock
线型(L)： ByBlock
线宽(G)： ByBlock
超出标记(N)：
基线间距(A)： 3.75
隐藏： 尺寸线 1(M) 尺寸线 2(D)
14,11
16,6
28,07
60°
R11,17
尺寸界线
颜色(R)： ByBlock
超出尺寸线(X)： 3
尺寸界线 1 的线型(I)： ByBlock
起点偏移量(F)： 0
尺寸界线 2 的线型(T)： ByBlock
固定长度的尺寸界线(O)
线宽(W)： ByBlock
长度(E)：
隐藏： 尺寸界线 1(1) 尺寸界线 2(2)
确定 取消 帮助(H)

图 4-8 “新建标注样式:精度 0”对话框的“线”选项卡

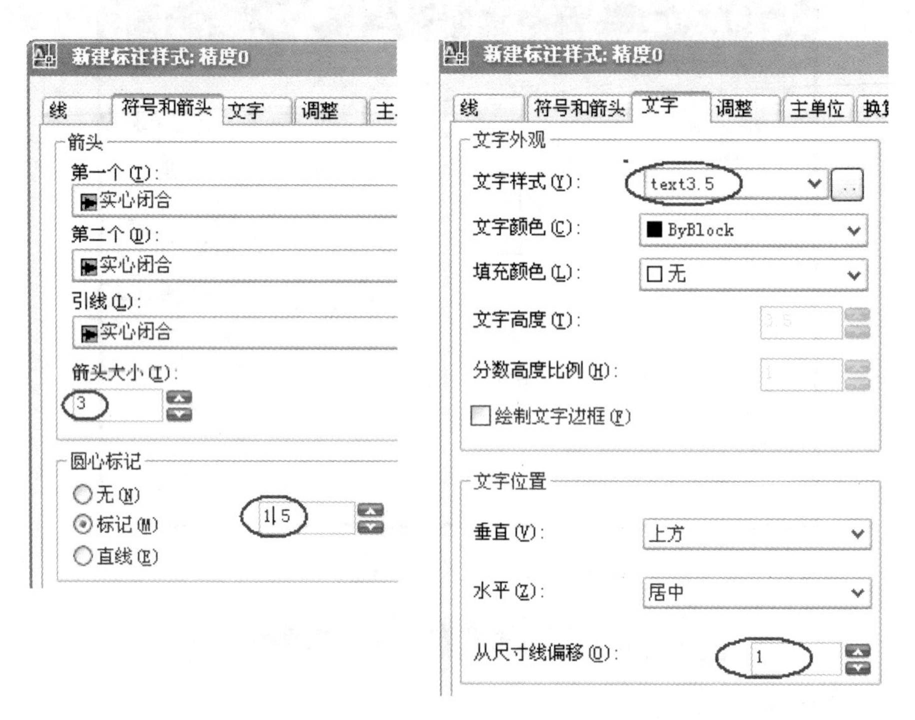

图 4-9 “新建标注样式:精度 0”对话框的“符号和箭头”“文字”选项卡

用“精度 0”标注样式标注的结果如图 4-11 所示。

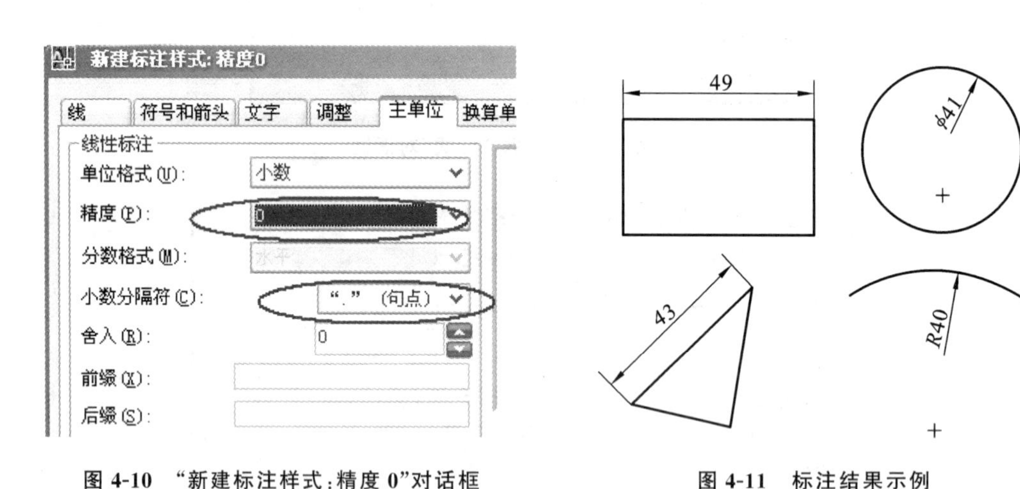

图 4-10 “新建标注样式:精度 0”对话框的“主单位”选项卡

图 4-11 标注结果示例

问题:图 4-11 中圆的直径标注不符合国家标准,如何改进呢?

打开“修改标注样式:精度 0”对话框的“调整”选项卡,如图 4-12 所示,此时“调整选项”设置为“文字或箭头(最佳效果)”。

我们要做的修改主要是对“精度 0”的“调整选项”进行的修改,如图 4-13 所示,将其设置为“文字”,修改后标注结果如图 4-14 所示。

如果圆太小,要求半径文字要水平书写,如图 4-15 所示,又该如何修改?

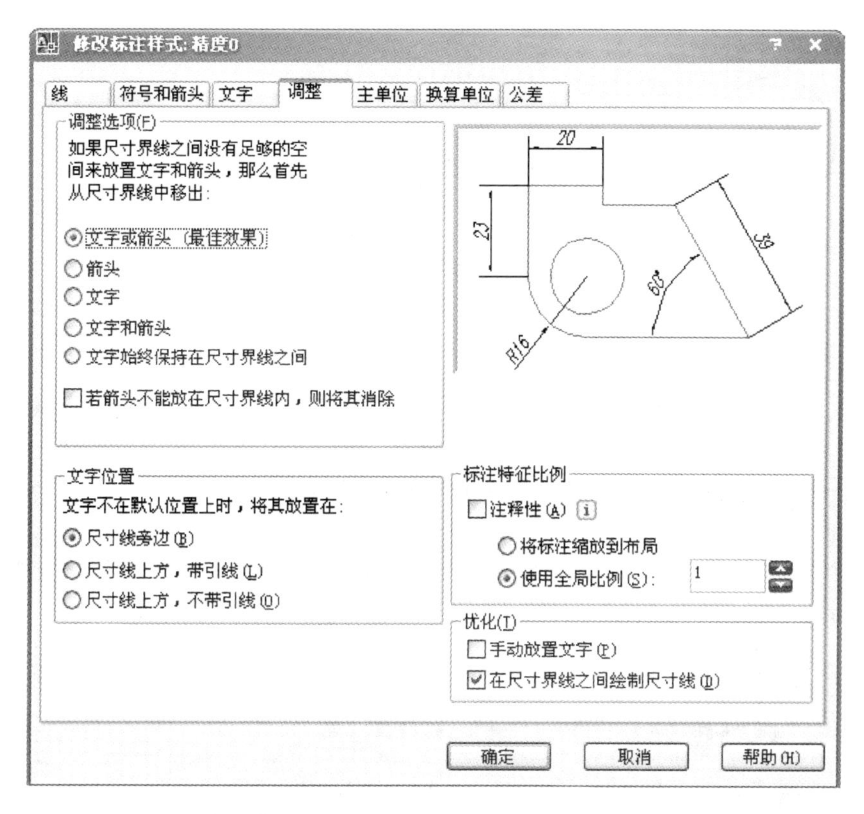

图 4-12 “修改标注样式:精度 0”对话框的“调整”选项卡(修改前)

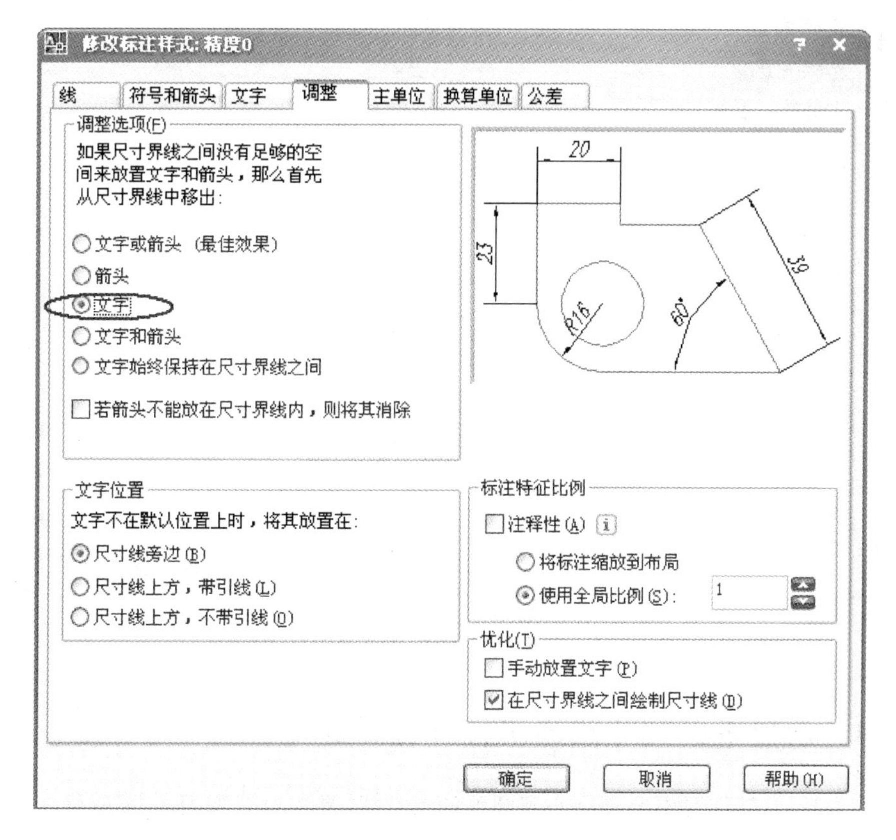

图 4-13 “修改标注样式:精度 0”对话框的“调整”选项卡(修改后)

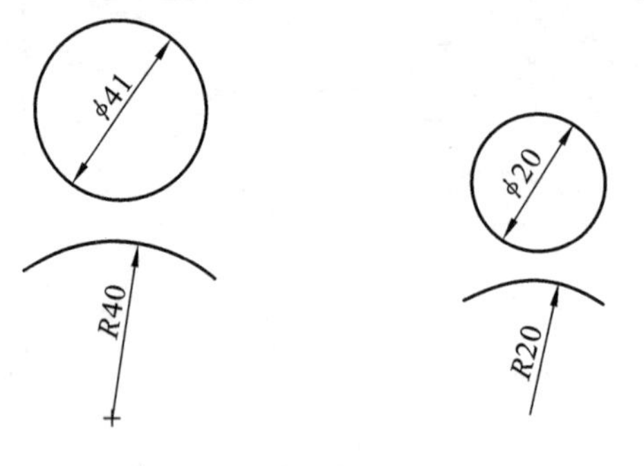

图 4-14　修改后标注结果示例

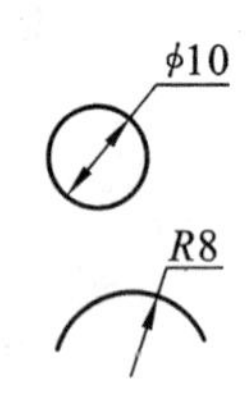

图5　直径文字水平书写示例

4.2.3　创建直径文字水平书写标注样式

新建一个“直径半径文字水平书写”标注样式，只需要修改“文字对齐”方式，如图 4-16 所示，选择“ISO 标准”。

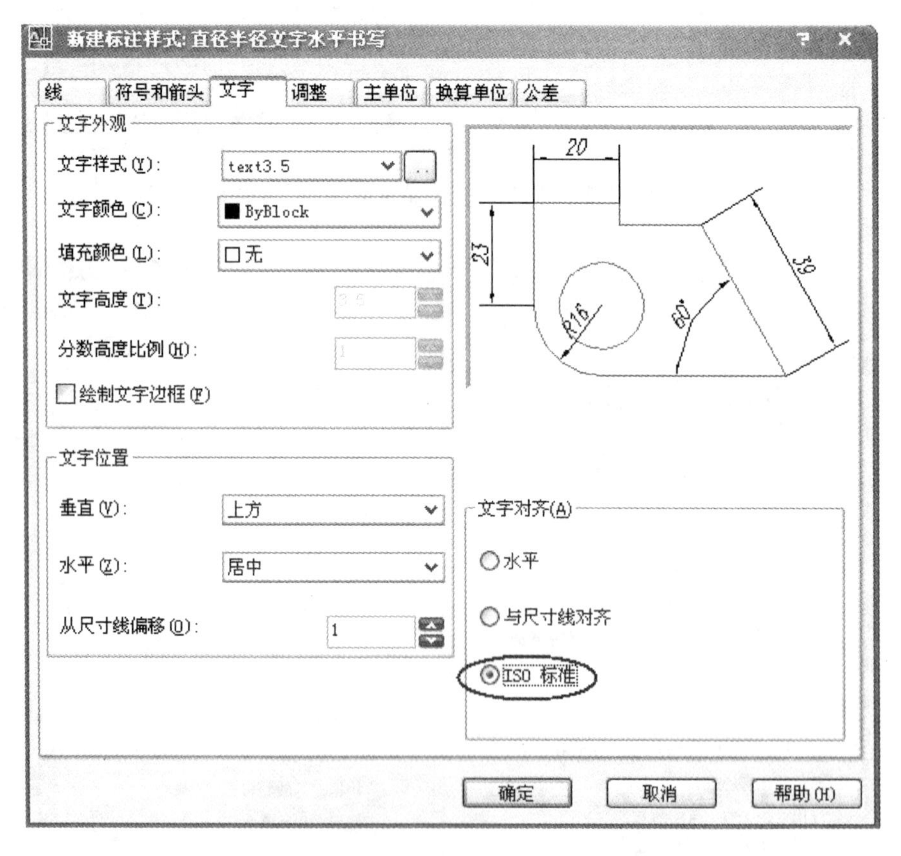

图 4-16　修改“文字对齐”方式为 ISO 标准

4.2.4　创建不画尺寸线的半径标注样式

如图 4-17 所示，标注时不要画圆心到圆弧的尺寸线，具体设置如图 4-18 所示。

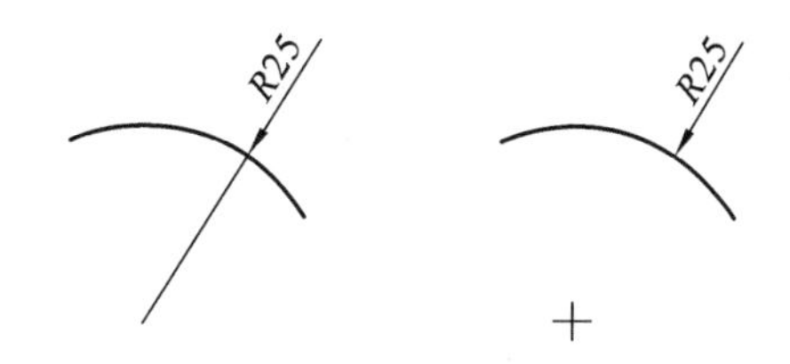

图4-17 标注时不要画圆心到圆弧的尺寸线

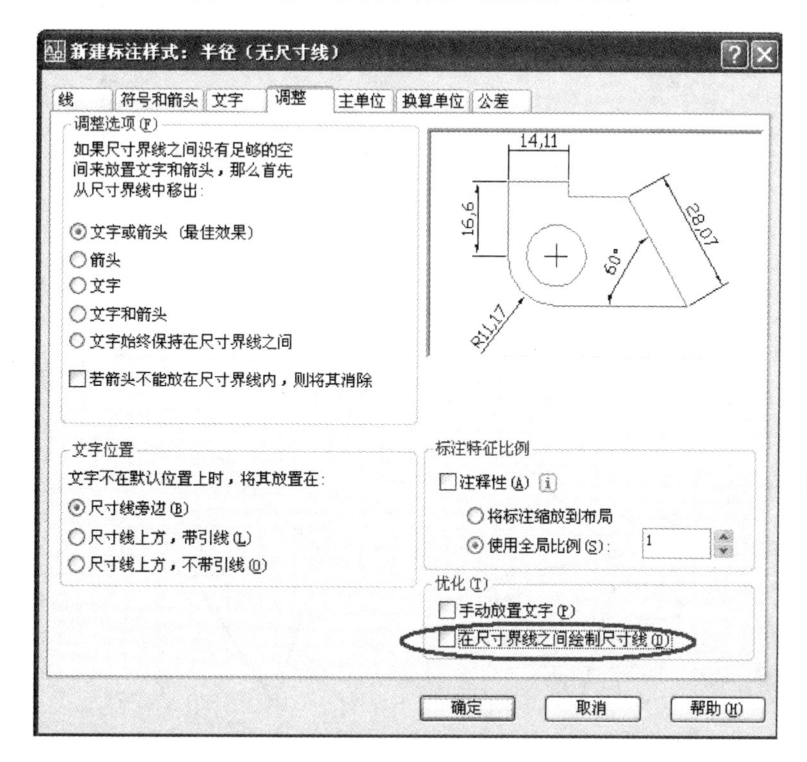

图 4-18 设置不要画圆心到圆弧的尺寸线标注样式

4.2.5 创建不完全标注样式

在制图时有时不需要将尺寸线与尺寸界线全部表达出来，如图 4-19 所示，其设置如图 4-20 所示。

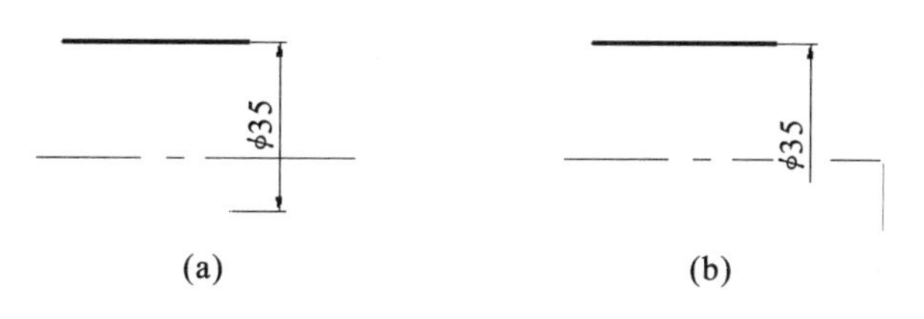

图 4-19 不完全标注效果

4.2.6 创建角度标注样式

图 4-21(a)所示的角度标注不符合国家标准规定，文字位置可按图 4-22 所示对“文字位置”进行调整，其效果如图 4-21(b)所示。

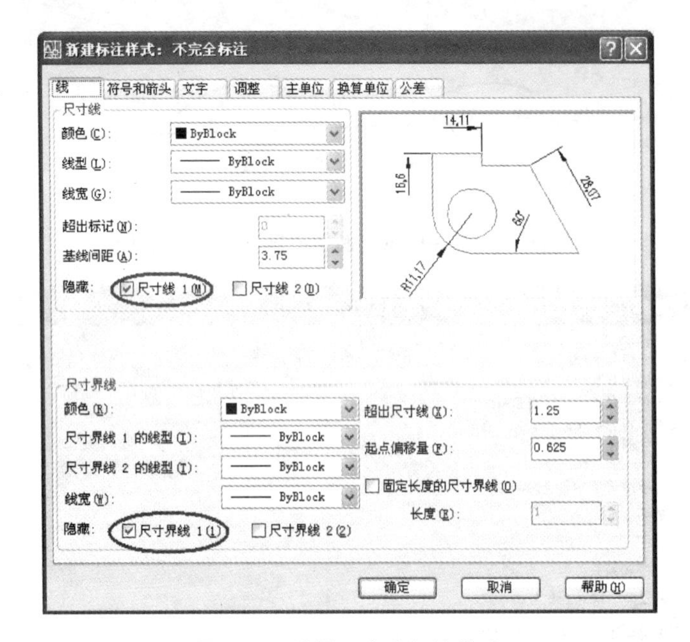

图 4-20　设置不完全标注样式

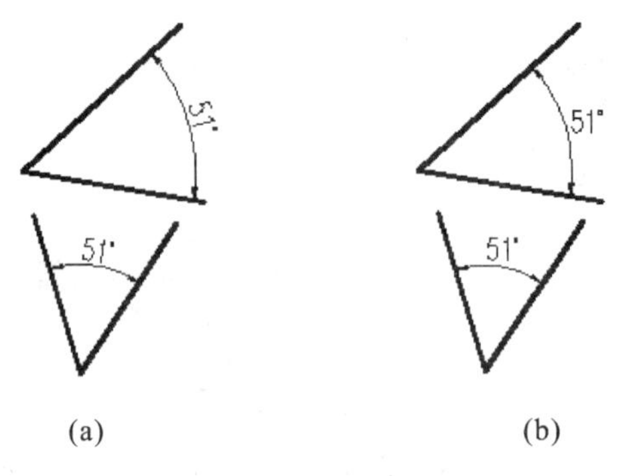

图 4-21　角度标注

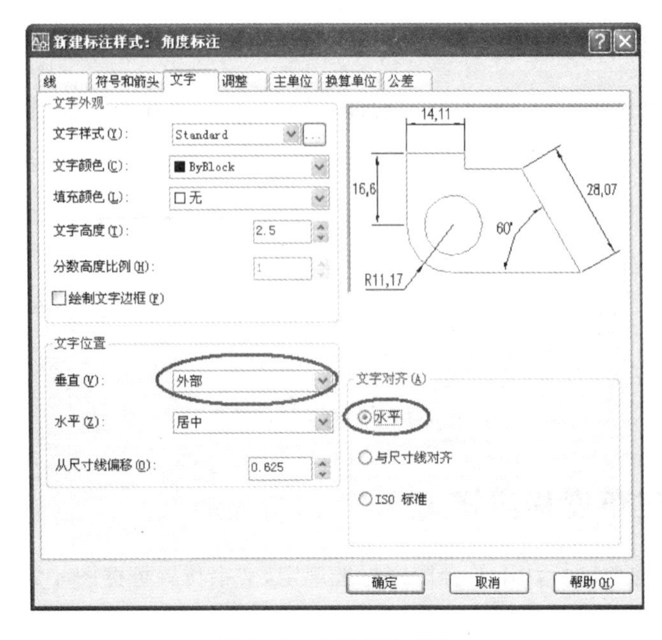

图 4-22　角度标注设置

4.2.7 创建形位公差标注样式

形位公差是指表示特征的形状、轮廓、方向、位置和跳动的允许偏差。可以通过特征控制框来添加形位公差，特征控制框中包含单个标注的所有公差信息。为保证形位公差的特征符号(见图 4-23)的正确表达，需要单独设置一个专用的文字样式(见图 4-24 和图 4-25)。

图 4-23 特征符号

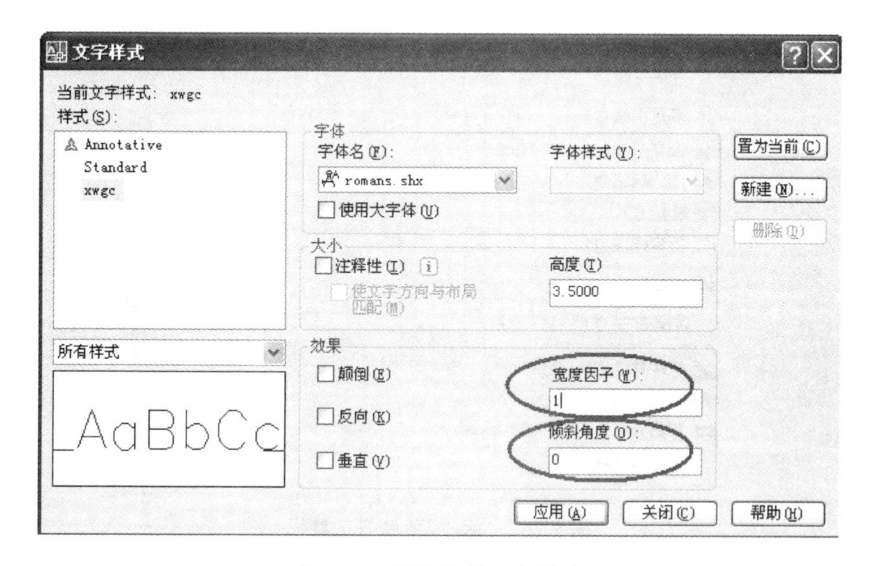

图 4-24 形位公差文字样式

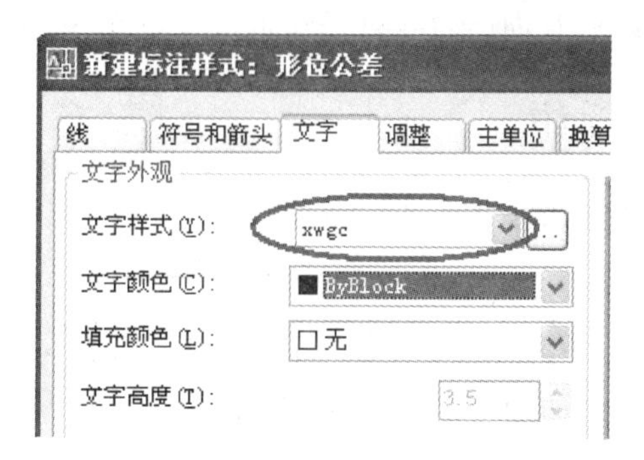

图 4-25 创建形位公差标注样式

4.2.8 尺寸标注命令

标注是向图形中添加测量注释的过程。AutoCAD 2007 提供了十余种标注工具以标注图形对象，分别位于“标注”菜单或“标注”工具栏（见图 4-26）中，使用它们可以进行角度、直径、半径、线性、对齐、连续、圆心及基线等标注。

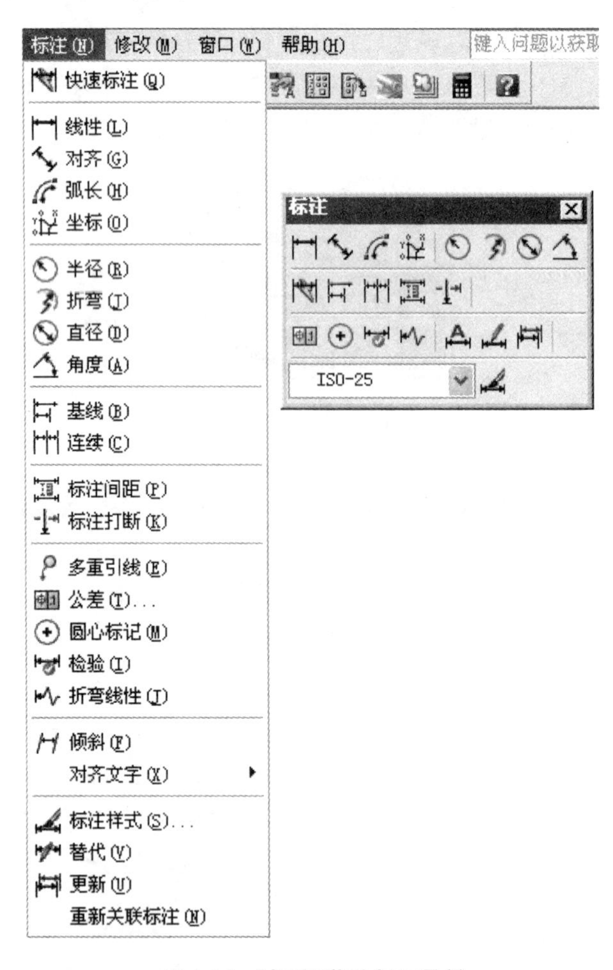

图 4-26 “标注”菜单与工具栏

用户可以为各种对象沿各个方向创建标注。

基本的标注类型包括线性、径向（半径、直径和折弯）、角度、坐标、弧长。

4.2.9 创建线性标注

有三种方式可以创建线性标注，如图 4-27 所示。

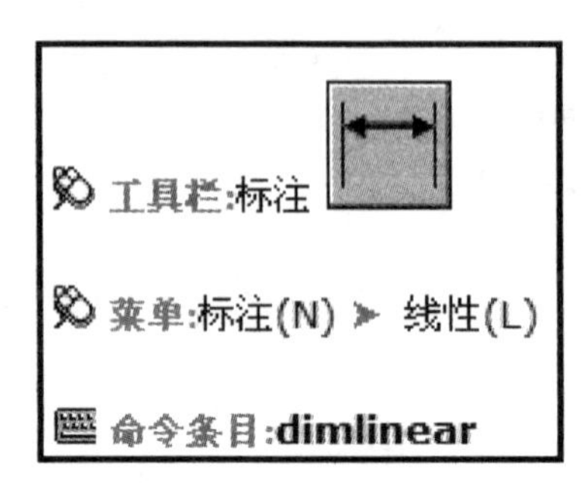

图 4-27 创建线性标注

可以创建尺寸线水平、垂直和对齐的线性标注。这些线性标注可以堆叠或首尾相接地创建。

线性标注可以水平、垂直或对齐放置。使用对齐标注时，尺寸线将平行于两尺寸延伸线原点之间的直线（想象或实际）。基线（或平行）和连续（或链）标注是一系列基于线性标注的连续标注。图 4-28 列出了几种线性标注的示例。

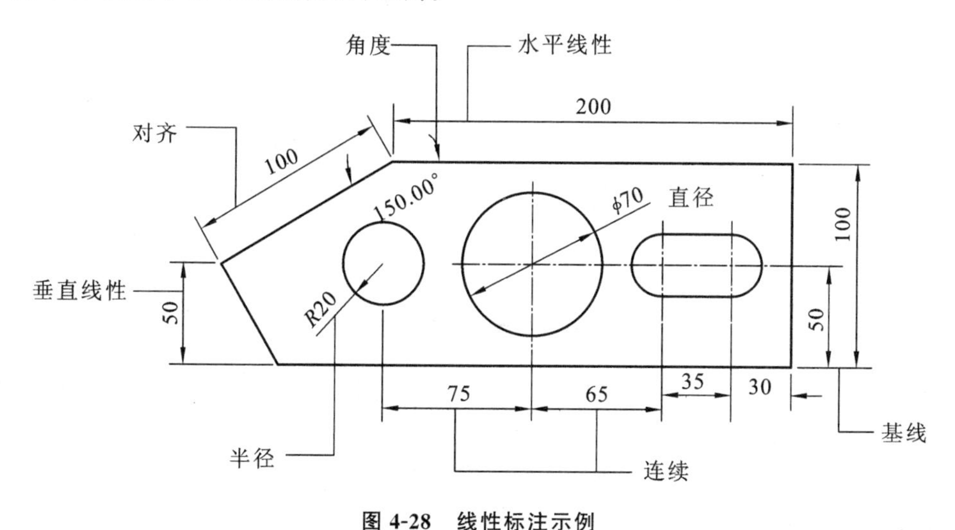

图 4-28　线性标注示例

创建线性标注时，可以修改文字内容、文字角度或尺寸线的角度。

1. 创建水平和垂直标注

可以仅使用指定的位置或对象的水平或垂直部分来创建标注，如图 4-29 所示。

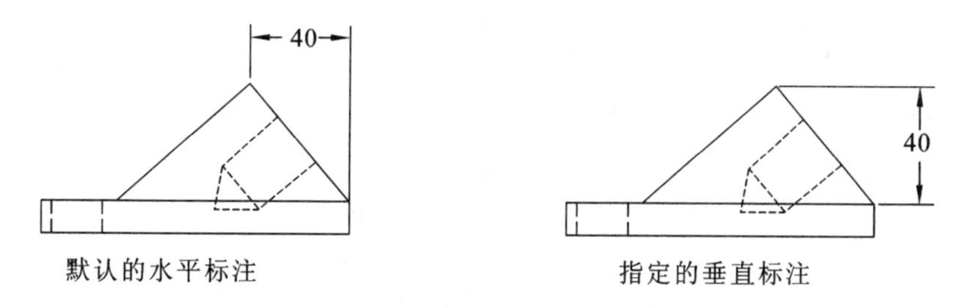

图 4-29　创建水平和垂直标注

2. 创建对齐标注

可以创建与指定位置或对象平行的标注，如图 4-30 所示。

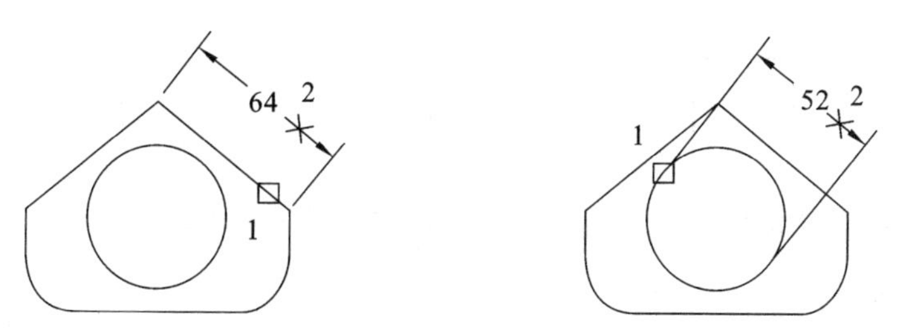

图 4-30　创建对齐标注

3. 创建基线标注和连续标注

基线标注是自同一基线处测量的多个标注，如图 4-31(a)所示。连续标注是首尾相连的多个标注，如图 4-31(b)所示。

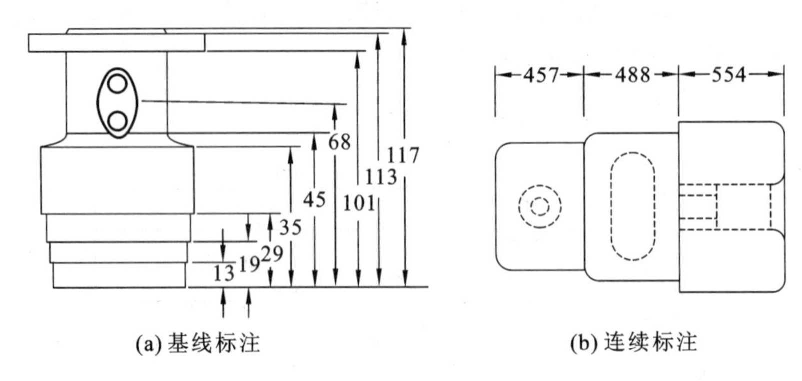

(a) 基线标注　　(b) 连续标注

图 4-31　基线标注和连续标注

在创建基线或连续标注之前，必须创建线性、对齐或角度标注。可自当前任务的最近创建的标注中以增量方式创建基线标注。

基线标注和连续标注都是从上一个尺寸延伸线处测量的，除非指定另一点作为原点。

4. 创建转角标注

在转角标注中，尺寸线与尺寸延伸线原点成一定的角度。图 4-32 为转角标注的样例，在此样例中，标注旋转的指定角度等于此槽的角度。

5. 创建尺寸延伸线倾斜的标注

可以创建尺寸线与尺寸延伸线不垂直的标注。

尺寸延伸线将垂直于尺寸线创建。然而，如果尺寸延伸线与图形中的其他对象发生冲突，标注后可以修改它们的角度，使现有的标注倾斜不会影响新的标注，如图 4-33 所示。

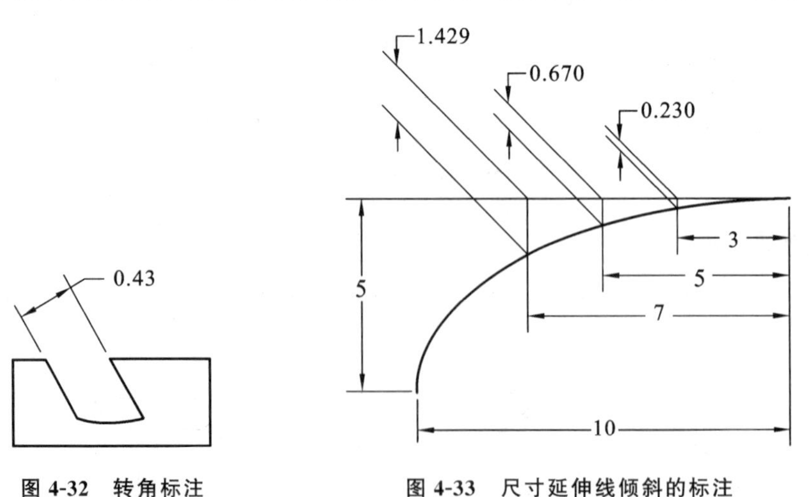

图 4-32　转角标注　　图 4-33　尺寸延伸线倾斜的标注

4.2.10　创建半径标注

1. 半径标注使用可选的中心线或中心标记测量圆弧和圆的半径和直径

以下是两种半径标注。

(1) DIMRADIUS 用于测量圆弧或圆的半径，并显示前面带有字母 R 的标注文字，如图 4-34所示。

(2) DIMDIAMETER 用于测量圆弧或圆的直径，并显示前面带有直径符号的标注文字，如图 4-35 所示。

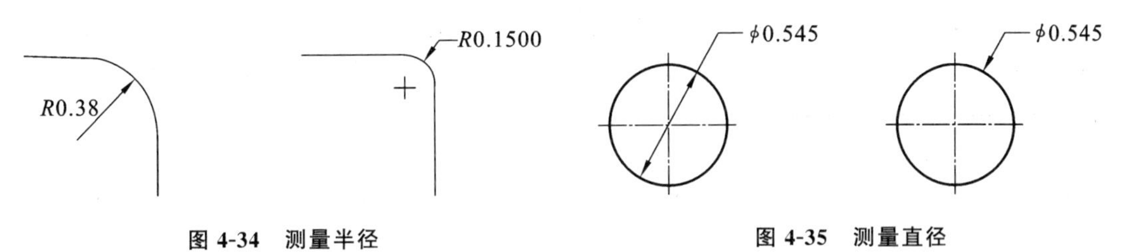

图 4-34　测量半径

图 4-35　测量直径

2. 创建折弯半径标注

圆弧或圆的中心位于布局之外并且无法在其实际位置显示时，使用 DIMJOGGED 命令可以创建折弯半径标注，也称为缩放的半径标注，如图 4-36 所示。可以在更方便的位置指定标注的原点，这称为中心位置替代。

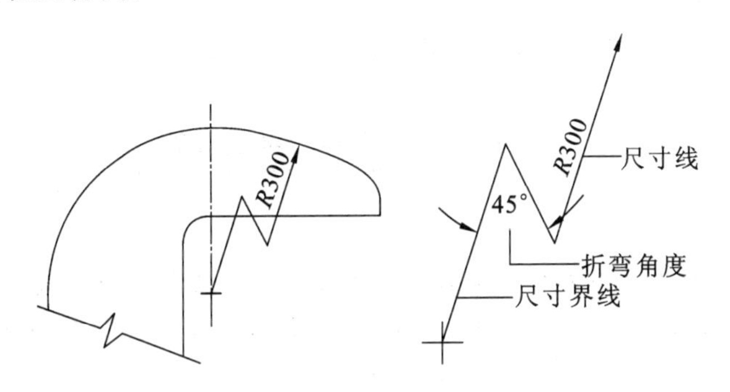

图 4-36　折弯半径标注

4.2.11　创建角度标注

角度标注测量两条直线或三个点之间的角度，如图 4-37 所示。要测量圆的两条半径之间的角度，可以选择此圆，然后指定角度端点。对于其他对象，需要先选择对象，然后指定标注位置。还可以通过指定角度顶点和端点来标注角度。创建标注时，可以在指定尺寸线位置之前修改文字内容和对齐方式。

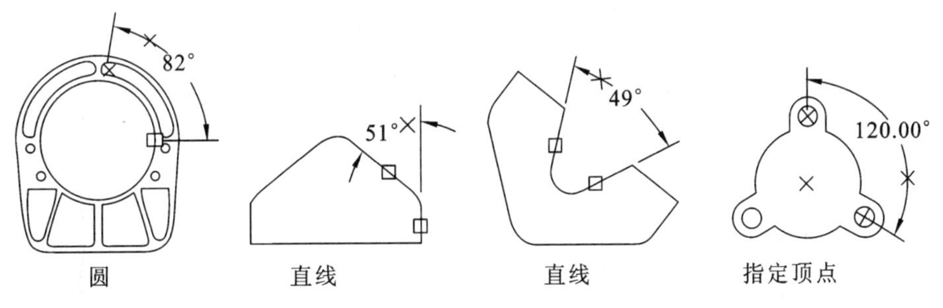

图 4-37　角度标注

4.2.12　创建弧长标注

创建弧长标注有三种方式，如图 4-38 所示。

弧长标注用于测量圆弧或多段线弧线段上的距离。

弧长标注的典型用法包括测量围绕凸轮的距离或表示电缆的长度。为区别它们是线性标注还是角度标注，默认情况下，弧长标注将显示一个圆弧符号，如图 4-39 所示。

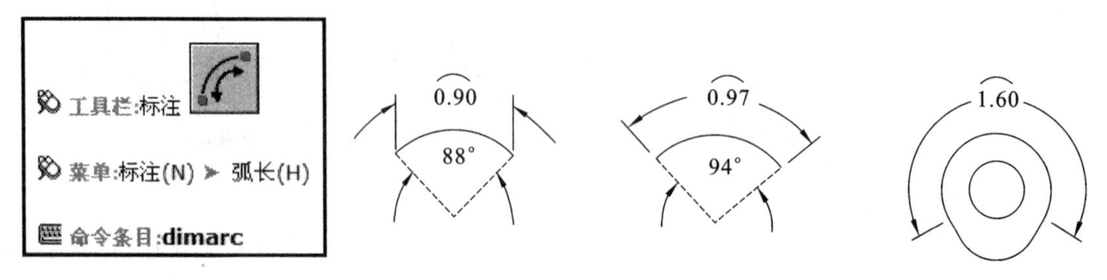

图 4-38　创建弧长标注的三种方式

图 4-39　显示圆弧符号

弧长标注的尺寸延伸线可以正交或径向。

注意仅当圆弧的包含角度小于 90°时才显示正交尺寸延伸线。

4.3　尺寸公差标注

一般不采用图 4-40 所示的对话框来设置，原因是在机械设计中这些尺寸公差的值是随精度和基本尺寸变化的，而设置尺寸公差标注样式来标注的上下偏差值是不变的，很不方便。

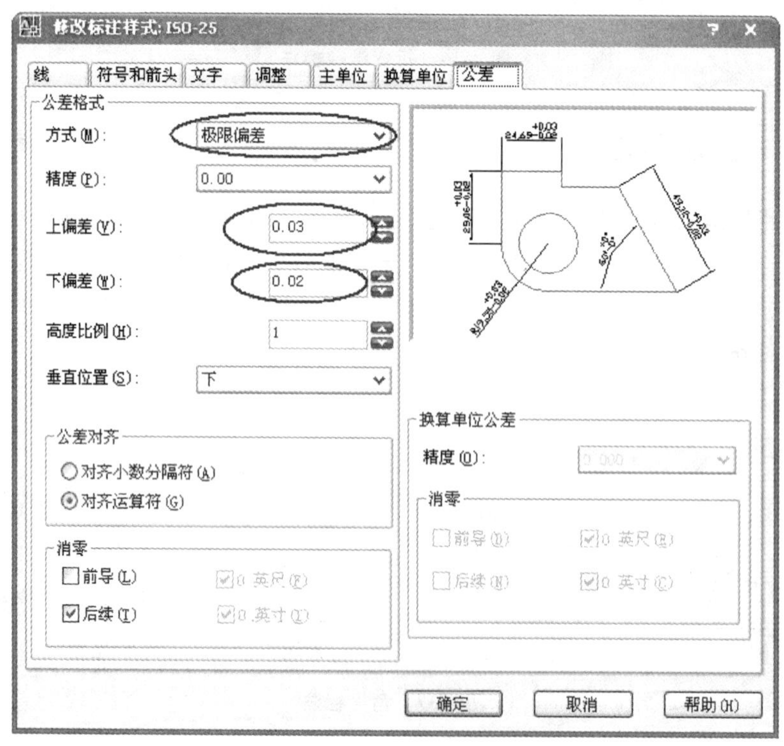

图 4-40　尺寸标注“公差”设置对话框

标注图 4-41 所示的尺寸标注。

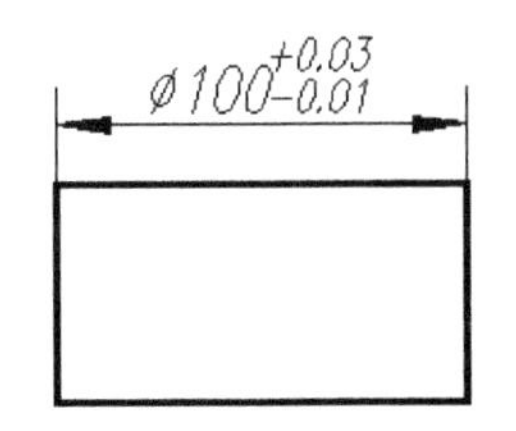

图 4-41 尺寸公差标注

方法一：

命令：_dimlinear

指定第一条尺寸界线原点或 <选择对象> ： //指定标注第一点

指定第二条尺寸界线原点：//指定标注第二点

指定尺寸线位置或[多行文字(M)/文字(T)/角度(A)/水平(H)/垂直(V)/旋转(R)]:M //输入 M 选项进入多行文字编辑对话框，如图 4-42 所示，选中上下偏差后单击堆叠按钮

指定尺寸线位置或[多行文字(M)/文字(T)/角度(A)/水平(H)/垂直(V)/旋转(R)]： // 指定尺寸文字位置

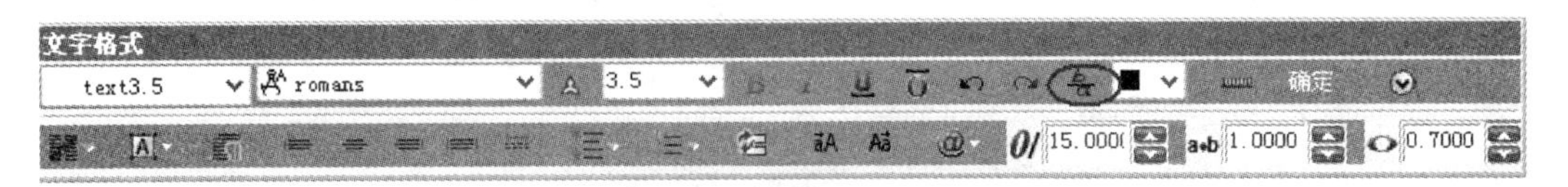

图 4-42 用多行文字标注尺寸公差

方法二：

命令：dimlinear

指定第一条尺寸界线原点或 <选择对象>： //指定标注第一点

指定第二条尺寸界线原点： //指定标注第二点

指定尺寸线位置或[多行文字(M)/文字(T)…/旋转(R)]:T

输入标注文字 <32.79>：

%%c100{\H0.7x;\S+0.003^-0.01;}

指定尺寸线位置或[多行文字(M)/文字(T)/角度(A)/水平(H)/垂直(V)/旋转(R)]:// 指定尺寸文字位置

4.4 形位公差标注

形位公差是指表示特征的形状、轮廓、方向、位置和跳动的允许偏差。可以通过特征控制框来添加形位公差，特征控制框中包含单个标注的所有公差信息。

特征控制框至少由两个组件组成。第一个特征控制框包含一个几何特征符号，表示应用公差的几何特征，例如位置、轮廓、形状、方向或跳动。形状公差控制直线度、平面度、圆度和圆柱度；轮廓控制直线和表面。形位公差的组成如图 4-43 所示。

AutoCAD 形位公差的标注如图 4-44 所示，该法标注完成后还需要绘制指引线。

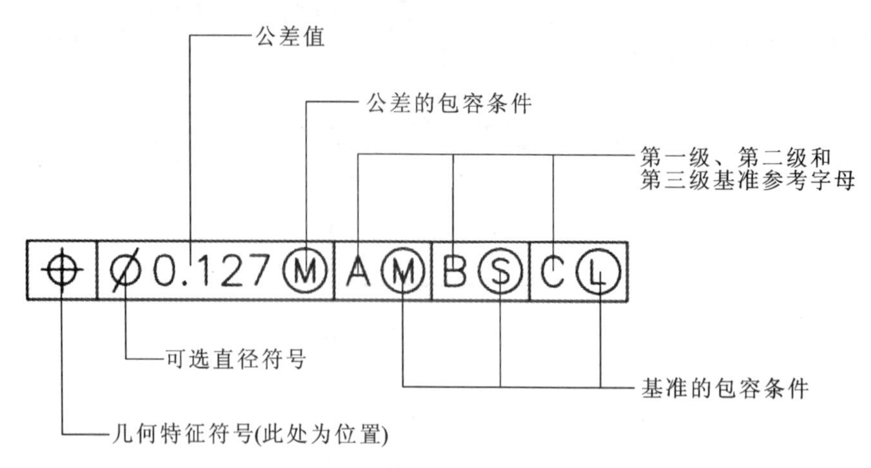

图 4-43 形位公差的组成

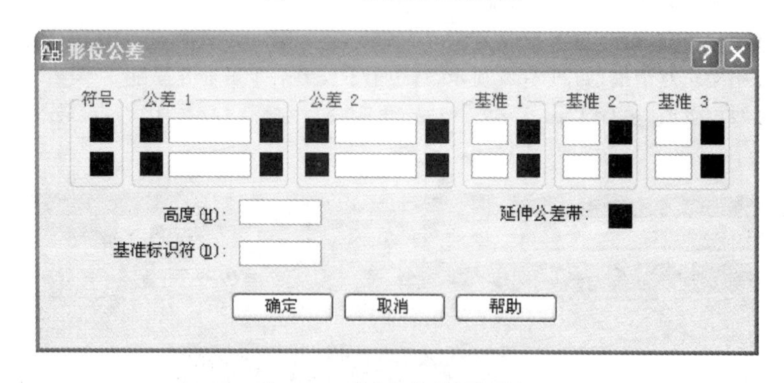

图 4-44 “形位公差”对话框

最好的形位公差标注方法是用引线标注。引线标注是用一条引线来标注对象，在引线末端可以是文字、形位公差或图形对象等。

引线对象是一条线或样条曲线，其一端带有箭头，另一端带有多行文字对象或块。在某些情况下，有一条短水平线（又称为基线）将文字或块和特征控制框连接到引线上。

在命令行中输入 QLEADER，并按回车键。

```
命令:QLEADER
指定第一个引线点或[设置(S)]<设置>:S  //选择 S 选项，弹出图 4-45 所示的对话框
```

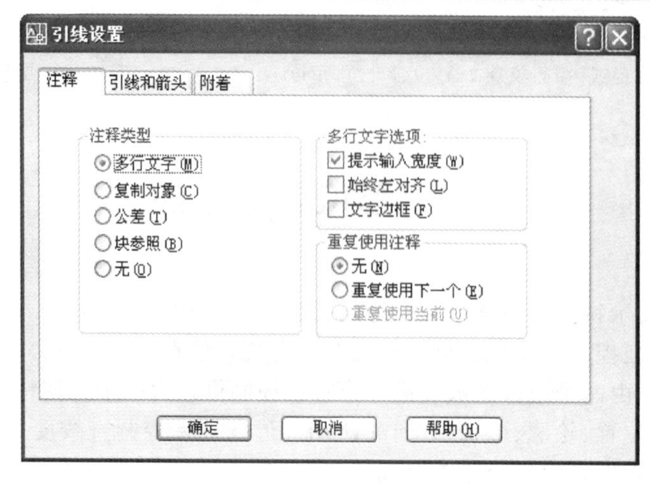

图 4-45 “引线设置”对话框

图 4-46 所示为形位公差标注示例。

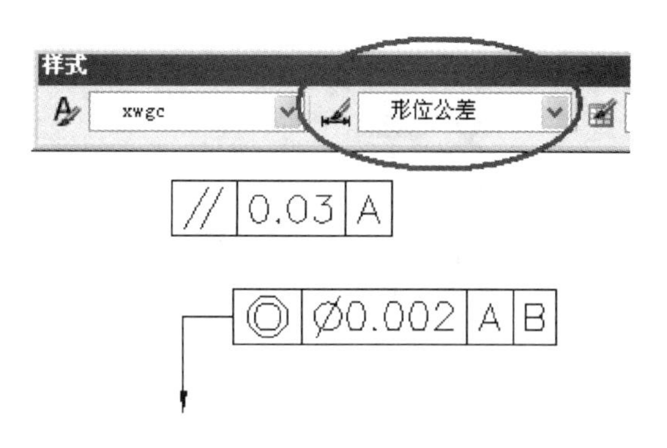

图 4-46　形位公差标注示例

4.5　多重引线标注

1. 引线对象概述

引线对象是一条线或样条曲线，其一端带有箭头，另一端带有多行文字对象或块。在某些情况下，有一条短水平线（又称为基线）将文字或块和特征控制框连接到引线上。

图 4-47 所示为多重引线控制台，图 4-48 所示为“多重引线”工具栏。

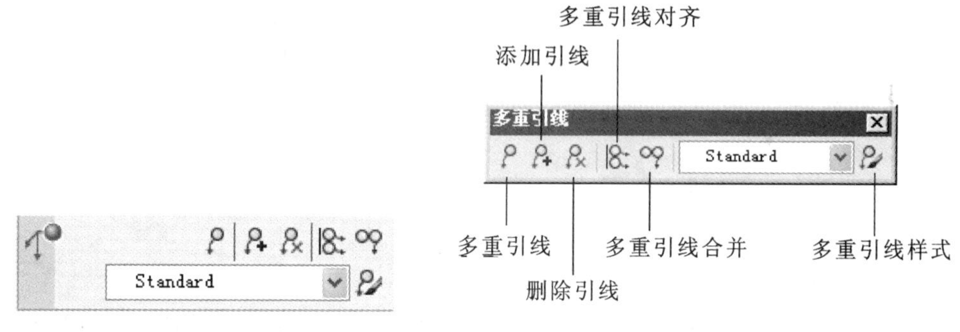

图 4-47　多重引线控制台　　　　图 4-48　“多重引线”工具栏

引线对象可以有两种样式，如图 4-49 所示。

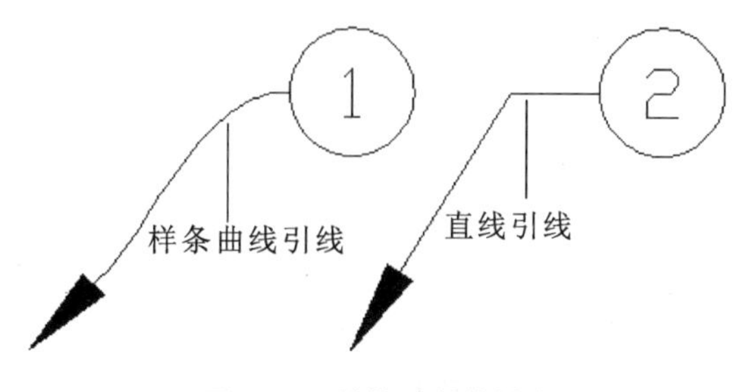

图 4-49　引线对象的样式

多重引线标注示例如图 4-50 所示。

基线和引线与多行文字对象或块关联，因此当重定位基线时，内容和引线将随其移动。

当打开关联标注，并使用对象捕捉确定引线箭头的位置时，引线则与附着箭头的对象相关

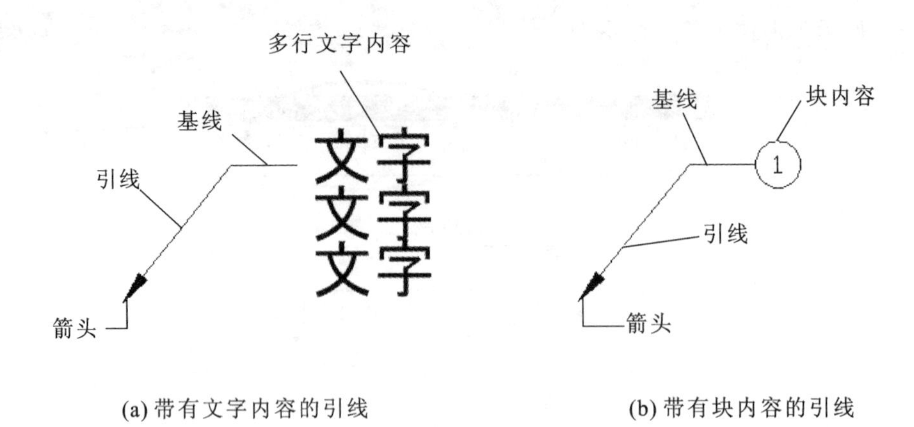

(a) 带有文字内容的引线　　(b) 带有块内容的引线

图 4-50　多重引线标注示例

联。如果重定位该对象，箭头也重定位，并且基线相应拉伸。

2. 创建和修改引线

引线对象通常包含箭头、可选的水平基线、引线或曲线和多行文字对象或块。图 4-51 所示为多重引线标注。

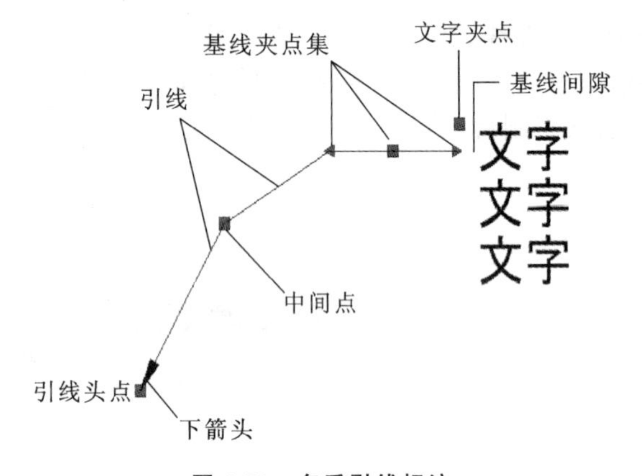

图 4-51　多重引线标注

多重引线对象或多重引线可先创建箭头，也可先创建尾部或内容。多重引线对象可包含多条引线，因此一个注解可以指向图形中的多个对象。使用 MLEADEREDIT 命令，可以向已建立的多重引线对象添加引线，或从已建立的多重引线对象中删除引线。

可以使用夹点修改多重引线的外观。使用夹点，可以拉长或缩短基线、引线，或移动整个引线对象。

3. 排列引线

排列多重引线可将次序和一致性添加到图形中。

可以收集内容为块的多重引线对象并将其附着到一个基线上。使用 MLEADERCOLLECT 命令，可以根据图形需要水平、垂直或在指定区域内收集多重引线，如图 4-52 所示。

多重引线对象可以沿指定的直线均匀排序。使用 MLEADERALIGN 命令，可对选定的多重引线进行对齐和均匀排序。

例　创建标注圆圈序号的多重引线。

步骤 1：打开“多重引线样式管理器”对话框，单击“新建”按钮，如图 4-53 所示。

步骤 2：修改引线格式，如图 4-54 所示。

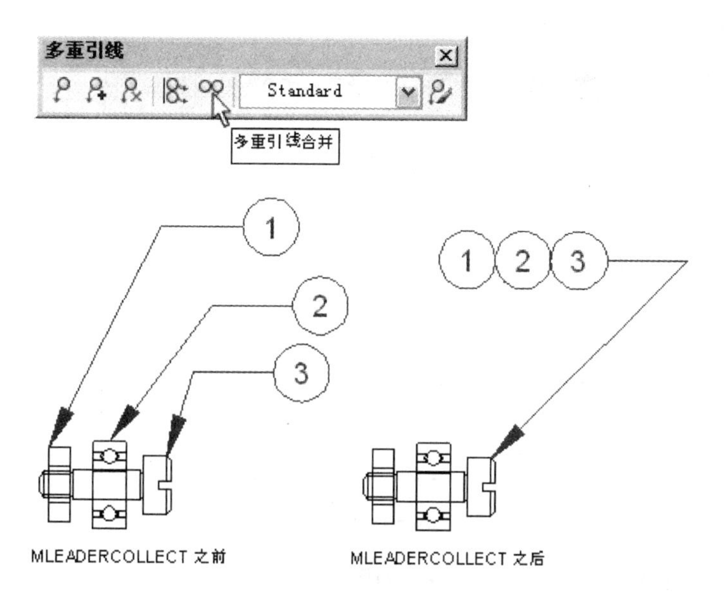

图 4-52　引线排列示例

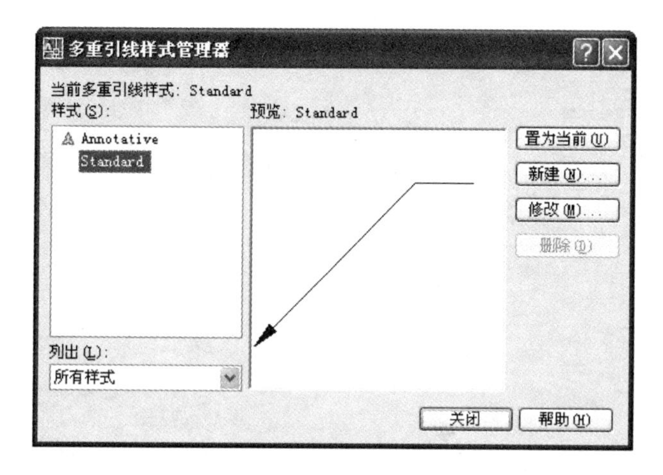

图 4-53　“多重引线样式管理器”对话框

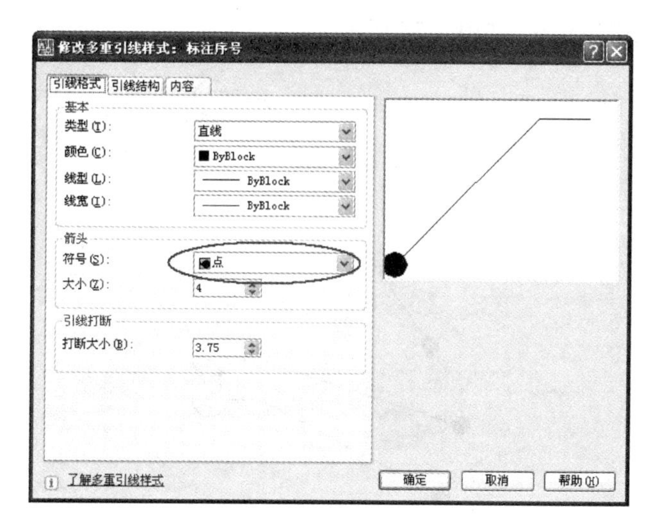

图 4-54　修改引线格式

步骤 3:修改内容,如图 4-55 所示。

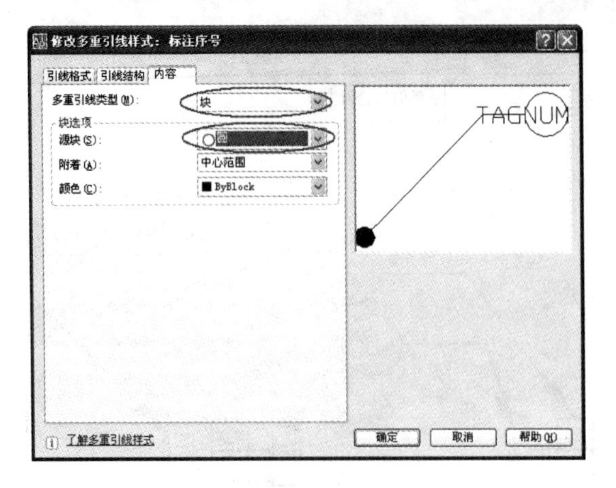

图 4-55 修改内容

步骤 4:使用设置的多重引线标注序号,如图 4-56 所示。

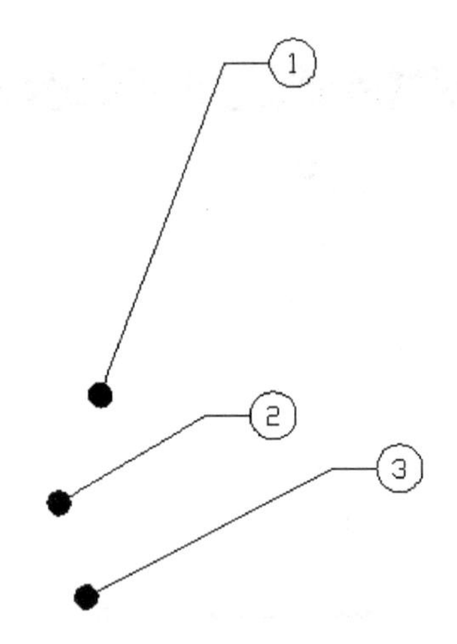

图 4-56 使用设置的多重引线标注的序号

步骤 5:对齐多重引线标注,如图 4-57 所示。

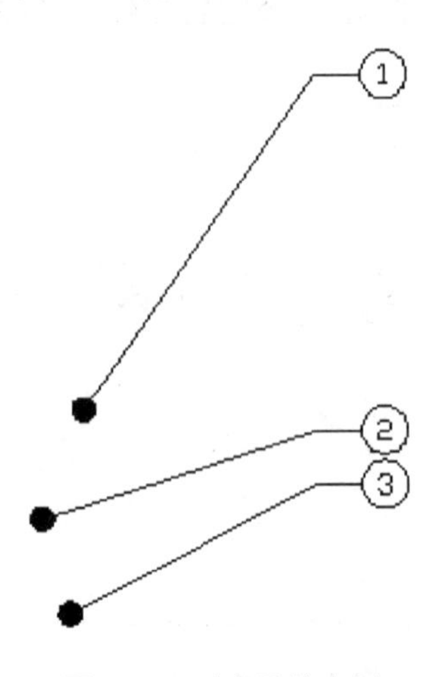

图 4-57 对齐后的序号

```
命令:_mleaderalign
选择多重引线:指定对角点:找到 3 个    //选择三个序号
选择多重引线://结束选择
当前模式:使用当前间距
选择要对齐到的多重引线或[选项(O)]://选择序号 3,以此为基准对齐
指定方向://指定对齐方向(本例为垂直方向)
```

4.6 文字堆叠

可以在在位文字编辑器(或其他文字编辑器)中或使用命令行上的提示创建一个或多个多行文字段落。

1. 启用自动堆叠

自动堆叠在"^""/"或"#"前后输入的数字字符。如果在非数字字符或空格之后输入 1#3,则输入的文字自动堆叠为斜分数。

2. 删除前导空格

删除整数和分数之间的空格。此选项仅在自动堆叠打开时可用。

3. 转换为斜分数形式

当启用自动堆叠时,把斜杠字符转换成斜分数。

4. 转换为水平分数形式

当启用自动堆叠时,把字符"/"转换成水平分数。

注意无论启用还是关闭自动堆叠,字符"#"始终被转换为斜分数,"^"始终被转换为公差格式。

绘制图 4-58 所示的配合与上标、下标等,其绘制过程如图 4-59 所示。

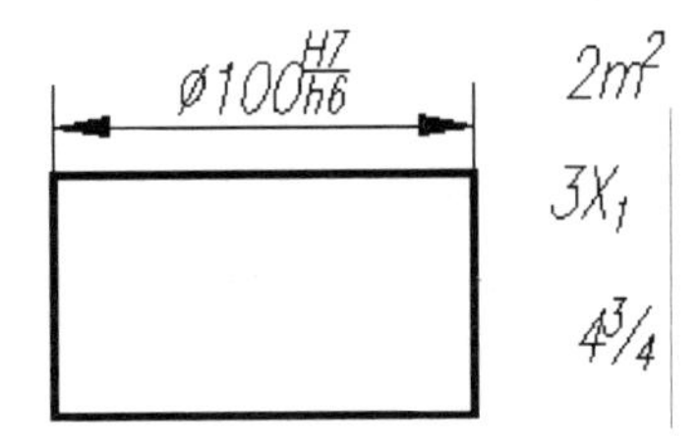

图 4-58 绘制配合与上标、下标

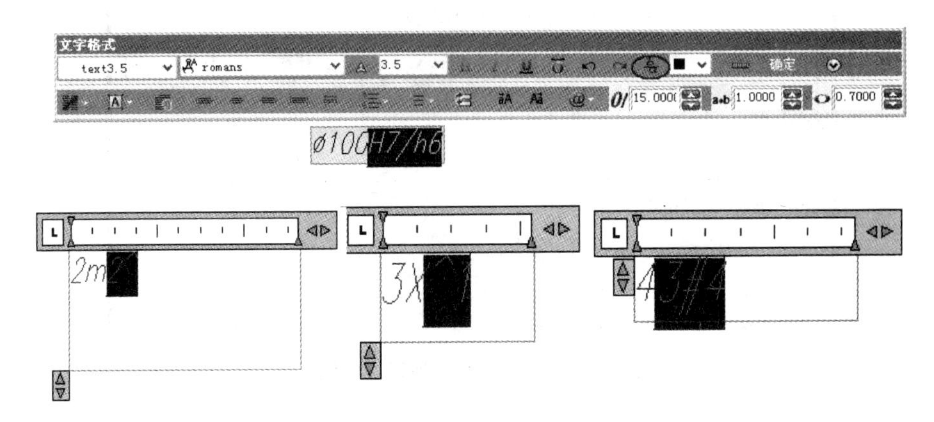

图 4-59 绘制配合与上标、下标等操作过程

第 5 章

机械制图图形模板

5.1 图形模板概述

所谓图形样板文件就是包含一定绘图环境和专业参数的设置，但没有图形对象的“. dwt”格式的空白文件。

在机械制图中，国家标准规定图纸分为 A0、A1、A2、A3、A4 五类图纸，而每一类图纸又分为有装订边的和无装订边的两种，并且图纸还有横放与竖放的区别，所以我们在实际的绘图之前，可以根据需要建立各类图纸的图形样板格式文件，方便我们在绘图时进行适时的调用，提高绘图效率。这里仅就 A4 图纸的图形样板文件的建立来进行举例，其余几类图纸的图形样板文件读者可以类似于 A4 图纸的建立自行完成以方便自己以后的图形绘制。

5.2 图层的创建与设置

绘制的每个对象都具有特性。有些特性是基本特性，适用于多数对象，例如图层、颜色、线型和打印样式；有些特性是专用于某个对象的特性，例如，圆的特性包括半径和面积，直线的特性包括长度和角度。

多数基本特性可以通过图层指定给对象，也可以直接指定给对象。图层是用户组织和管理图形最有效的工具。用户可以使用图形所在的图层定义的特性区分不同的对象，这样可以方便地控制对象的显示和编辑，从而大大提高绘图的效率和准确性。

图 5-1 所示为“图层特性管理器”对话框。

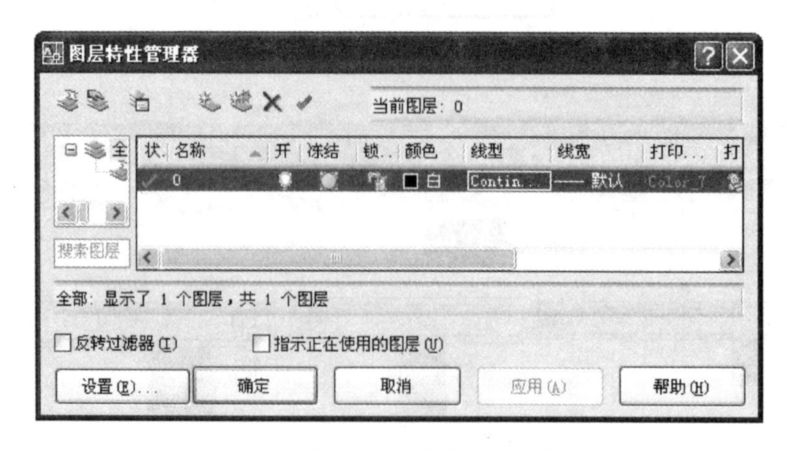

图 5-1 “图层特性管理器”对话框

5.3 设置图层特性

每个新建图层的特性都被指定为默认设置：颜色为白色(或黑色，由背景色决定)，线型为Continuous，线宽为默认值。为满足绘图需要，用户一般应为每个图层指定新的颜色、线型和线宽。

1. 图层的颜色

AutoCAD 绘制的图形对象都具有一定的颜色，所谓图层的颜色，是指该图层上的实体颜色。

图层颜色将由图层特性管理器中该图层的颜色设置确定，如图 5-2 所示。

如果在“颜色”控件中设置了特定的颜色，此颜色将替代当前图层的默认颜色而应用于所有新对象。“特性”工具栏上的“线型”控件、“线宽”控件和“打印样式”控件也是如此。

“随块”设置只应在创建块时使用，请参见控制块中的颜色和线型特性。

2. 图层的线型

图层的线型是指在图层中绘图时所用的线型，每一层都应用一个相应的线型。不同的图层可以设置不同的线型，也可以设置相同的线型。线型是点、横线和空白段等按一定规律重复出现形成的图案，复杂线型是符号与点、横线、空格一起重复组合的图案。AutoCAD 提供了多达 45 种特殊线型，如图 5-3 所示。

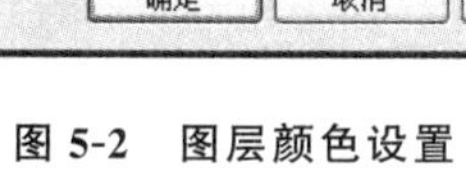

图 5-2 图层颜色设置

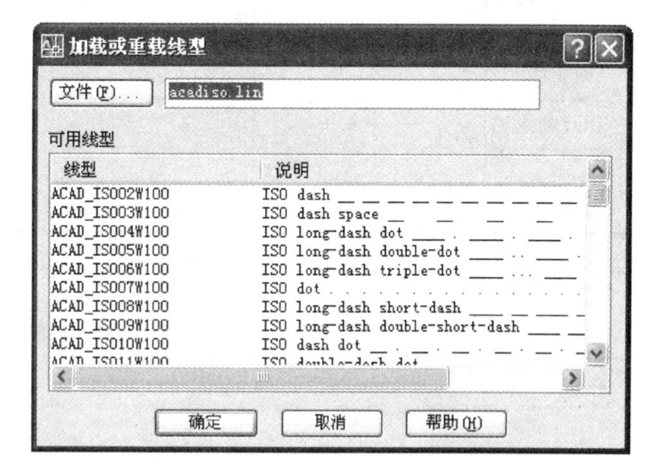

图 5-3 “加载或重载线型”对话框

3. 图层的线宽

在实际绘图中，往往需要用不同的线宽来表现对象本身的特征。AutoCAD 2007 为用户提供了线宽的设置功能，如图 5-4 所示。

注意：图层设置的线宽特性是否能显示在显示器上，还需要通过状态栏的“线宽”按钮使其起作用。

表 5-1 所示为图线的类型及其应用。

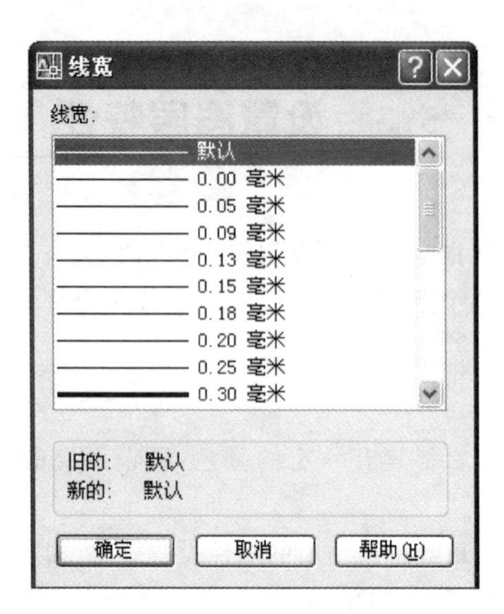

图 5-4 设置图层线宽

表 5-1 图线的类型及其应用

图线名称	线型	线宽	主要用途
粗实线		b	可见轮廓线,可见过渡线
细实线		约 $b/2$	尺寸线、尺寸界线、剖面线、引出线、弯折线、牙底线、齿根线、辅助线等
细点画线		约 $b/2$	轴线、对称中心线、辅助线等
虚线		约 $b/2$	不可见轮廓线、不可见过渡线
波浪线		约 $b/2$	断裂处的边界线、剖视与视图的分界线
双折线		约 $b/2$	断裂处的边界线
粗点画线		b	有特殊要求的线或面的表示线
双点画线		约 $b/2$	相邻辅助零件的轮廓线、极限位置的轮廓线、假想投影的轮廓线

表 5-2 所示为国家标准规定的技术制图图线。

表 5-2 GB/T 17450—1998 技术制图图线

图线类型			颜色
粗实线		A	绿色
细实线		B	白色
波浪线		C	
双折线		D	
虚线		F	黄色
细点画线		G	红色
粗点画线		I	棕色
双点画线		K	粉色

5.4 设置图层状态

在“图层特性管理器”对话框(见图5-5)的图层列表中,显示了已有图层及其设置。其中,第三、四、五列用于表示各图层的状态,如“开”“冻结”“锁定”等。

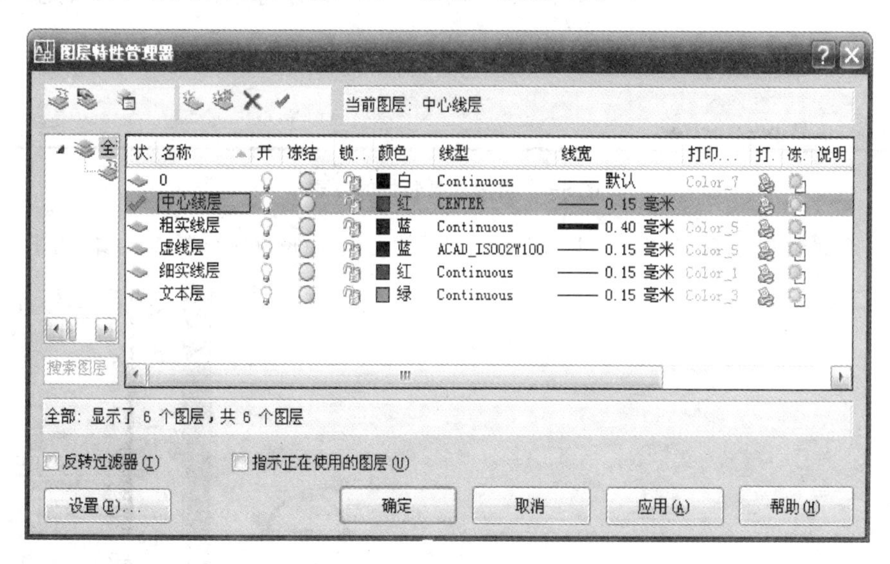

图5-5 图层列表

1. 打开/关闭

在打开状态下,灯泡的颜色为黄色;在关闭状态下,灯泡的颜色为灰色。打开的图层是可见的,而关闭的图层则不可见,也不能用打印机或绘图仪输出。

2. 冻结/解冻

单击列表中对应的太阳图标,可以冻结或解冻图层。如果图层被冻结,显示“雪花”图标,此时该图层上的图形对象不能显示出来,也不能编辑或修改该图层上的图形对象。另外,用户不能冻结当前图层。

注意:从可见性来说,冻结的图层与关闭的图层是相同的,但冻结的图层不参加处理过程中的运算,关闭的图层则要参加运算。所以,在复杂的图形中冻结不需要的图层可以加快系统生成新图形的速度。

5.5 对象特性 PROPERTIES

对象特性一般包括基本特性、几何特性、打印样式特性和视图特性等。其中,对象的基本特性包括对象的颜色、线型、图层及线宽等。几何特性包括对象的尺寸和位置等。

控制现有对象的特性,可以通过图5-6所示的方式使用该命令。

“标准”工具栏上的“对象特性”按钮如图5-7所示。

在修改对象特性时,用户可以直接在选项面板中输入数值、通过下拉列表框选择或用键盘输入坐标值等方法来改变对象特性。

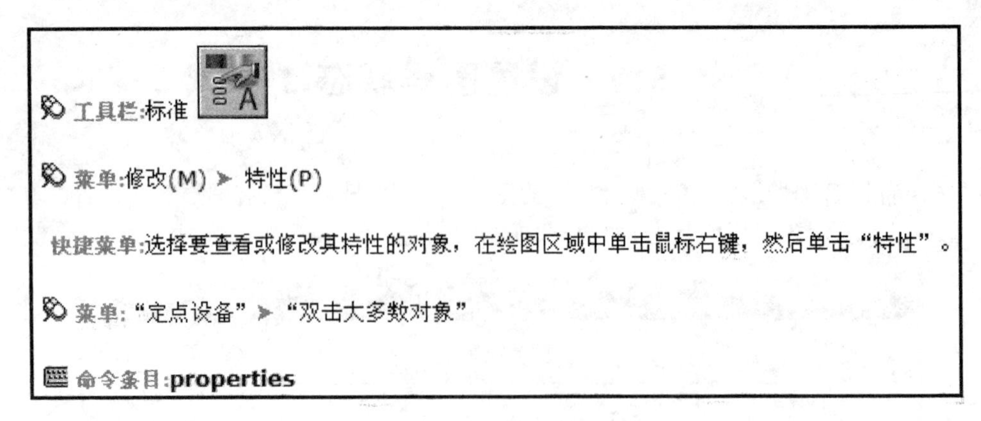

图 5-6　启用对象特性的方式

例如，一个圆对象的特性如图 5-8 所示，可根据圆的面积、周长直接绘制圆，结果如图 5-9 所示。

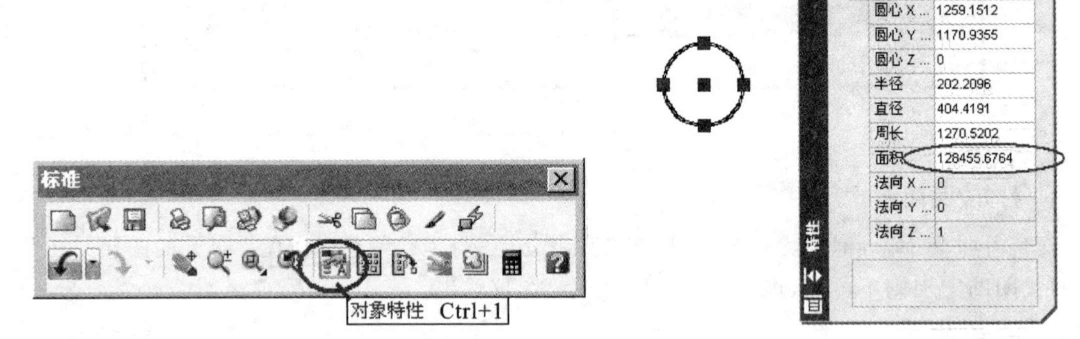

图 5-7　“标准”工具栏　　　　图 5-8　“圆”的特性选项板

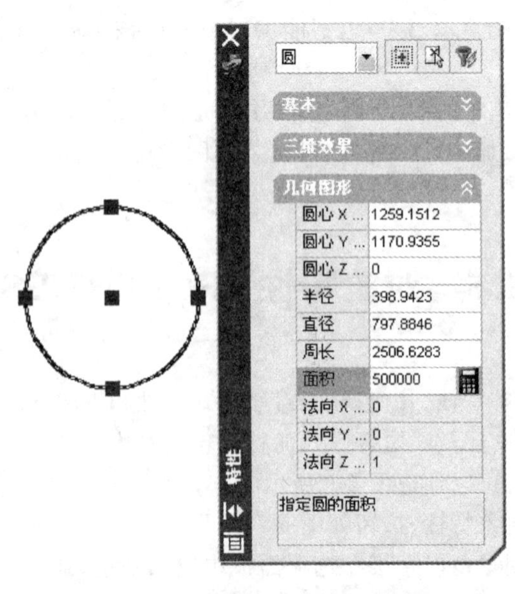

图 5-9　利用特性，根据面积绘制“圆”

5.6　特性匹配 MATCHPROP

特性匹配命令可以将源对象的特性(如颜色、线型和图层等)传递到另一个或多个目标对象上。

利用图 5-10 所示的三种方式可以启用“特性匹配”命令。

工具栏:标准

菜单:修改(M) ➤ 特性匹配(M)

命令条目:matchprop 或 painter (或 'matchprop，用于透明使用)

图 5-10　启用“特性匹配”命令的三种方式

```
命令:'_matchprop
选择源对象:  //选择要复制其特性的对象
当前活动设置:颜色 图层 线型 线型比例 线宽 厚度 打印样式 标注 文字 填充图案 多段线 视口 表格材质 阴影显示 多重引线
  //当前选定的特性匹配设置
选择目标对象或[设置(S)]:  //输入 S 或选择一个或多个要复制其特性的对象
选择目标对象或[设置(S)]:  //指定要将源对象的特性复制到其上的对象。可继续选择目标对象或按 Enter 键应用特性并结束该命令
```

使用“特性匹配”命令修改图 5-11(a)中的水平辅助线，修改后的结果如图 5-11(b)所示。

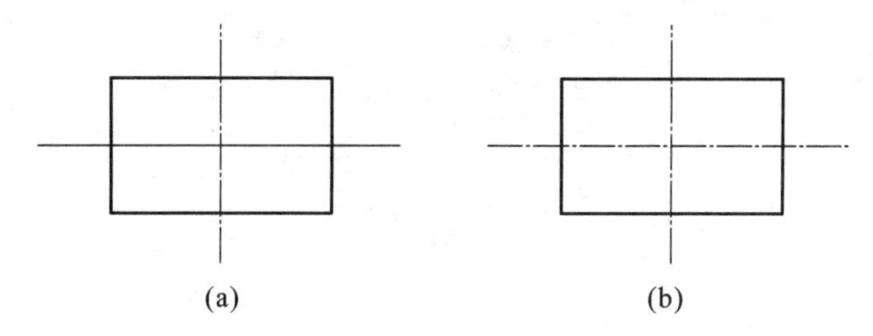

图 5-11　使用“特性匹配”命令修改前后

5.7　设置全局线型比例因子 LTSCALE

通过全局修改或单个修改每个对象的线型比例因子，可以以不同的比例使用同一个线型。

默认情况下，全局线型和单个线型比例均设置为 1.0。比例越小，每个绘图单位中生成的重复图案就越多。例如，设置为 0.5 时，每一个图形单位在线型定义中显示重复两次的同一图案。不能显示完整线型图案的短线段显示为连续线。对于太短，甚至不能显示一个虚线小段的线段，可以使用更小的线型比例。

线型管理器显示“全局比例因子”和“当前对象比例”。

"全局比例因子"的值控制 LTSCALE 系统变量,该系统变量可以全局修改新建和现有对象的线型比例。

"当前对象比例"的值控制 CELTSCALE 系统变量,该系统变量可设置新建对象的线型比例。

使用 LTSCALE 命令以更改用于图形中所有对象的线型比例因子。修改线型的比例因子将导致重生成图形。

命令条目:ltscale(或 'ltscale,用于透明使用)

5.8 文字样式设置

对图形进行文本标注之前,首先要设置标注文字字体,并且指定相应的字型,包括文字的高度、宽度比例、倾斜角、反向、倒置和垂直对齐等特性的文本样式。根据制图的需要要设置多个文字样式。

1. 字体的选择

字体是由具有固定形状的字母或汉字组成的字库,例如,Roman、宋体、楷体及黑体等字体。AutoCAD 为用户提供了几十种可供选择的字体,这些字体文件存放在 AutoCAD 2007\Com\Fonts 目录下,用户也可以选择 Windows\Fonts 目录下的 *.ttf 字体,或者将需要的字体文件安装在 AutoCAD 目录下,以供在设置字形时调用。

在"文字样式"对话框中单击"新建"按钮,如图 5-12 所示,可以创建新的文字样式。

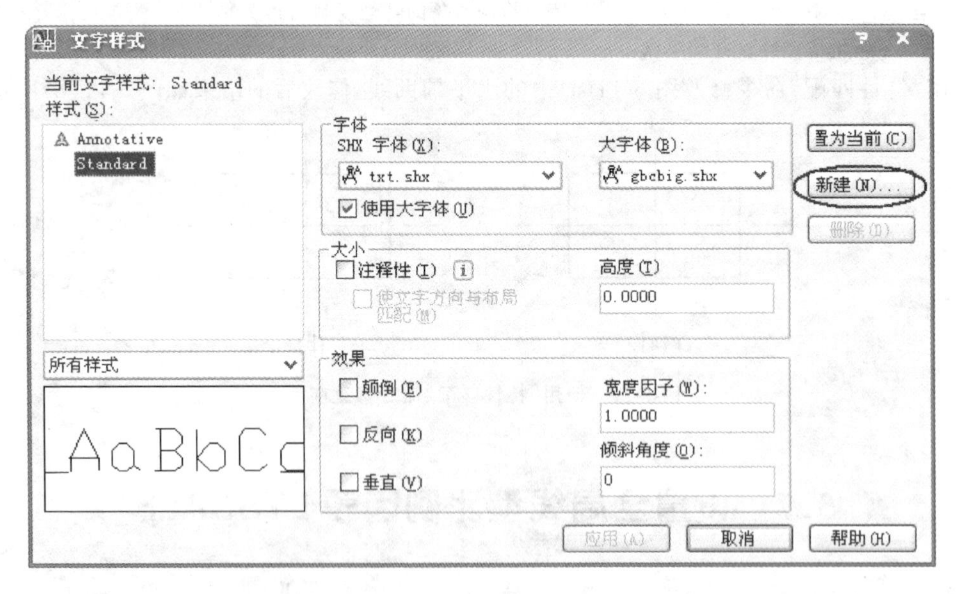

图 5-12 "文字样式"对话框(单击"新建"按钮)

2. 字型的设置

在标注文本之前,需要先给文本字体定义一种样式,字体的样式包括字体、大小、宽度因子及倾斜角度等参数,如图 5-13 所示。

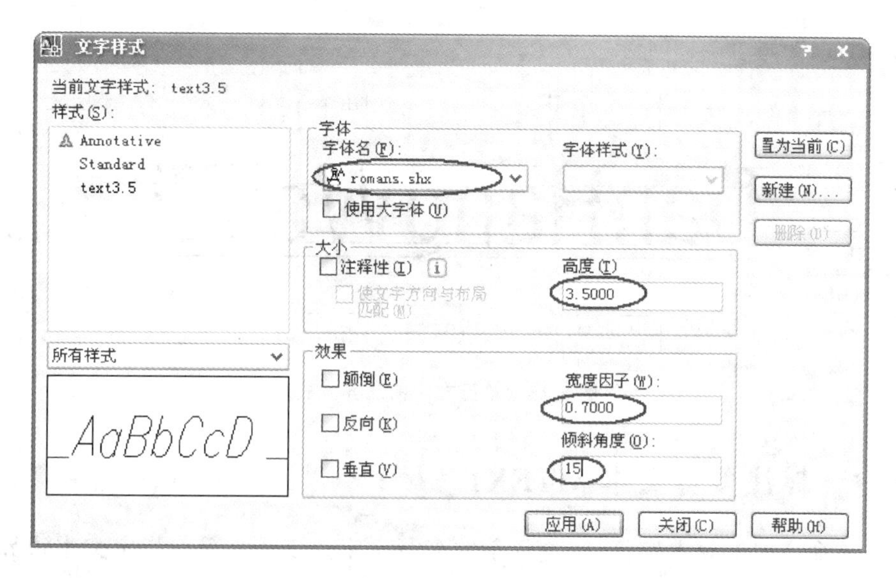

图 5-13 设置 text3.5“文字样式”对话框

5.9 文本标注

对于大多数图形来说，文本部分是不可缺少的，图纸中的明细表和技术要求等说明部分在图纸信息表达中尤其重要。在 AutoCAD 2007 中，标注文本有两种方法：一种是单行文本；另一种是多行文本。另外，AutoCAD 2007 的文本处理功能，除了能够处理汉字、数字和常用符号外，还提供了对一些特殊字符的支持功能。

“文字”工具栏如图 5-14 所示。

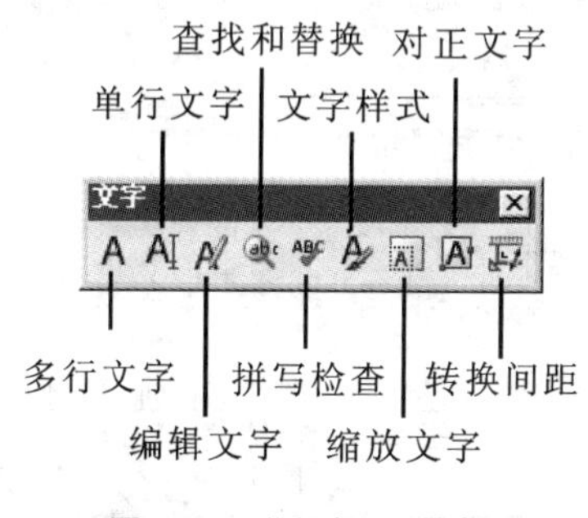

图 5-14 “文字”工具栏

5.9.1 标注单行文字 TEXT

单行文字命令用于为图形标注一行或几行文本，并对这些文本进行旋转、对齐、大小等设置。

```
命令:text
当前文字样式: "Standard" 文字高度: 2.5000 注释性: 否
指定文字的起点或[对正(J)/样式(S)]:J
输入选项
[对齐(A)/调整(F)/中心(C)/中间(M)/右(R)/左上(TL)/中上(TC)/右上(TR)
/左中(ML)/正中(MC)/右中(MR)/左下(BL)/中下(BC)/右下(BR)]:
```

各选项的含义如图 5-15 所示。

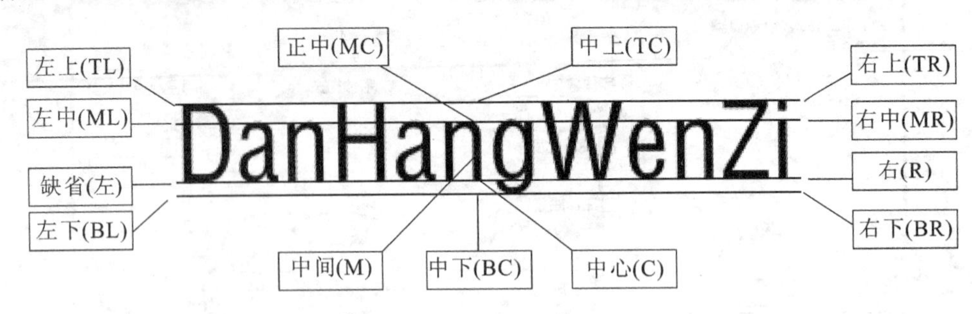

图 5-15　单行文字的对齐方式

5.9.2　标注多行文本 MTEXT

多行文本命令用于输入较长、较为复杂的多行文字。该命令允许指定文本边界框(见图 5-16),并在该框内标注任意多行段落文本、表格文本和下划线文本,同时还可以设置多行文字对象中单个文字格式。

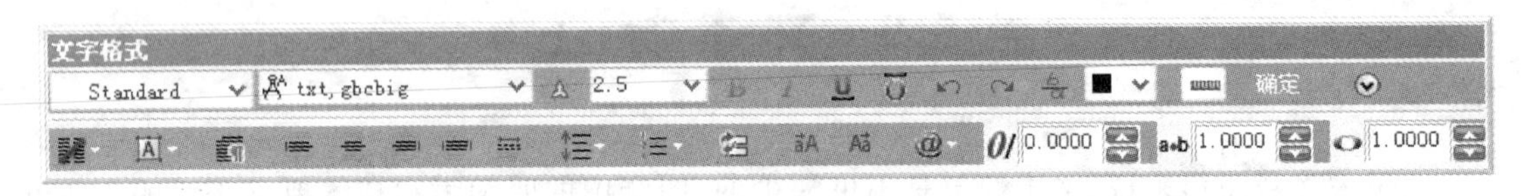

图 5-16　标注多行文本

“文字格式”工具栏上各按钮的含义如图 5-17 所示。

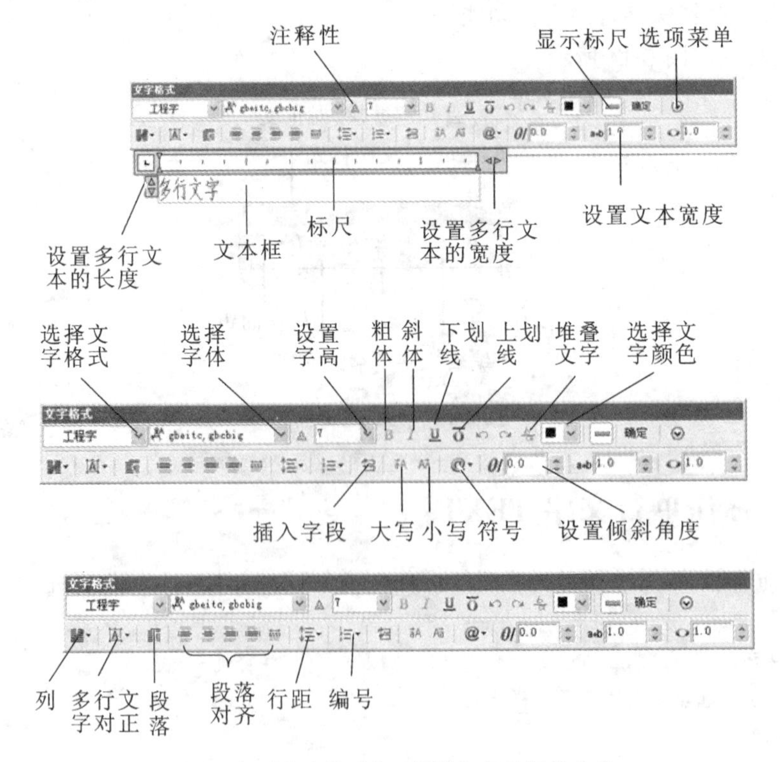

图 5-17　“文字格式”工具栏上各按钮的含义

5.10 特殊字符的输入

在进行各种文本标注时，经常需要输入一些特殊的字符，如表示直径、正负号及角度等的符号，这些特殊字符不能从键盘上直接输入。AutoCAD 2007 为输入这些字符提供了一些简捷的控制码，通过从键盘上直接输入这些控制码，可以达到输入特殊字符的目的。

1. 用控制码输入

AutoCAD 2007 提供的控制码均由两个百分号（%%）和一个字母组成，常用控制码如表5-3所示。

表 5-3 AutoCAD 常用控制码

特殊字符	控制代码
度符号(°)	%%d
公差符号(±)	%%p
直径符号(ϕ)	%%c
上划线(——)	%%o
下划线(____)	%%u
百分号(%)	%%%
ASCII码 nnn	%%nnn

2. 特殊 α、β、γ、δ、θ、σ 等的输入

在输入法中的软键盘上单击鼠标右键，出现图 5-18 或图 5-19，选择希腊字母，出现图5-20所示的特殊字符，直接用鼠标单击即可。

PC键盘	标点符号
✔希腊字母	数字序号
俄文字母	数学符号
注音符号	单位符号
拼 音	制表符
日文平假名	特殊符号
日文片假名	

标准

图 5-18 软键盘(一)

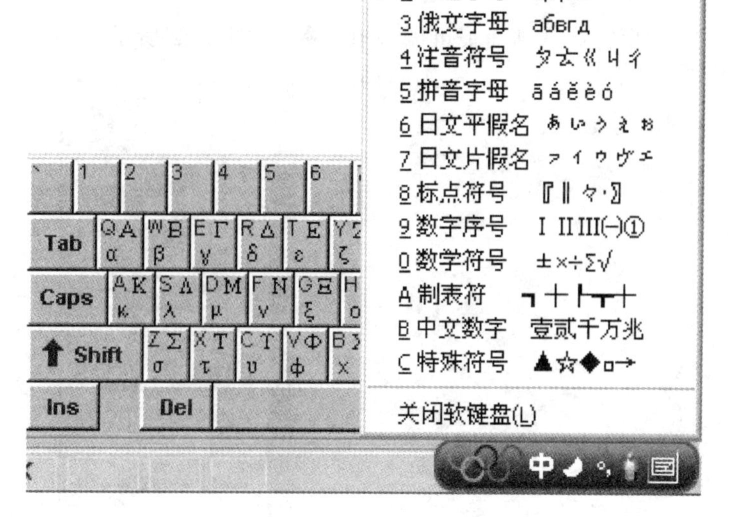

图 5-19 软键盘(二)

图 5-20　希腊字母键盘

5.11　编辑文本

文本标注完成后，用户可以对不满意的标注进行编辑以使标注更完整、更准确。

5.11.1　使用编辑文本命令 DDEDIT

使用编辑文本命令可以修改文字内容、格式和特性（例如比例和对齐）。启用编辑文本命令有图 5-21 所示的三种方式。

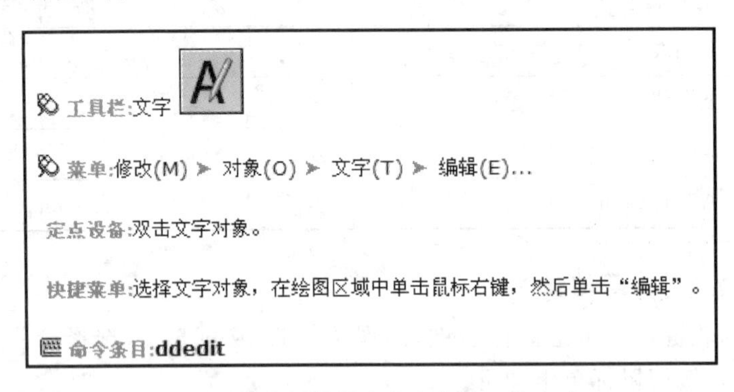

图 5-21　启用编辑文本命令的三种方式

5.11.2　使用特性选项面板

利用特性选项面板可以编辑文本，如图 5-22 所示。

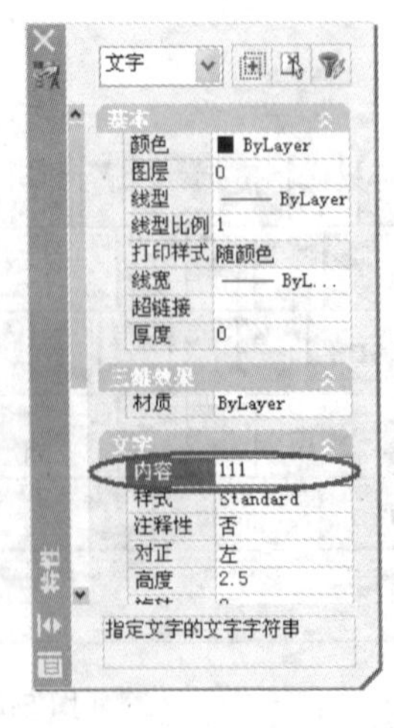

图 5-22　利用特性选项面板编辑文本

5.12 图形模板实践

例 新建一个名为 A4.dwt 的图形样板文件，要求如下。

(1) 设置绘图界限为 A4，长度单位精度小数点后面保留 3 位数字，角度单位精度小数点后面保留 1 位数字。

(2) 按照下面要求设置图层、线型。

① 图层名：中心线；颜色：红；线型：Center；线宽：0.25。

② 图层名：虚线；颜色：黄；线型：Hidden；线宽：0.25。

③ 图层名：细实线；颜色：蓝；线型：Continuous；线宽：0.25。

④ 图层名：粗实线；颜色：白；线型：Continuous；线宽：0.50。

⑤ 图层名：尺寸线；颜色：青；线型：Continuous；线宽：0.25。

⑥ 图层名：文字；颜色：白；线型：Continuous；线宽：0.25。

(3) 设置文字样式(使用大字体 gbcbig.shx)。

① 样式名：数字；字体名：Gbeitc.shx；文字宽的系数：1；文字倾斜角度：0。

② 样式名：汉字；字体名：Gbenor.shx；文字宽的系数：1；文字倾斜角度：0。

(4) 根据图形设置尺寸标注样式。

① 机械样式，建立标注的基础样式，其设置为：

将“基线间距”内的数值改为 7，“超出尺寸线”内的数值改为 2.5，“起点偏移量”内的数值改为 0，“箭头大小”内的数值改为 3，弧长符号选择“标注文字的上方”，将“文字样式”设置为已经建立的“数字”样式，“文字高度”内的数值改为 3.5，将“线性标注”中的“精度”设置为 0，“小数分隔符”设置为“.”(句点)，其他选用默认选项。

② 角度，其设置为：

建立机械样式的子尺寸，在标注角度的时候，尺寸数字是水平的。

③ 直径尺寸，其设置为：

建立机械样式的子尺寸，建立将在标注直径尺寸时，尺寸数字都是水平的。

④ 半径尺寸，其设置为：

建立机械样式的子尺寸，建立将在标注半径尺寸时，尺寸数字都是水平的。

⑤ 非圆直径，其设置为：

在机械样式的基础上，建立将在标注任何尺寸时，尺寸数字前都加注符号 ϕ 的父尺寸。

⑥ 标注一半尺寸，其设置为：

在机械样式的基础上，建立将在标注任何尺寸时，只是显示一半尺寸线和尺寸界线的父尺寸，一般用于半剖图形中。

(5) 标题栏的制作样式如图 5-23 所示，其中“图名”“校名”字高为 7，其余字高为 5，不标注尺寸。

(6) 将粗糙度(*Ra* 数值为属性)符号制作成带属性的内部图块，*Ra* 字高为 5，如图 5-24 所示。

(7) 根据以上设置建立一个 A4 样板文件，并保存在 U 盘上。

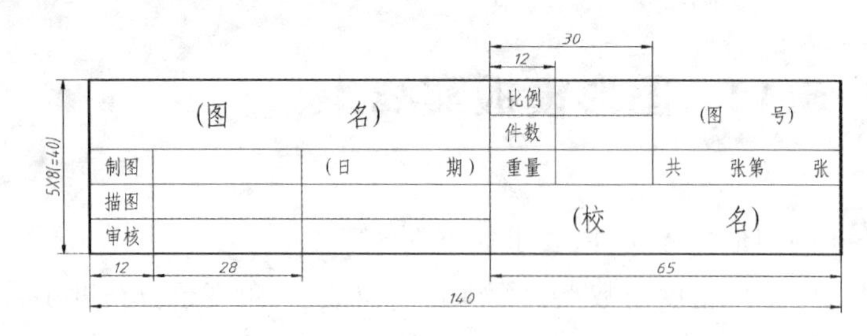

图 5-23 标题栏样式

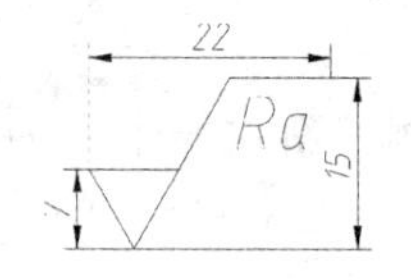

图 5-24 粗糙度样式

【操作步骤】

(1) 双击桌面 AutoCAD 快捷方式图标，启动 AutoCAD 2007 软件。

(2) 启动 AutoCAD 2007 软件后，选择“AutoCAD 经典”作为初始工作空间。

(3) 单击“工具选项板”窗口上的“关闭”按钮，将工具选项板窗口关闭，以增大绘图空间。

(4) 图形单位的设置：选择下拉菜单“格式”/“单位”，或在命令行输入“units”后按回车键，将出现“图形单位”对话框，根据题目要求将长度单位精度选为 3 位有效数字，角度单位精度选为 1 位有效数字。

(5) 图形界限为 A4 的设置：选择下拉菜单“格式”/“图形界限”，或在命令行输入“limits”后按回车键，根据命令行提示设定 A4 图纸幅面。

```
命令:_limits  //重新设置模型空间界限
指定左下角点或[开(ON)关(OFF)]<0.0000,0.0000>:0,0
指定右上角点<420.0000,297.0000>:210,297
```

(6) 单击“视图”/“缩放”/“全部”，将所绘 A4 图纸界限最大化在当前屏幕上。

(7) 图层设置：选择下拉菜单“格式”/“图层”，出现“图层特性管理器”对话框，单击对话框中的“新建图层”按钮，创建一个名为“中心线”的图层。同样的操作完成虚线、细实线、粗实线、尺寸线及文字图层的设置。

(8) 颜色设置：选择“图层特性管理器”对话框中粗实线图层，单击图层上的“颜色”图标 ■ 白，弹出“选择颜色”对话框，在该对话框中选择黑色，单击确定按钮即完成粗实线图层颜色的设置，同样的操作可以分别按照要求完成细实线、虚线、中心线、尺寸线及文字图层颜色的设置。

(9) 线型的设置：选择“图层特性管理器”对话框中粗实线图层，单击图层上的“线型”图标 Contin...，弹出“选择线型”对话框，在该对话框中选择需要的线型 Continuous，单击确定按钮即完成粗实线图层线型的设置，同样的操作可以按照要求完成细实线、虚线、中心线、尺寸线及文字图层线型的设置(对于虚线、中心线需要进行加载线型操作来完成，这在前面已经详细说明了，此处就不再具体阐述了)。

(10) 线宽的设置：选择“图层特性管理器”对话框中粗实线图层，单击图层上的“线宽”图标 —— 默认，弹出“线宽”对话框，在该对话框中选择 0.5，单击确定按钮即完成粗实线图层线宽的设置，同样的操作可以分别按照要求完成细实线、虚线、中心线、尺寸线及文字图层线宽的设置，如图 5-25 所示。

(11) 设置文字样式：选择菜单栏中的“格式”/“文字样式”命令，弹出“文字样式”对话框，如图 5-26 所示，单击对话框中的“新建”按钮，在弹出的“新建文字样式”对话框中的“样式名”后输

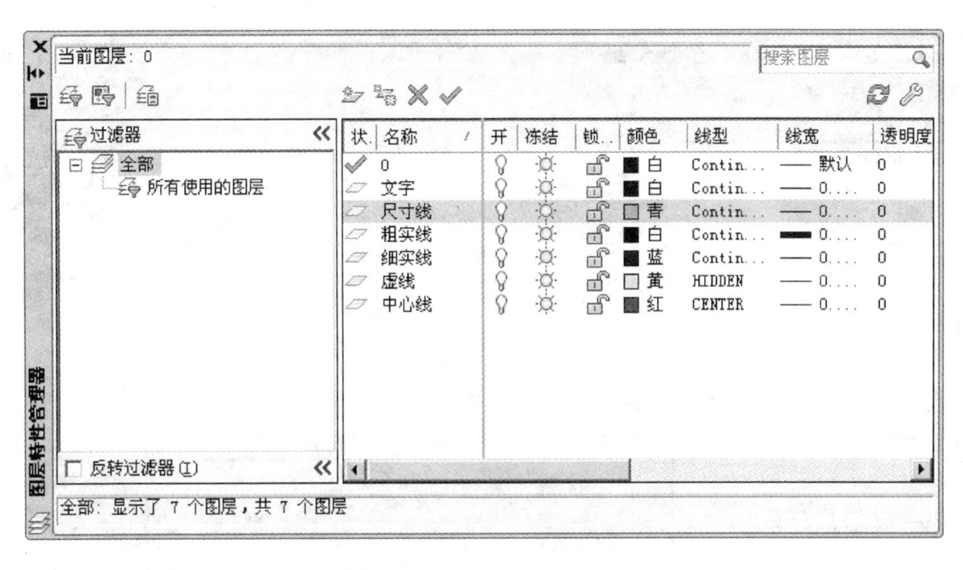

图 5-25　图层特性管理器

图 5-26　“文字样式”对话框

入“数字”，如图 5-27 所示，单击“确定”按钮，在弹出的“文字样式”对话框中按照题目的要求进行数字样式的设置，如图 5-28 所示。同样的操作可以完成汉字样式的设置，如图 5-29 所示。

图 5-27　新建数字样式

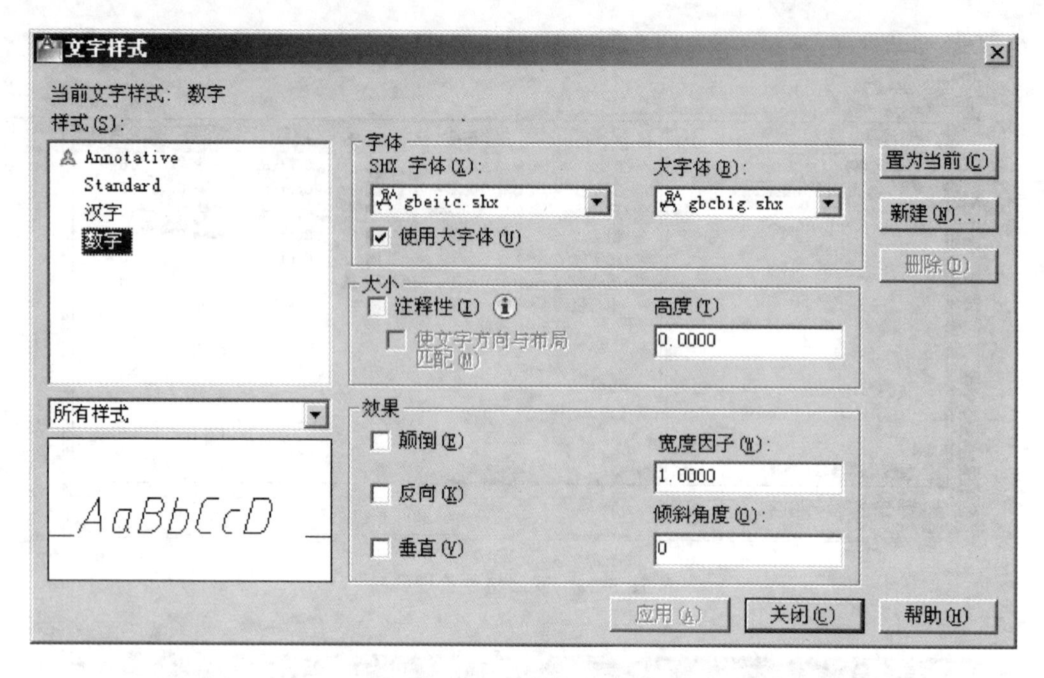

图 5-28 数字样式设置

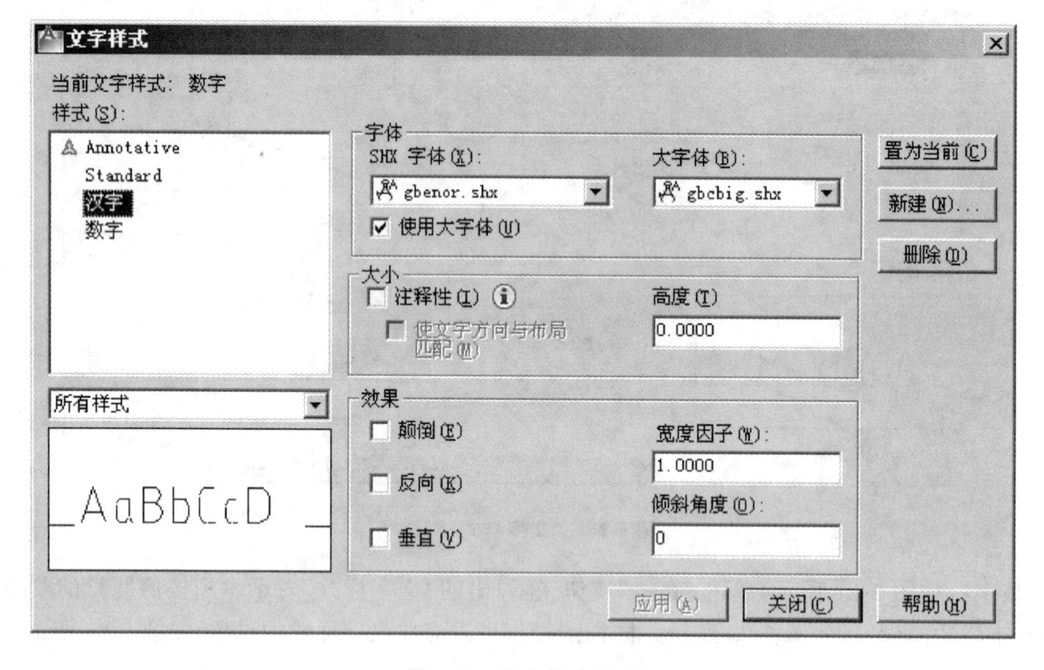

图 5-29 汉字样式设置

(12) 设置新的标注的机械样式:选择菜单栏中的“格式”/“标注样式”命令,弹出“标注样式管理器”对话框,如图 5-30 所示,单击该对话框中的“新建”按钮,在弹出的“创建新标注样式”对话框中,设置新样式的名称为“机械样式”,其他参数使用系统的默认设置,如图 5-31 所示。

(13) 单击“继续”按钮,在打开的“新建标注样式:机械样式”对话框中,在“线”选项卡中将“基线间距”内的数值改为 7,“超出尺寸线”内的数值改为 2.5,“起点偏移量”内的数值改为 0,其他选用默认选项,如图 5-32 所示;在“符号和箭头”选项卡中将“箭头大小”内的数值改为 3,弧

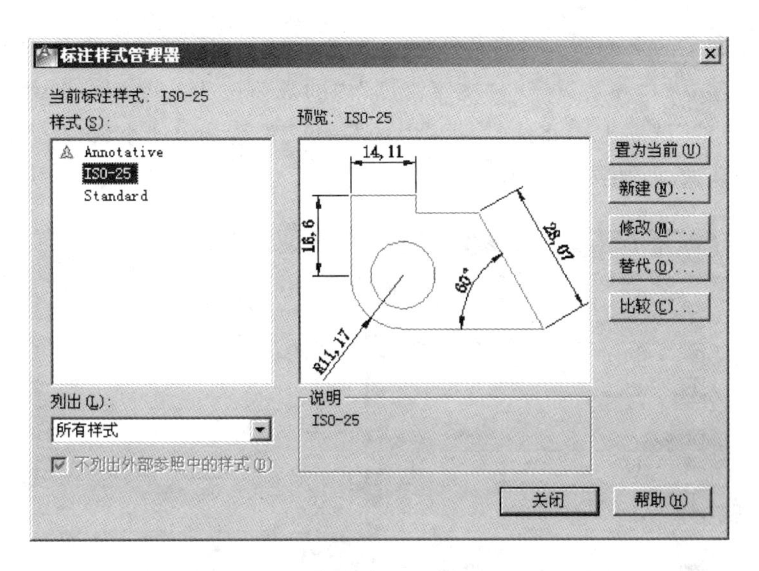

图 5-30 “标注样式管理器”对话框

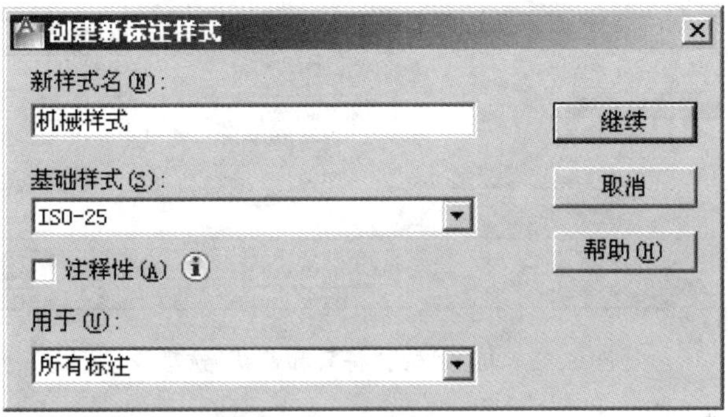

创建新标注样式
新样式名(N)：
机械样式
继续
基础样式(S)：
ISO-25
取消
注释性(A)
帮助(H)
用于(U)：
所有标注

图 5-31 创建新标注样式

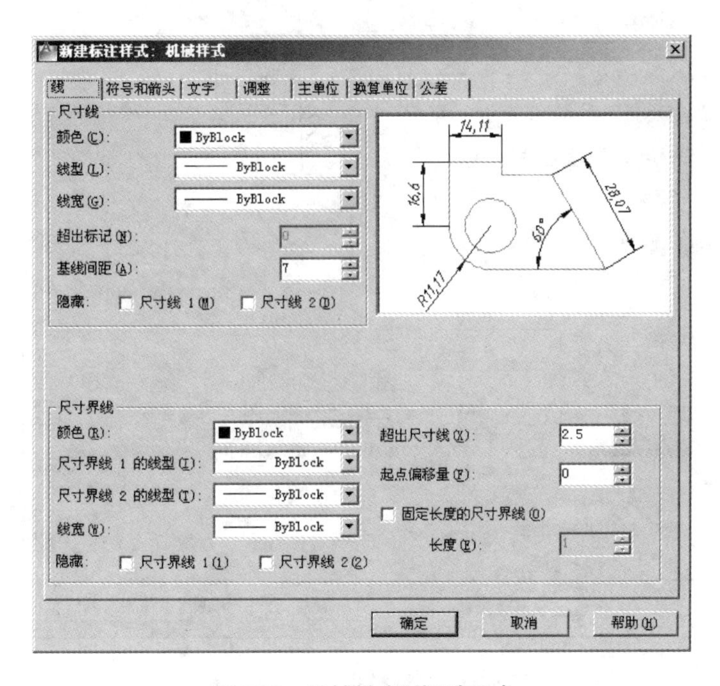

图 5-32 机械样式“线”选项卡

长符号选择“标注文字的上方”，其他选用默认选项，如图 5-33 所示；在“文字”选项卡中将“文字样式”设置为已经建立的“数字”样式，“文字高度”内的数值改为 3.5，其他选用默认选项，如图 5-34 所示；在“主单位”选项卡中将线性标注中的“精度”设置为 0，“小数分隔符”选择““.”(句点)”，其他选用默认选项，如图 5-35 所示。

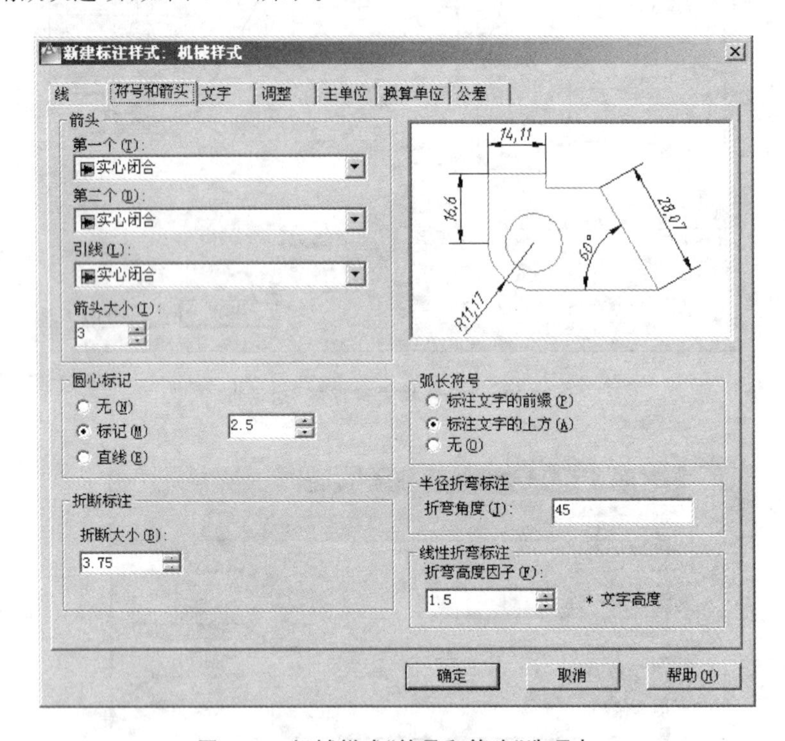

图 5-33　机械样式“符号和箭头”选项卡

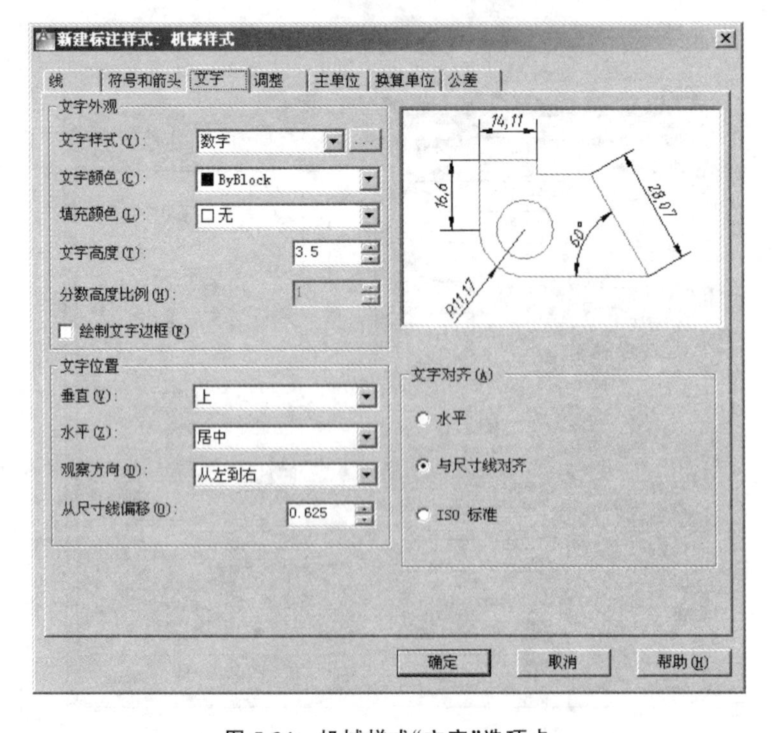

图 5-34　机械样式“文字”选项卡

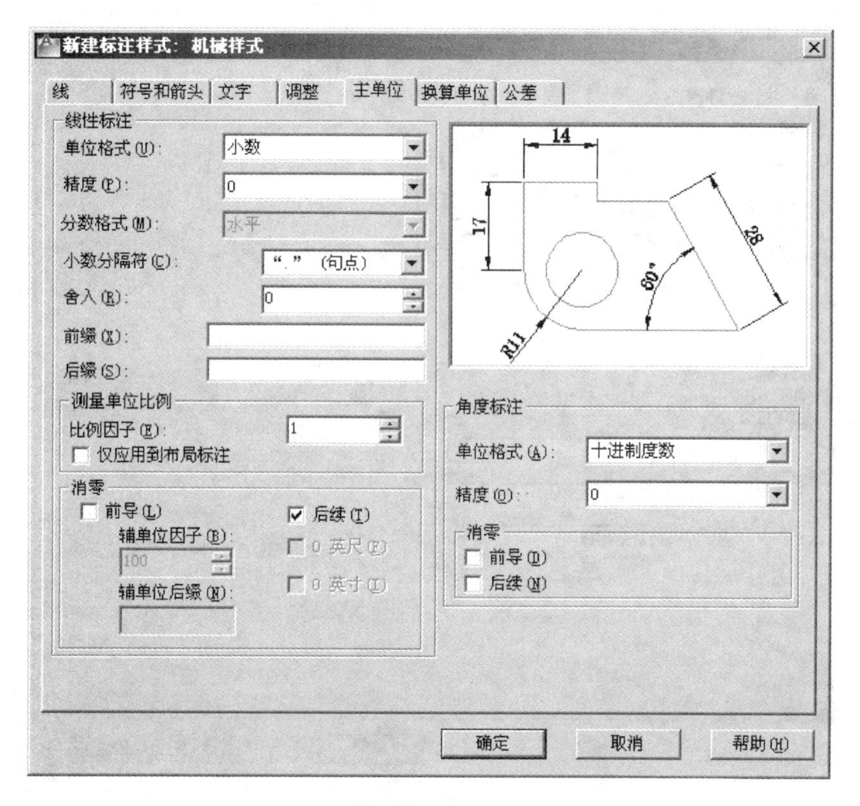

图 5-35 机械样式“主单位”选项卡

(14) 单击“确定”按钮，退回到“标注样式管理器”对话框。单击“新建”按钮，弹出“创建新标注样式”对话框，在“用于”中选择“角度标注”，如图 5-36 所示。

图 5-36 创建用于角度标注的机械样式

(15) 单击“继续”按钮，在打开的“新建标注样式：机械样式：角度”对话框中，在“文字”选项卡中将“文字对齐”设置为“水平”，其他选用默认选项，如图 5-37 所示。重复第(14)、(15)的操作步骤，分别建立基于机械样式的子尺寸直径、半径的“文字对齐”均设置为水平，其他选用默认选项，如图 5-38 所示。

提示：本例中在进行角度、直径、半径等子尺寸设置时，一定要确保当前的基础标注样式为机械样式，若不是，可以选择机械样式为当前样式。

(16) 设置基于机械样式的非圆直径标注样式：选择机械样式为当前样式，单击“标注样式管理器”对话框中的“新建”按钮，在弹出的“创建新标注样式”对话框中，设置新样式的名称为“非圆

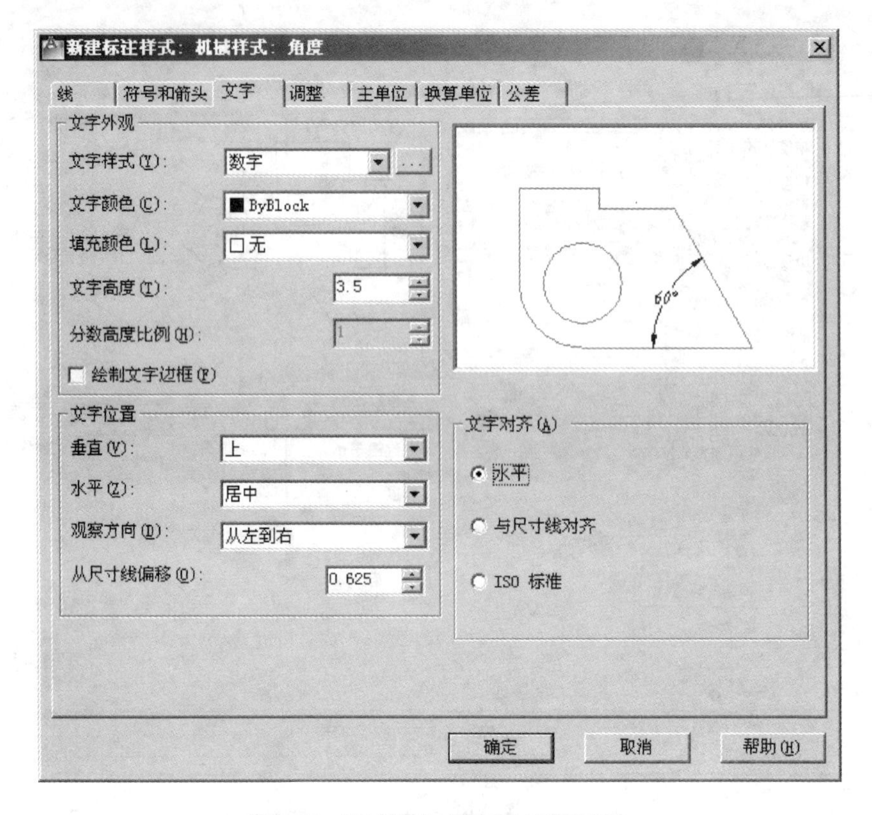

图 5-37 机械样式：角度“文字”选项卡

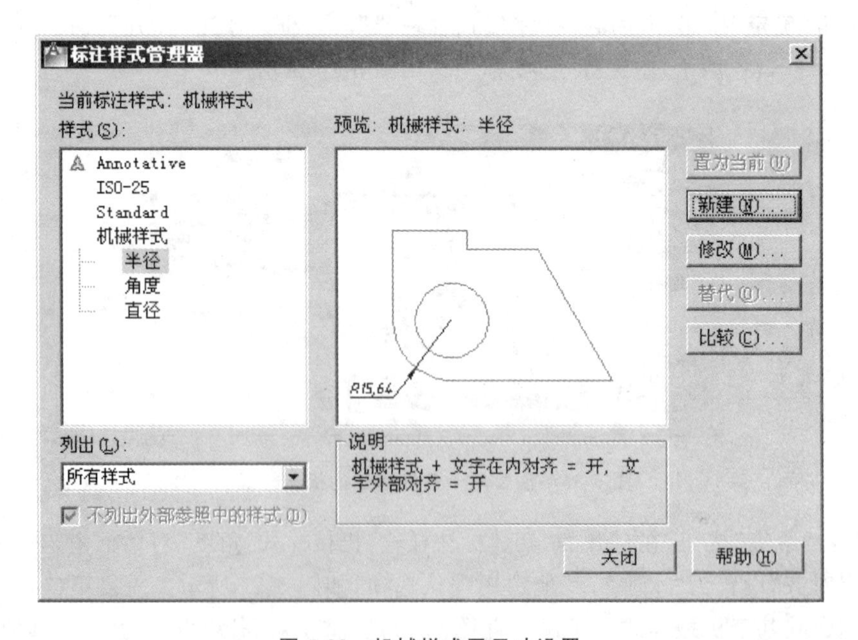

图 5-38 机械样式子尺寸设置

直径”，其他参数使用系统的默认设置，单击“继续”按钮，在打开的“新建标注样式：非圆直径”对话框中，在“主单位”选项卡中将“前缀”设置为“%%c”，其他选用默认选项，如图 5-39 所示。

（17）设置基于机械样式的标注一半尺寸标注样式：选择机械样式为当前样式，单击“标注样式管理器”对话框中的“新建”按钮，在弹出的“创建新标注样式”对话框中，设置新样式的名称

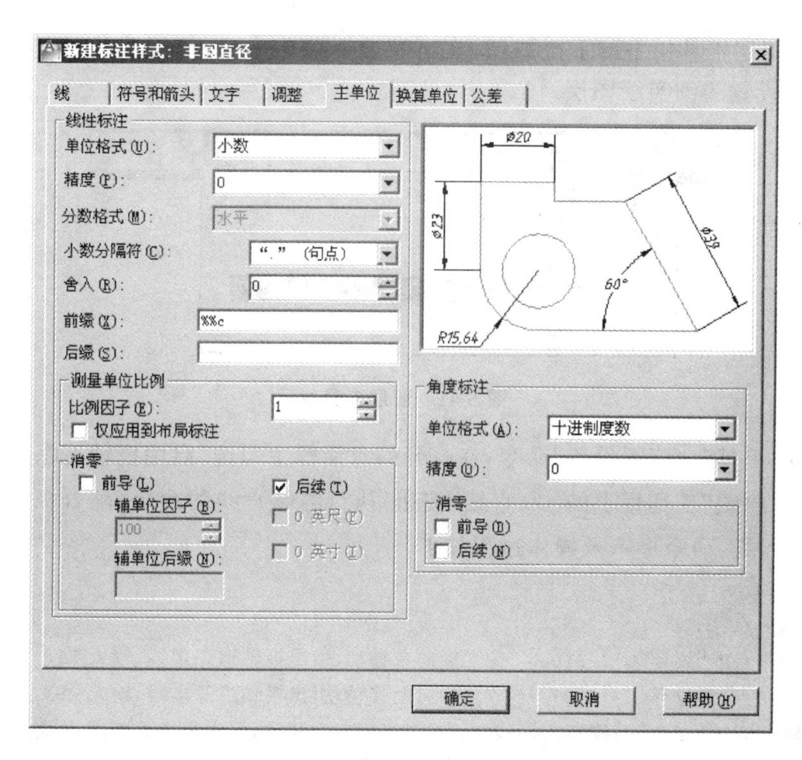

图 5-39　非圆直径“主单位”选项组

为“标注一半尺寸”，其他参数使用系统的默认设置，单击“继续”按钮，在打开的“新建标注样式：标注一半尺寸”对话框中，在“线”选项卡中将尺寸界线内的“隐藏”处的“尺寸界线 1(1)”选取，其他选用默认选项，如图 5-40 所示。

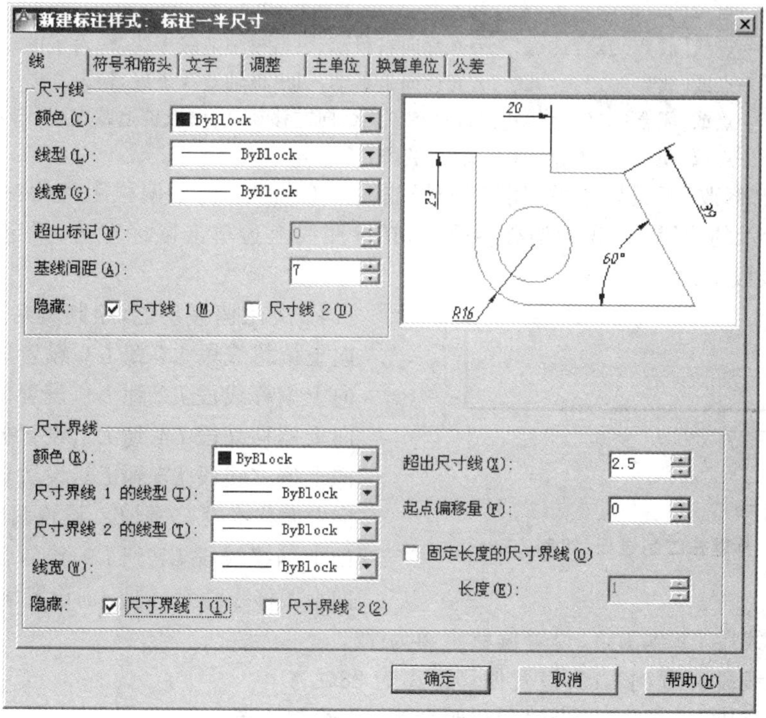

图 5-40　标注一半尺寸“线”选项卡

(18) 选择图层工具栏中的下拉按钮，在下拉选择菜单中选择“细实线”图层，如图 5-41 所示，把当前图层设置为细实线图层。

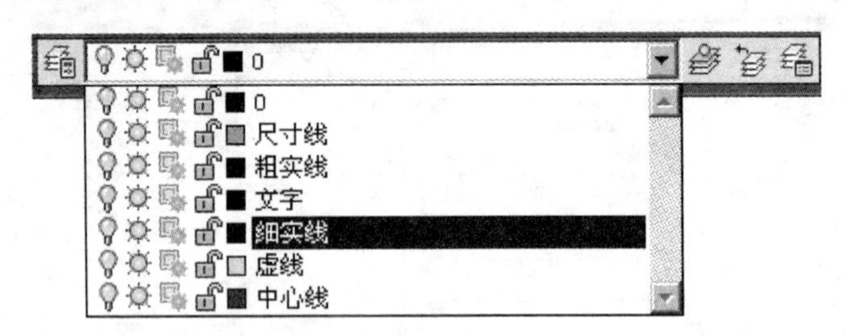

图 5-41 图层工具栏

(19) 选择“工具”/“草图设置”命令，在打开的对话框中勾选“启用极轴追踪”功能。

(20) 单击“绘图”工具栏上的 (直线)按钮，执行绘制直线的命令，配合极轴追踪功能，绘制 A4 图纸的边界。命令提示及操作过程如下：

```
命令：_line
指定第一点：0,0↙
指定下一点或[放弃(U)]：210↙    //光标向右移动，引出极轴追踪虚线，输入 210
指定下一点或[放弃(U)]：297↙    //光标向上移动，引出极轴追踪虚线，输入 297
指定下一点或[闭合(C)放弃(U)]：210↙    //光标向左移动，引出极轴追踪虚线，输入 210
指定下一点或[闭合(C)放弃(U)]：C↙    //闭合图形
```

(21) 选择图层工具栏中的下拉按钮，如图 5-41 所示，在下拉选择菜单中选择“粗实线”图层，把当前图层设置为“粗实线”图层。

(22) 单击“绘图”工具栏上的 (直线)按钮，执行绘制直线的命令，配合极轴追踪功能，绘制 A4 图纸的内图框。命令提示及操作过程如下：

```
指定第一点：10,10↙
指定下一点或[放弃(U)]：190↙    //光标向右移动，引出极轴追踪虚线，输入 190
指定下一点或[放弃(U)]：277↙    //光标向上移动，引出极轴追踪虚线，输入 277
指定下一点或[闭合(C)放弃(U)]：190↙    //光标向左移动，引出极轴追踪虚线，输入 180
指定下一点或[闭合(C)放弃(U)]：C↙    //闭合图形
```

(23) 单击“修改”工具栏中的“偏移”按钮或输入 O 命令，输入偏移距离为“40”，按回车键，选择图 5-42 所示的线段 $L1$ 作为偏移参照线，在参照线上边单击鼠标左键，设定参照线向上偏移，创建偏移线段 $L2$。

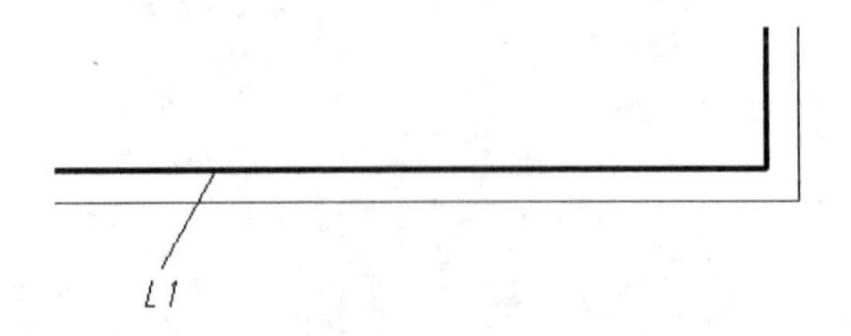

图 5-42 标题栏绘制过程(绘制 $L1$)

(24) 应用偏移功能，绘制其余的平行线。

向上偏移线段 $L1$ 到 $L3$，设置偏移距离为 8，

向上偏移线段 $L3$ 到 $L4$，设置偏移距离为 8，

向上偏移线段 $L4$ 到 $L5$，设置偏移距离为 8，

向上偏移线段 $L5$ 到 $L6$，设置偏移距离为 8，

向上偏移线段 $L7$ 到 $L8$，设置偏移距离为 140，

向上偏移线段 $L7$ 到 $L9$，设置偏移距离为 65，

向上偏移线段 $L8$ 到 $L10$，设置偏移距离为 12，

向上偏移线段 $L9$ 到 $L11$，设置偏移距离为 12，

向上偏移线段 $L10$ 到 $L12$，设置偏移距离为 28，

向上偏移线段 $L9$ 到 $L13$，设置偏移距离为 30，绘制结果如图 5-43 所示。

(25) 单击“修改”工具栏中的“修剪”按钮或输入 TR 命令，连续敲击两次回车键或空格键，

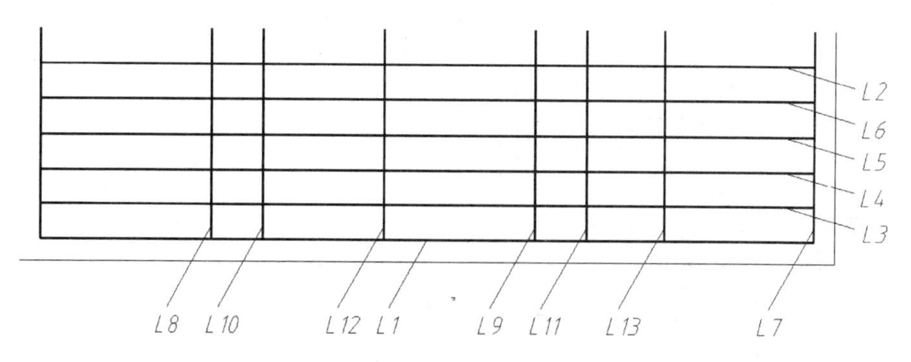

图 5-43　标题栏绘制过程(绘制其余线)

选择多余的线段作为被修剪的对象(某些不能被修剪的对象可应用“删除”功能进行移除),框选内部线段,选择图层工具栏中的细实线,结果如图 5-44 所示。

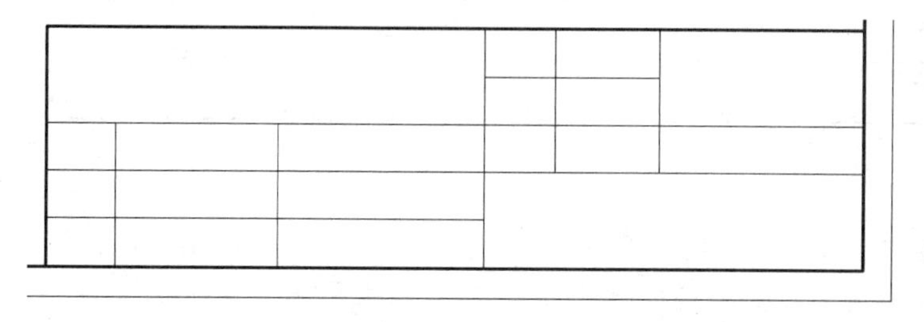

图 5-44　标题栏绘制完成

(26) 填写表格中的一格:将工具栏中的当前文字样式选择为汉字样式,在绘图工具栏中单击“多行文字”A按钮,选择某一表格的左上端点,单击鼠标左键,移动鼠标到这一格的右下端点并选择该点,如图 5-45 所示,单击鼠标左键,弹出“文字格式”工具栏,单击“多行文字对正”按钮,并选择“正中”,如图 5-46 所示,在光标处填写制图,完成该格的填写。

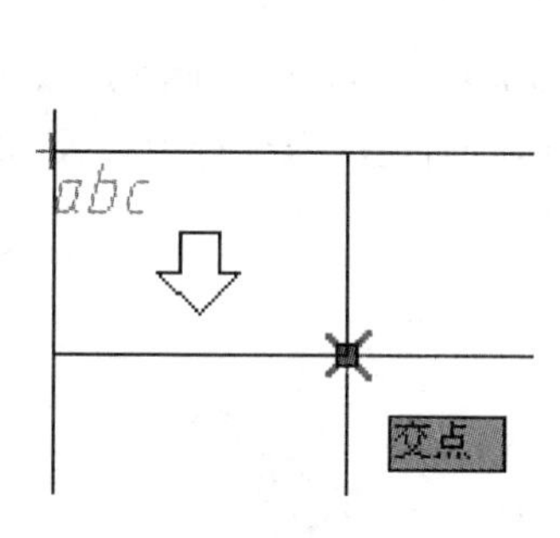

图 5-45　选择表格

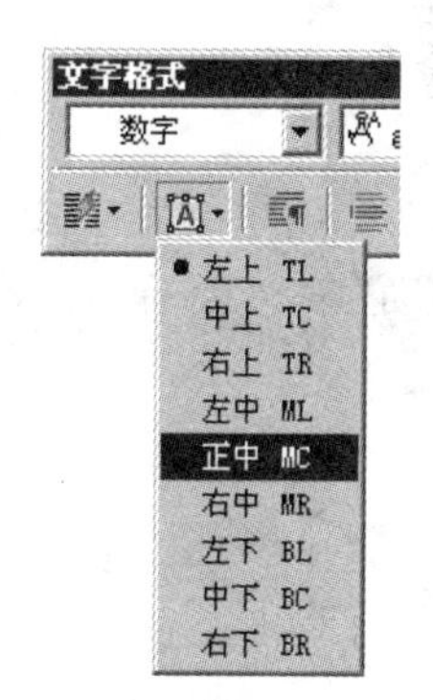

图 5-46　文字居中

(27) 在绘图工具栏当中单击“多段线”按钮,将所有要填写格子的对角线用一根完整的多段线绘制,如图 5-47 所示。

(28) 勾选“对象捕捉”对话框的中点,选择复制命令,选择要复制对象“制图”,其基点为当前格子对角线的中点,追踪所有要填写文字所在格子对角线的中点并且逐一单击鼠标左键,如图 5-48 所示,选择刚才画的多段线,单击“删除”,再选择文字编辑命令完成相应文字的修改并注意按照题目要求调节文字的字号大小,最后完成表格文字的填写。

(29) 把当前图层置为“0”,利用直线命令绘制一根长为 22 的水平线,选择这根线向上偏

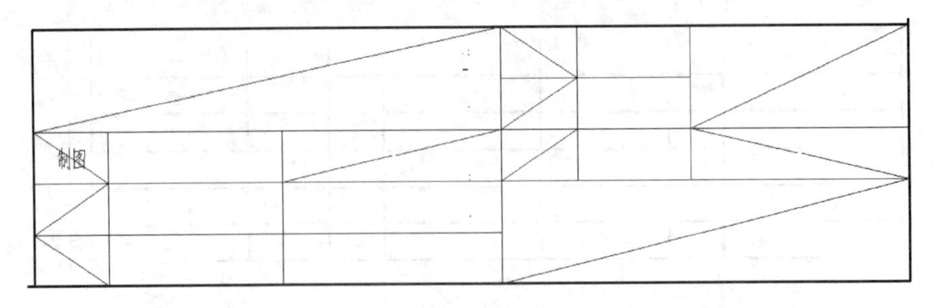

图 5-47　填写表格 1

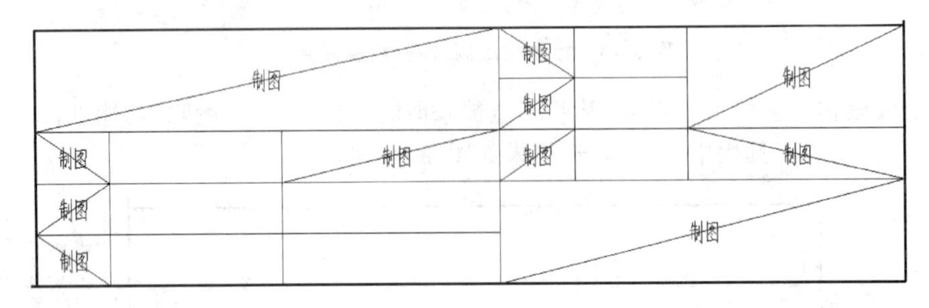

图 5-48　填写表格 2

移，距离为 7，再次选择这根线向上偏移，距离为 8，如图 5-49(a)所示；从中间第二根直线左端利用直线和极轴追踪命令绘制粗糙度符号，注意斜线与水平方向分别成 60°和 120°，如图 5-49(b)所示；利用修剪命令剪掉多余线段，如图 5-49(c)所示。

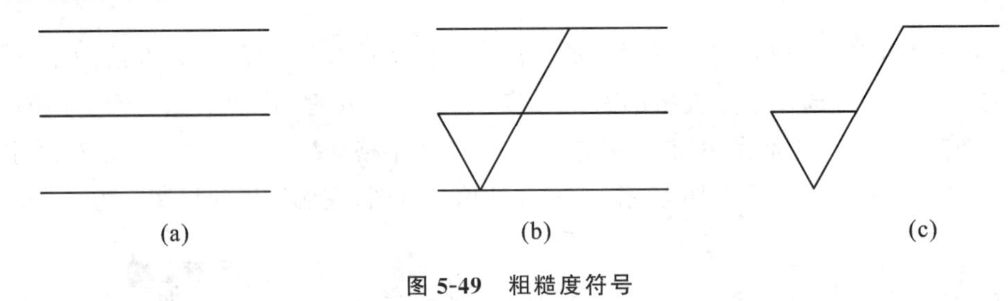

(a)　(b)　(c)

图 5-49　粗糙度符号

(30) 在图 5-50(a)所示位置处输入文字 *Ra*，字高为 5。选择 *Ra*，单击鼠标右键，在弹出的快捷菜单中选择"移动"命令，选择 *Ra* 处任一点作为基点，在出现的命令行中输入@0.5，−0.5，如图 5-50(b)所示。

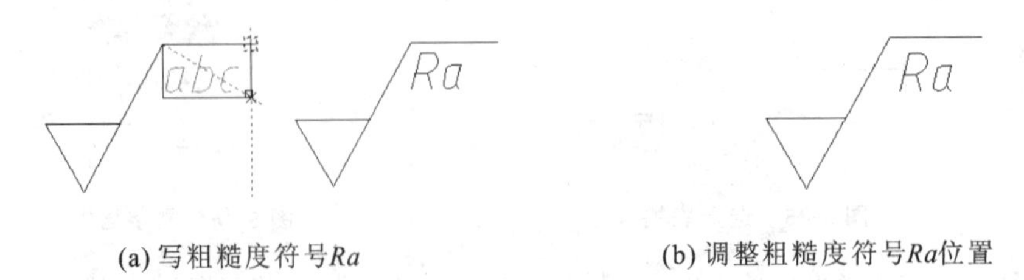

(a) 写粗糙度符号*Ra*　(b) 调整粗糙度符号*Ra*位置

图 5-50　粗糙度文字填写

(31) 选择菜单栏中的"绘图"|"块"|"属性"，弹出"属性定义"对话框，填写相应的信息，"对正"选择"左上"，"文字样式"选择"字母 5"，"文字高度"选择 5，如图 5-51 所示。

(32) 单击"确定"按钮，得到图 5-52(a)所示的图形。选择"*CCD*"，单击鼠标右键，在弹出的快捷菜单中选择"移动"命令，选择"*CCD*"处任一点作为基点，在出现的命令行中输入@0，−0.9，效果如图 5-52(b)所示。

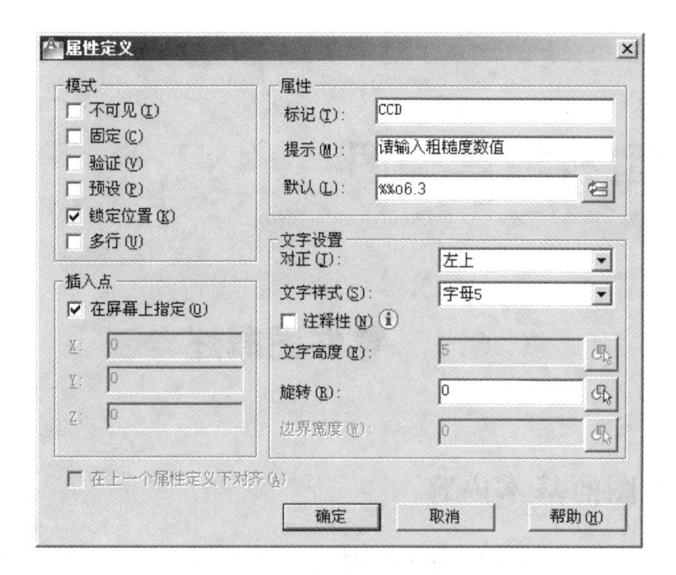

图 5-51 “属性定义”对话框

(33) 框选所有对象，选择菜单栏中的“绘图”|“块”|“创建”，弹出“块定义”对话框，输入名称“粗糙度”，单击“拾取点”按钮，选择图形中的三角形的下端顶点作为插入基点，返回“块定义”对话框后，单击“确定”按钮，效果如图 5-53 所示。

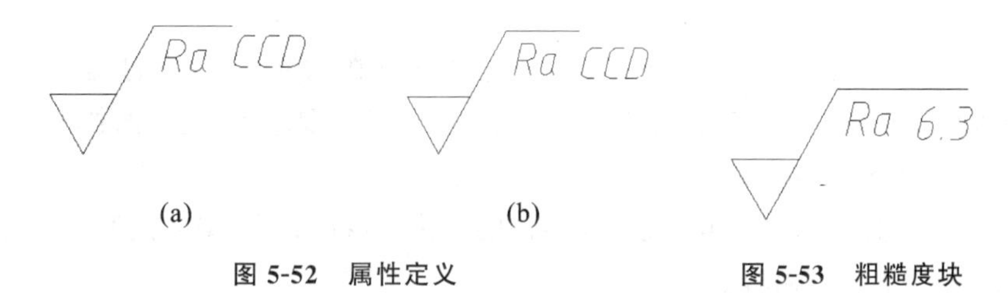

图 5-52 属性定义

图 5-53 粗糙度块

(34) 单击“文件”|“保存”或单击菜单栏上的按钮，将文件名改为 A4，文件类型选为 AutoCAD 图形样板(.dwt)，文件保存在桌面上。图 5-54 所示为“图形另存为”对话框。

(35) 单击“保存”按钮，完成图形样板文件 A4.dwt 的建立。

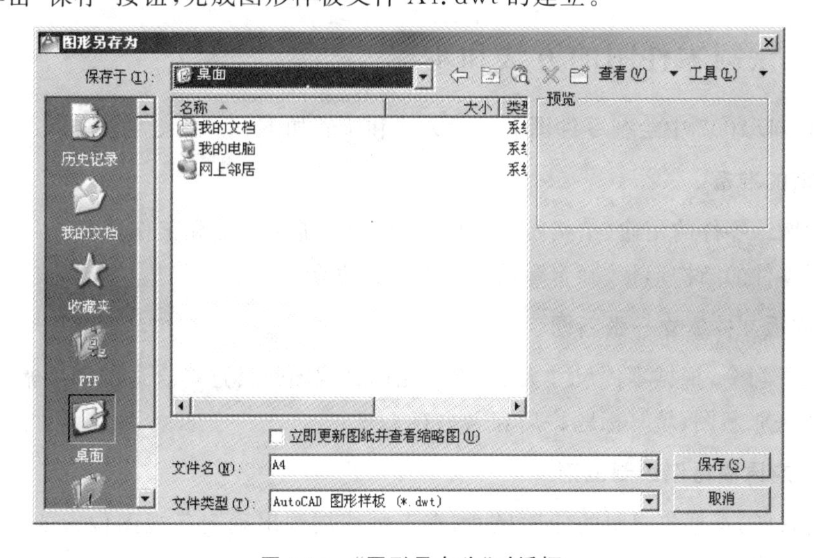

图 5-54 “图形另存为”对话框

第6章 典型机械零件图

6.1 零件图概述

6.1.1 零件图的基本内容

表达零件的图样称为零件工作图，简称零件图。它是制造和检验零件的重要技术文件。一张完整的零件图应包括下列基本内容。

一组图形——按照零件的特征，合理地选用视图、剖视、断面及其他规定画法，正确、完整、清晰地表达零件的各部分形状和结构。

尺寸——除了应该保证正确、完整、清晰的基本要求外，还应尽量合理，以满足零件制造和检验的需要。

技术要求——用规定的符号、数字或文字来说明零件在制造、检验等过程中应达到的一些技术要求，如表面粗糙度、尺寸公差、形状和位置公差、热处理要求等；统一的技术要求一般用文字注写在标题栏上方图纸空白处。

标题栏——位于图纸的右下角，应填写零件的名称、材料、数量、图的比例，以及设计、描图、审核人的签字、日期等各项内容。

对于在 AutoCAD 中绘制图形和标注尺寸的方法，前面各章已有详细的介绍。本章着重介绍如何绘制技术要求；给出在 AutoCAD 中绘制零件图的一般步骤；并针对各类典型零件的具体实例，分别给出详细的绘图步骤。

6.1.2 绘制零件图的方法和步骤

在 AutoCAD 2007 中绘制零件图的一般方法和步骤如下。

1. 画图前的准备

(1) 了解所绘零件的用途、结构特点、材料及相应的加工方法和工作情况。

(2) 分析零件的结构形状，确定零件的视图表达方案。

2. 调用样板文件建立一张新图

启动"新建"命令，根据零件尺寸大小、绘图比例及视图数目选择合适的图纸幅面，调用相应的样板图建立一张新图，填写标题栏后起名另存。

3. 按1:1的原值比例绘制图形

(1) 布置视图：根据各视图的轮廓尺寸，在点画线层画出确定各视图位置的基准线。注意应留出标注尺寸的空间。

(2) 将粗实线图层置为当前图层，按投影关系绘制图形。

通常从反映物体特征最明显的视图画起，画图时应注意分析图形特点，确定合适的作图路线，重复的结构尽量多用编辑命令完成；还应注意合理使用正交、对象捕捉、极轴及对象追踪等精确作图方法。

由于 AutoCAD 二维绘图功能强大，实现同一效果的操作过程往往并不是唯一的，用户可根据个人习惯，综合分析，灵活运用，熟能生巧。

4. 标注尺寸及技术要求

尺寸标注的基本要求是正确、完整、清晰、合理。正确是指尺寸标注必须符合国家标准的有关规定；完整是指尺寸必须注写齐全，既不遗漏，也不重复；清晰是指尺寸布置要适当，尽量注写在最明显的地方，以便看图；合理是指尺寸标注要符合设计与制造要求，为加工、测量及检验提供方便。

将尺寸标注图层置为当前图层，按上述国标规定正确、完整、清晰、合理地标注零件尺寸。如绘图比例不是原值比例，应先将图形进行缩放；然后设定尺寸样式中的“测量比例因子”，令该值与图形比例值的乘积保持为 1；最后再进行相应的尺寸标注。

标注尺寸公差、形位公差、表面粗糙度等技术要求。

如果零件由统一的文字描述的技术要求，还需启动“多行文字”命令来注写。注意汉字字高应比尺寸字高至少大一号。

5. 检查视图，调整图形到合适位置

检查图形是否符合投影规律、是否符合作图规范，图线使用的图层是否正确等。

根据图纸幅面，使用移动命令适当调整图形位置，但应保证“正交”模式是打开的。

6. 存盘退出

在作图过程中应注意随时保存。

6.2 轴套类零件

轴套类零件主要是由共轴线的回转体组成的，一般在车床上加工。主视图按加工位置轴线水平放置，视结构需要可采用适当的局部剖，键槽和孔等结构可以向前，也可以向上。对于键槽和孔等结构还应移出端面，而对砂轮越程槽、退刀槽、中心孔等结构可用局部放大图表达。

6.2.1 绘制轴套类零件视图的方法

根据前述之结构特点，在绘制轴套类零件的主视图时，会有公共对称轴线；图形是沿轴线方向排列分布的，且大部分线条与轴线平行或垂直。因此，在绘制轴套类零件的主视图时，多采取下面两种方法：

(1) 先用直线(LINE)命令画出轴线和其中一个端面作为作图基准，然后综合使用偏移(OFFSET)、修剪(TRIM)命令作出主视图上每一轴段的投影线；

(2) 使用直线(LINE)命令画出主视图投影的上半部分后，用镜像(MIRROR)命令完成下半部分。

除了以上两种常规画法外，根据轴类零件的主视图的几何特点，通过合理使用图块功能，可以有效提高画图速度。特别是对轴段较多的零件，效果尤其明显。

首先创建一个1×1的矩形图块、插入基点设定在矩形左端线的中点；用点画线画出轴线；算出主视图中每一轴段的尺寸后由左至右依次插入图块，注意在插入时输入计算好的长、宽比例；最后对需绘制倒角等细节的轴段，将图块分解后运用倒角(CHAMFER)等命令完成。

运用上述方法之一绘制主视图后，绘制出轴的断面图和局部放大图等。

6.2.2 轴套类零件实例

绘制图6-1所示的轴零件图。

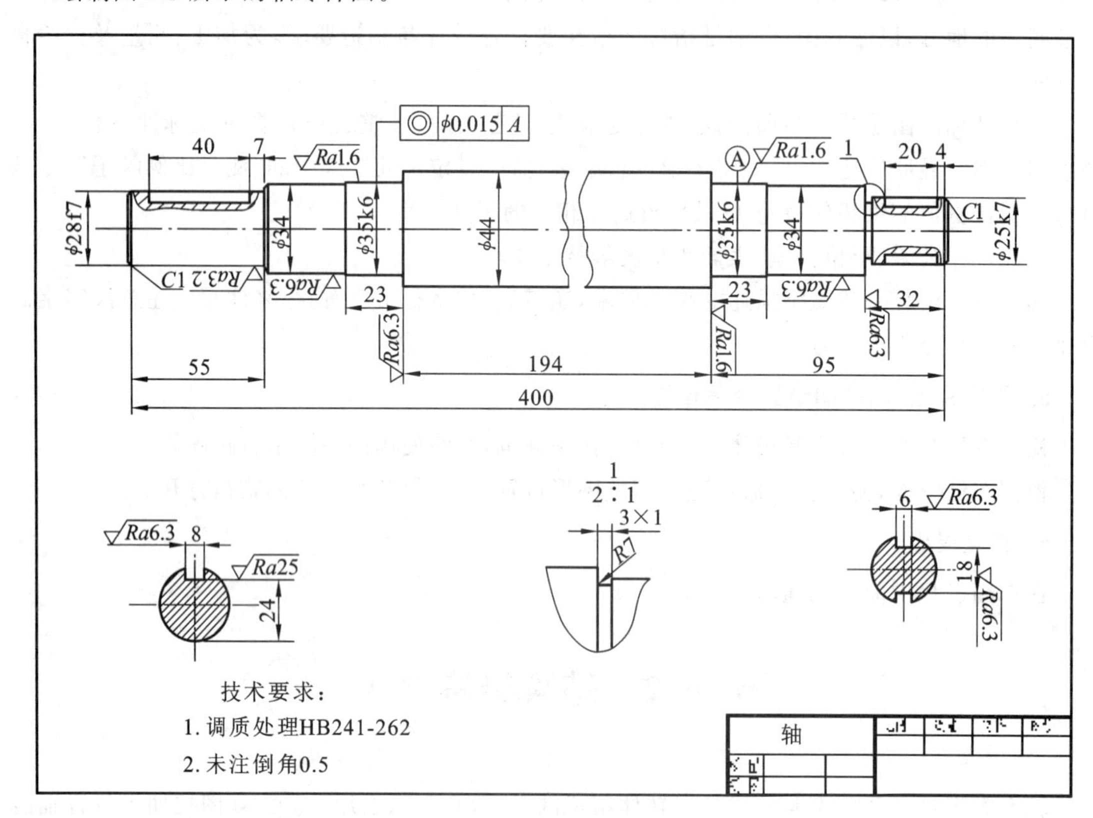

图6-1 轴零件图

1. 调用样板图，开始绘新图

(1) 在绘制一幅新图之前应根据所绘图形的大小及个数，确定绘图比例和图纸尺寸，建立或调用符合国家机械制图标准的样板图。绘图应尽量采用1:1比例，假如我们需要一张1:5的机械图样，通常的做法是：先按1:1比例绘制图形，然后用比例命令(SCALE)将所绘图形缩小到原图的1/5，再将缩小后的图形移至样板图中。

(2) 如果没有所需样板图，则应先设置绘图环境。设置包括绘图界线、单位、图层、颜色和线型、文字及尺寸样式等内容。

本例选择A3图纸，绘图比例1:1，图层、颜色和线型设置如表6-1所示，全局线型比例1:1。

(3) 用SAVERS命令指定路径保存图形文件，文件名为“轴零件图.dwg”。

表 6-1 图层、颜色、线型设置

图 层 名	颜 色	线 型	线 宽/mm
粗实线	绿色	Continuous	0.5
细实线	白色	Continuous	0.25
虚线	黄色	HIDDEN	0.25
中心线	红色	CENTER	0.25
文字	白色	Continuous	0.25
尺寸	白色	Continuous	0.25

2. 绘制图形

绘图前应先分析图形，设计好绘图顺序，合理布置图形，在绘图过程中要充分利用缩放、对象捕捉、极轴追踪等辅助绘图工具，并注意切换图层。

(1) 绘制主视图。

轴的零件图具有一对称轴，且整个图形沿轴线方向排列，大部分线条与轴线平行或垂直。根据图形的这一特点，我们可先画出轴的上半部分，然后用镜像命令复制出轴的下半部分。

方法 1：用偏移(OFFSET)、修剪(TRIM)命令绘图。根据各段轴径和长度，平移轴线和左端面垂线，然后修剪多余线条，绘制各轴段，如图 6-2 所示。

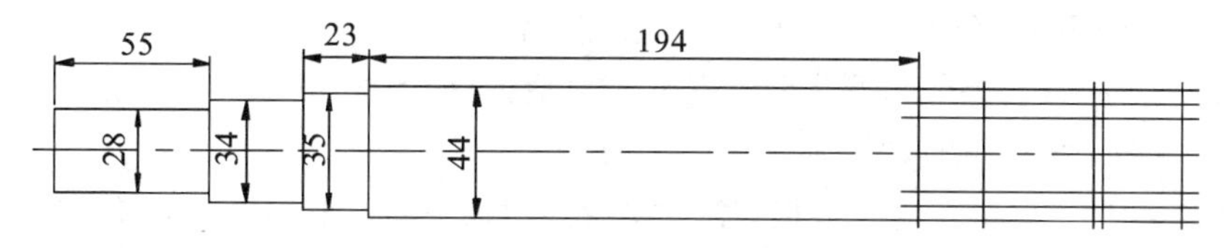

图 6-2 绘制轴方法 1

方法 2：用直线(LINE)命令，结合极轴追踪、自动追踪功能先画出轴外部轮廓线，如图 6-3 所示，再补画其余线条。

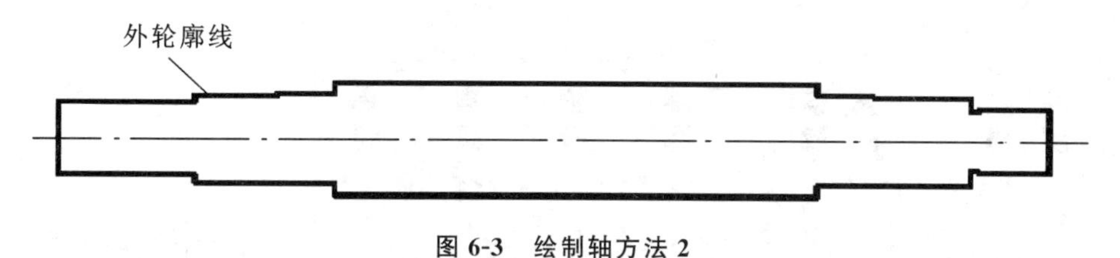

图 6-3 绘制轴方法 2

(2) 用倒角命令(CHAMFER)绘轴端倒角，用圆角命令(FILLET)绘制轴肩圆角，如图 6-4 所示。

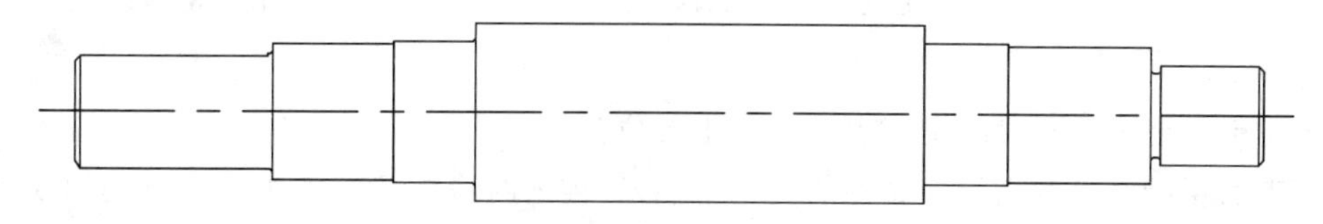

图 6-4 绘倒角、轴肩圆角

(3) 绘键槽。用样条曲线绘制键槽局部剖面图的波浪线，并进行图案填充；然后用样条曲线命令和修剪命令将轴断开，结果如图 6-5 所示。

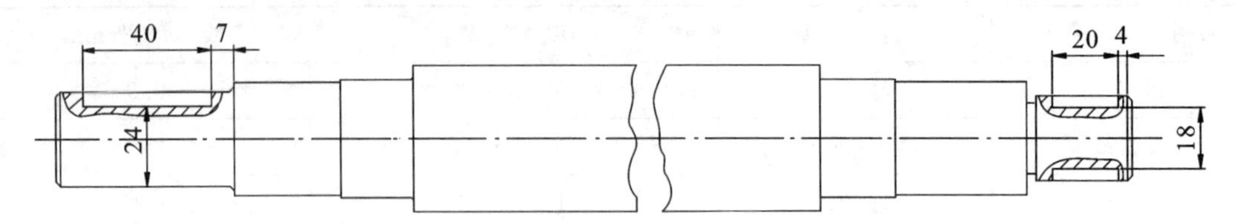

图 6-5　图案填充

（4）绘键槽剖面图和轴肩局部视图，如图 6-6 所示。

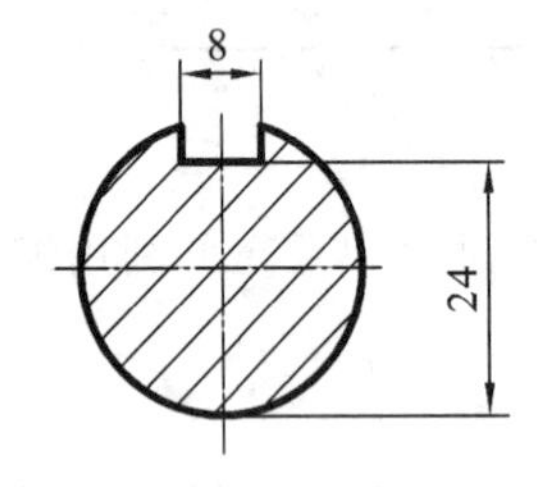

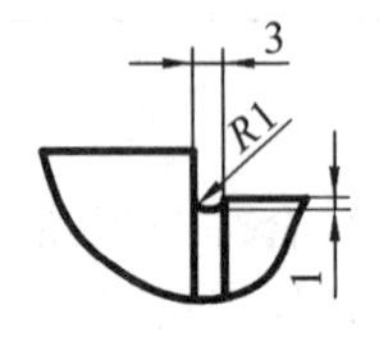

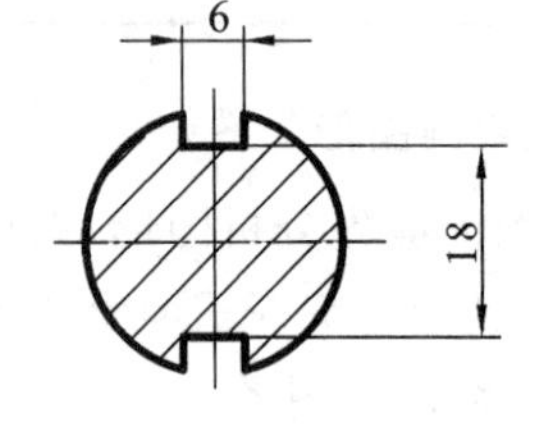

图 6-6　绘局部视图、剖视图

（5）整理图形，修剪多余线条，将图形调整至合适位置。

3. 标注尺寸和形位公差

在此仅以图中同轴度公差为例，说明形位公差的标注方法。

（1）选择[标注]|[公差]后，弹出"形位公差"对话框，如图 6-7 所示。

（2）单击"符号"按钮，选取"同轴度"符号"◎"。

（3）在"公差 1"下单击左边黑方框，显示"⌀"符号，在中间白框内输入公差值"0.015"。

（4）在"基准 1"下左边白方框内输入基准代号字母"A"。

（5）单击"确定"按钮，退出"形位公差"对话框。

（6）用旁注线命令（LEADER）绘指引线，结果如图 6-8 所示。

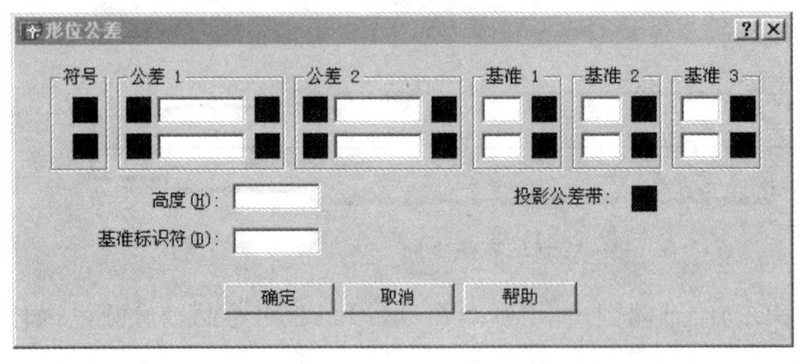

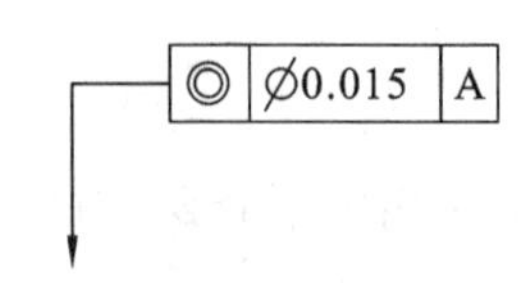

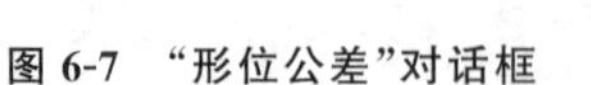
图 6-7　"形位公差"对话框

图 6-8　形位公差

提示：

（1）用引线命令可同时画出指引线并注出形位公差。

（2）表面粗糙度可定义为带属性的"块"来插入，插入时应注意块的大小和方向以及相应的属性值。

4. 书写标题栏、技术要求中的文字

至此，轴零件图绘制完成。

6.3　轮盘类零件

轮盘类零件的主要形体为回转体，结构相对比较简单。这类零件的毛坯有铸件和锻件，机械加工以车削为主，一般需要两个或两个以上基本视图。

主视图一般按加工位置水平放置并画成全剖，而对于复杂的盘盖类零件，因加工工序较多，主视图可按工作位置画出。为了表达轮盘上的螺纹孔等结构的形状和分布情况，可采用左视图或右视图，有些局部结构还常用移出断面或局部放大图表示。另外，在轮盘类零件中，常有沿盘类零件圆周分布的均布结构，如图 6-9 中的 4×ϕ16 孔，对于这类均布结构的绘制可采用阵列方式。

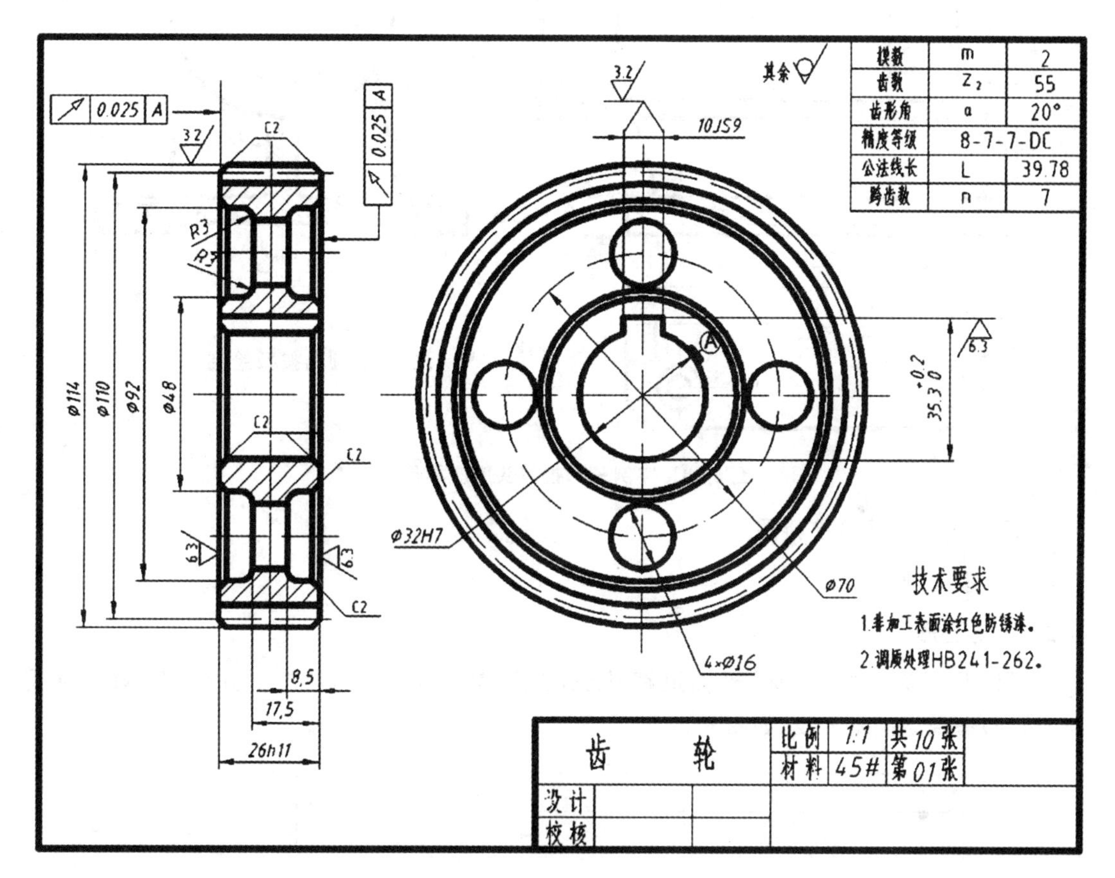

图 6-9　齿轮零件图

请按照一般绘图过程绘制图 6-9 所示的齿轮零件图，在 AutoCAD 2007 中自行完成绘图过程。

6.4　箱体类零件

箱体类零件一般是机器或部件的主体部分，起支承、容纳、定位、密封和连接等作用，阀体以及减速器箱体、泵体、阀座等属于这类零件。箱体零件多是中空壳体，并有轴承孔，凸台，凹槽，肋板，底板，连接法兰以及箱盖、轴承端盖的连接螺孔等，一般经多种工序加工而成，其结构复杂，一般多为铸件。

由于这类零件结构较复杂，一般需三个以上基本视图或向视图。除了采用主、俯、左视图外，还采应用一些局部剖视图，在主、俯视图中可能还会采用其他各种不同的剖切方式，以表达箱体内、外部的复杂结构形状。

绘制图 6-10 所示的零件图，步骤如下。

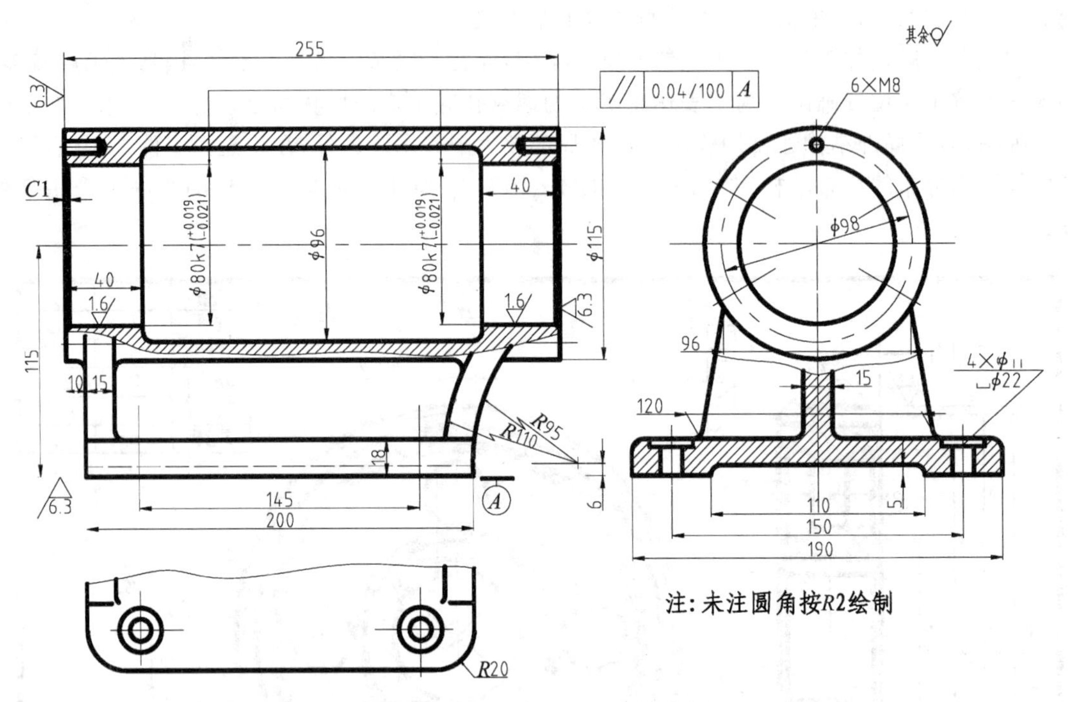

图 6-10　实例——铣刀头底座零件图

1. 调用样板图开始绘新图

同 6.2.2 小节的实例。

2. 绘制图形

(1) 打开正交、对象捕捉、极轴追踪功能，并设置 0 层为当前层，用直线(LINE)、偏移(OFFSET)命令绘制基准线，如图 6-11 所示。

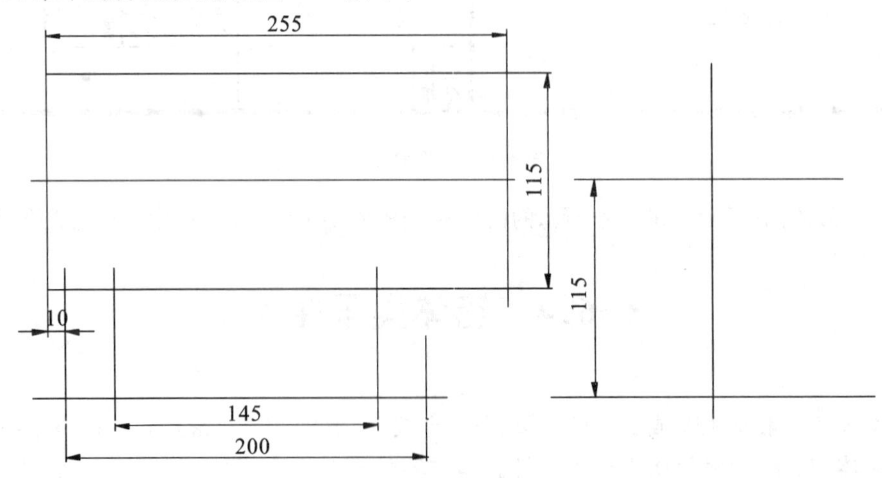

图 6-11　绘制基准线

(2) 绘主视图、左视图上半部分。用偏移(OFFSET)、修剪(TRIM)命令绘制主视图及左视图上半部分。用画圆命令(CIRCLE)绘 ϕ115、ϕ80 圆。对称图形可只画一半,另一半用镜像命令(MIRROR)复制,结果如图 6-12 所示。

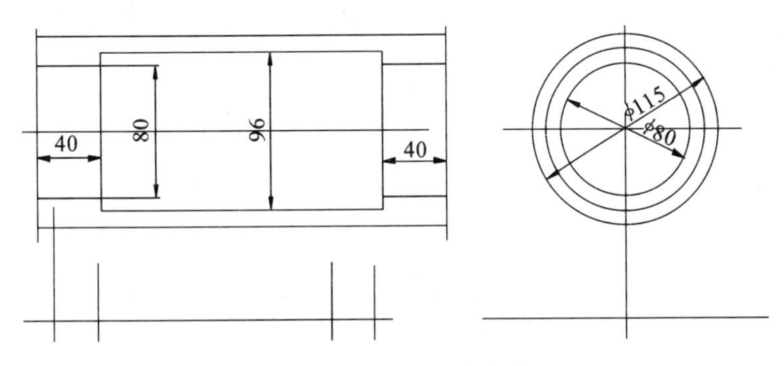

图 6-12 主视图上半部分

(3) 绘主视图、左视图下半部分。先绘制左视图下半部分左侧图形,用镜像命令复制出右侧图形;然后绘制主视图下半部分图形,注意投影关系,如图 6-13 所示。

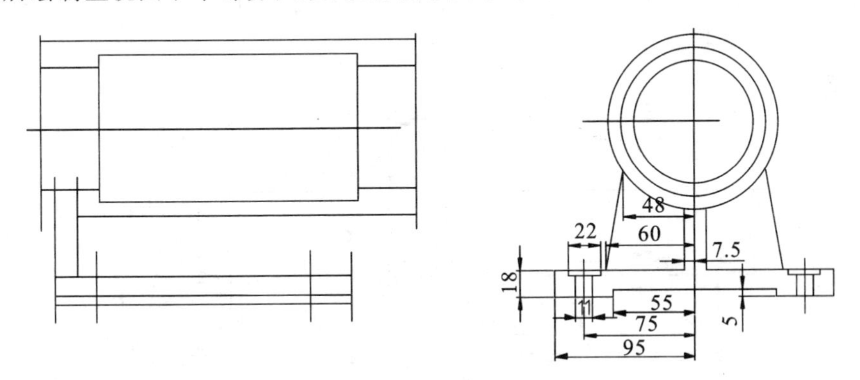

图 6-13 主视图、左视图下半部分

(4) 作辅助线 AB,以 A 点为圆心,以 $R95$ 为半径作辅助圆,确定圆心 O。以 O 点为圆心,绘制 $R110$、$R95$ 两圆弧,如图 6-14 所示。

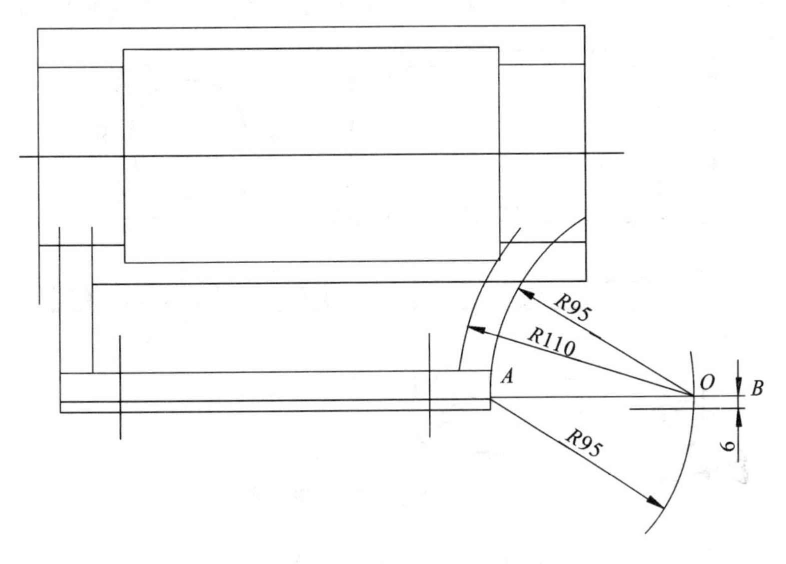

图 6-14 绘制 $R95$、$R110$ 圆弧

(5) 绘制 M8 螺纹孔。在中心线图层,用环形阵列绘制左视图螺纹孔中心线,如图 6-15 所示。

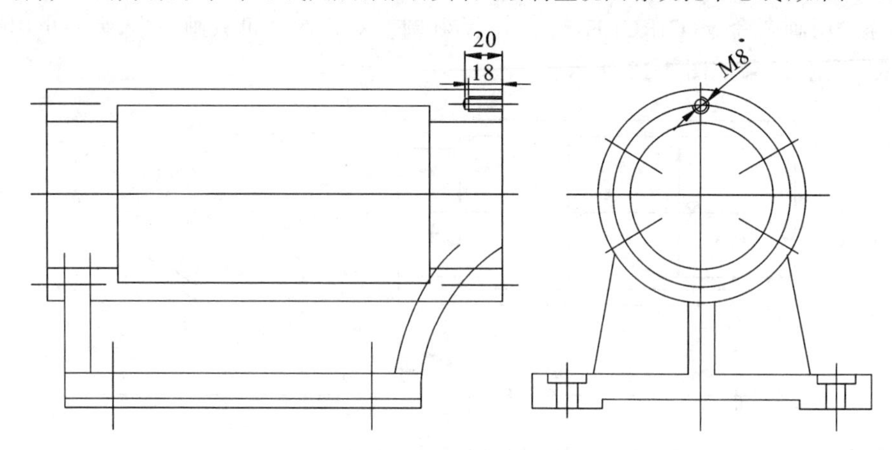

图 6-15 绘制 M8 螺纹孔

(6) 绘制倒角、波浪线。

用倒角命令(CHAMFER)绘主视图两端倒角,用圆角命令(FILLET)绘制各处圆角,用样条曲线绘制波浪线,结果如图 6-16 所示。

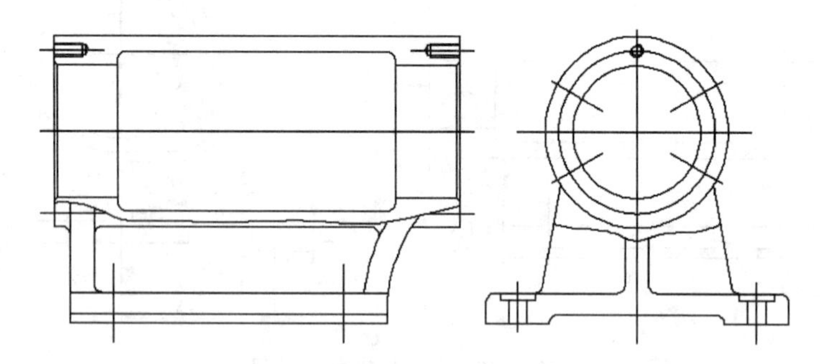

图 6-16 绘制倒角、波浪线

(7) 绘制俯视图并根据制图标准修改图中线型。

绘俯视图并将图中线型分别更改为粗实线、细实线、中心线和虚线,如图 6-17 所示。

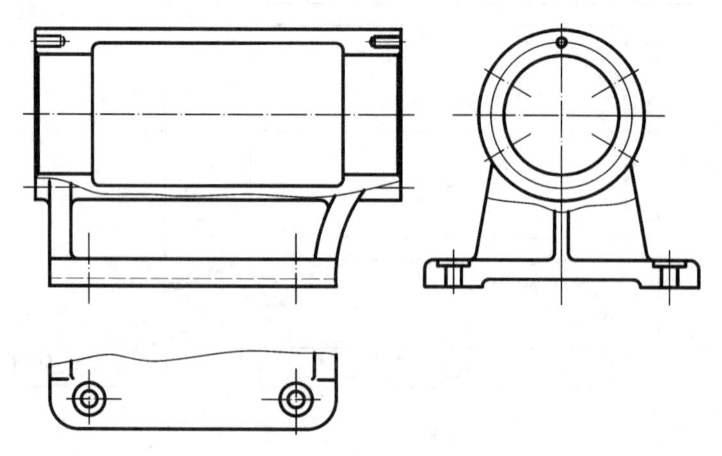

图 6-17 绘制俯视图、轮廓线

(8) 用剖面线命令(HATCH)绘制剖面线,结果如图 6-18 所示。

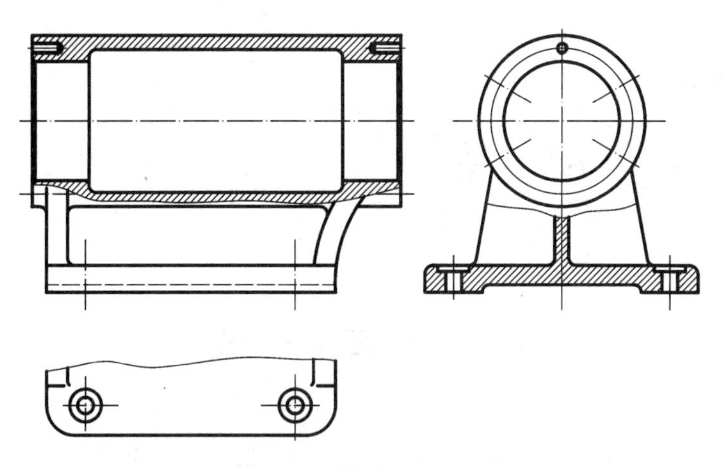

图 6-18 绘制剖面线

(9) 标注尺寸、书写标题栏及技术要求。

座体零件图绘制完成。

6.5 叉架类零件

机械设备中，叉架类零件是比较常见的。与轴套类零件和轮盘类零件相比，叉架类零件的结构要复杂一些，其视图表达的一般原则是将主视图以工作位置摆放，投影方向根据机件的主要结构特征来选择。叉架类零件中经常有肋板、支撑板、支撑孔、螺孔及相互垂直的安装面等结构，对于这些局部特征则采用局部视图、局部剖视图或断面图等来表达。

请在 AutoCAD 中自行完成图 6-19 的绘图过程。

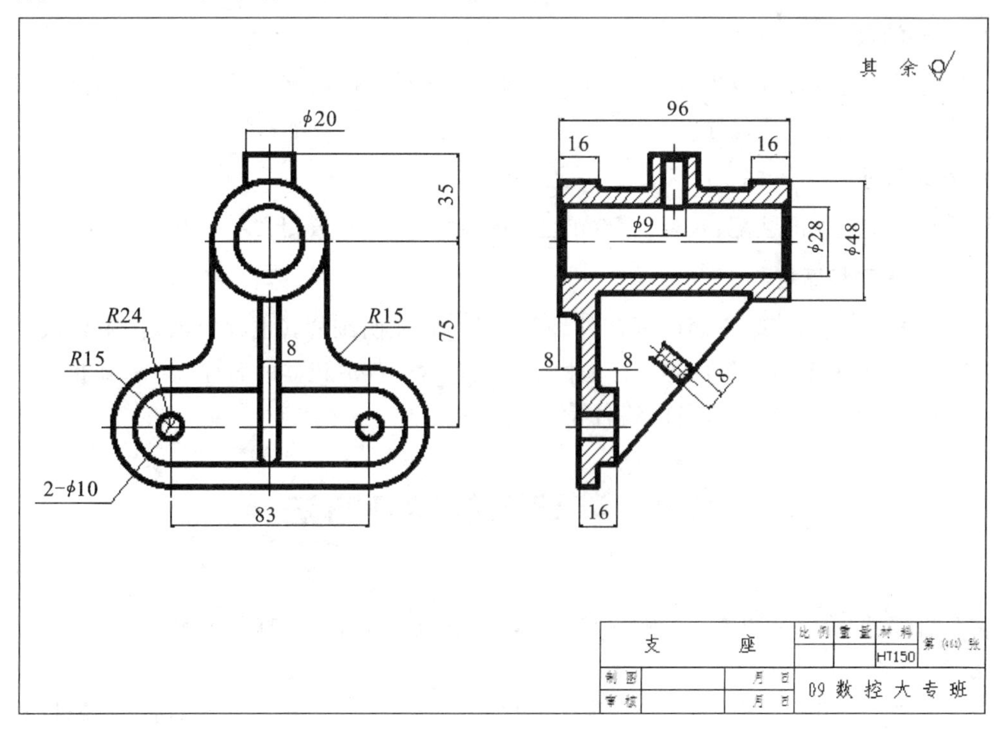

图 6-19 支座零件图

第7章 装配图

7.1 装配图概述

一台机器或一个部件都是由若干个零件按一定的装配关系和技术要求装配起来的。表示机器或部件(装配体)的图样称为装配图。其中,表示部件的图样称为部件装配图,表示一台完整机器的图样称为总装配图或总图。

装配图是生产中重要的技术文件。它表示机器或部件的结构形状、装配关系、工作原理和技术要求。

设计时,一般先画出装配图,根据装配图绘制零件图;装配时,则根据装配图把零件装配成部件或机器。装配图是安装、调试、操作和检修机器或部件的重要参考资料。

装配图内容如下。

1. 一组视图

装配图由一组视图组成,用以表达各组成零件的相互位置和装配关系、部件(或机器)的工作原理和结构特点。前面学过的各种基本的表达方法,如视图、剖视、剖面、局部放大图等,都可用来表达装配体。

2. 必要的尺寸

必要的尺寸包括部件或机器的规格(性能)尺寸、零件之间的配合尺寸、外形尺寸、部件及机器的安装尺寸和其他重要尺寸等。

3. 技术要求

说明部件或机器的装配、安装、检验和运转的技术要求,一般用文字写出。

4. 明细表和标题栏

在装配图中,应对每个不同的零部件编写序号,并在明细栏(也称明细表)中依次填写序号、名称、件数、材料和备注等内容。标题栏一般应包含部件或机器的名称、规格、比例、图号,以及设计人员、制图人员、审核人员的签名等。

7.2 装配图的绘制方法

在分析部件、确定视图表达方案的基础上,按下列步骤画图(以球阀为例)。

第一步,确定图幅。

根据部件的大小、视图数量,确定画图的比例、图幅的大小,画出图框,留出标题栏和明细栏的位置,如图7-1所示。

第二步，布置视图。

画各视图的主要基线，并注意各视图之间留有适当间隔，以便标注尺寸和进行零件编号，如图7-2所示。

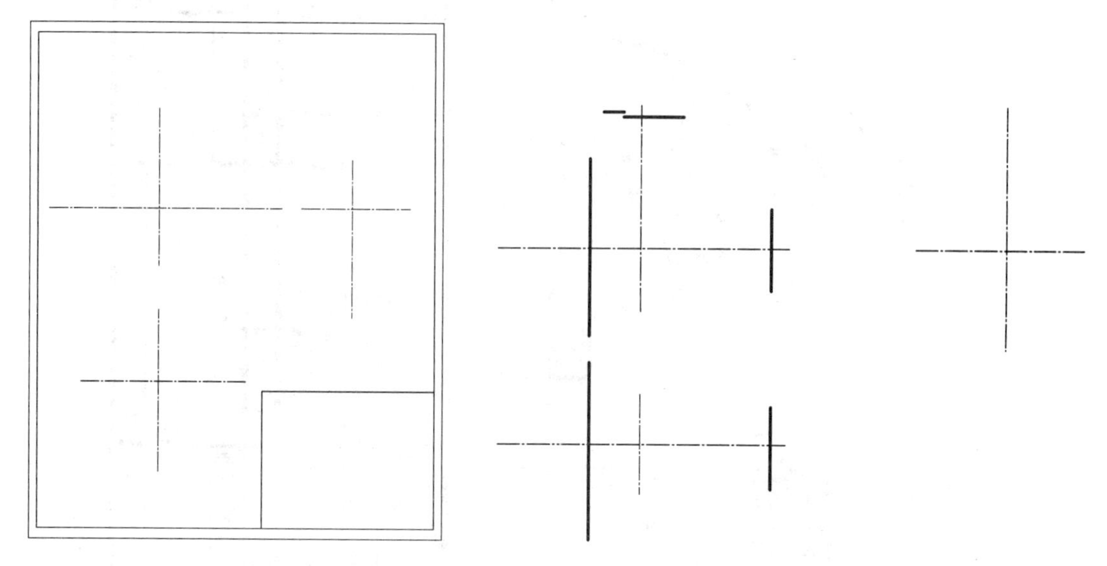

图7-1 确定图幅

图7-2 布置视图

第三步，画主要装配线：主体零件(泵体)从主视图开始，画各视图的主要轮廓。

第四步，按装配顺序，画主装配线上其他零件，如图7-3所示。

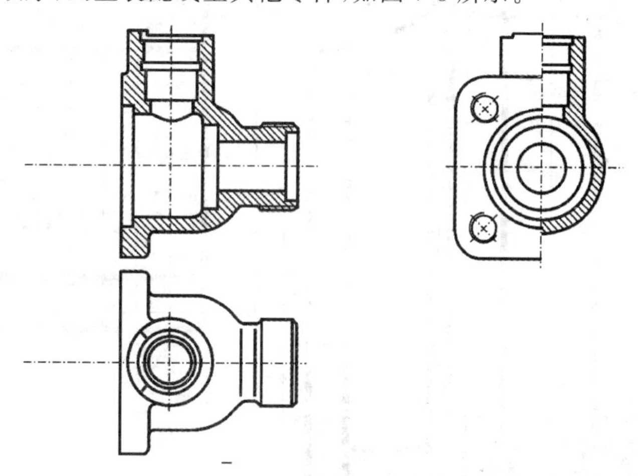

图7-3 画主装配线上的零件

第五步，画其他装配线：阀芯、阀杆、填料压紧盖、扳手。

第六步，画细部结构：填料、螺栓、螺母、密封圈等。

第七步，完成装配图：检查无误后加深图线，画剖面线，标注尺寸，对零件进行编号，填写明细栏、标题栏，书写技术要求等，完成装配图。

7.3 装配图实践

绘制图7-4所示的铣刀头装配图。

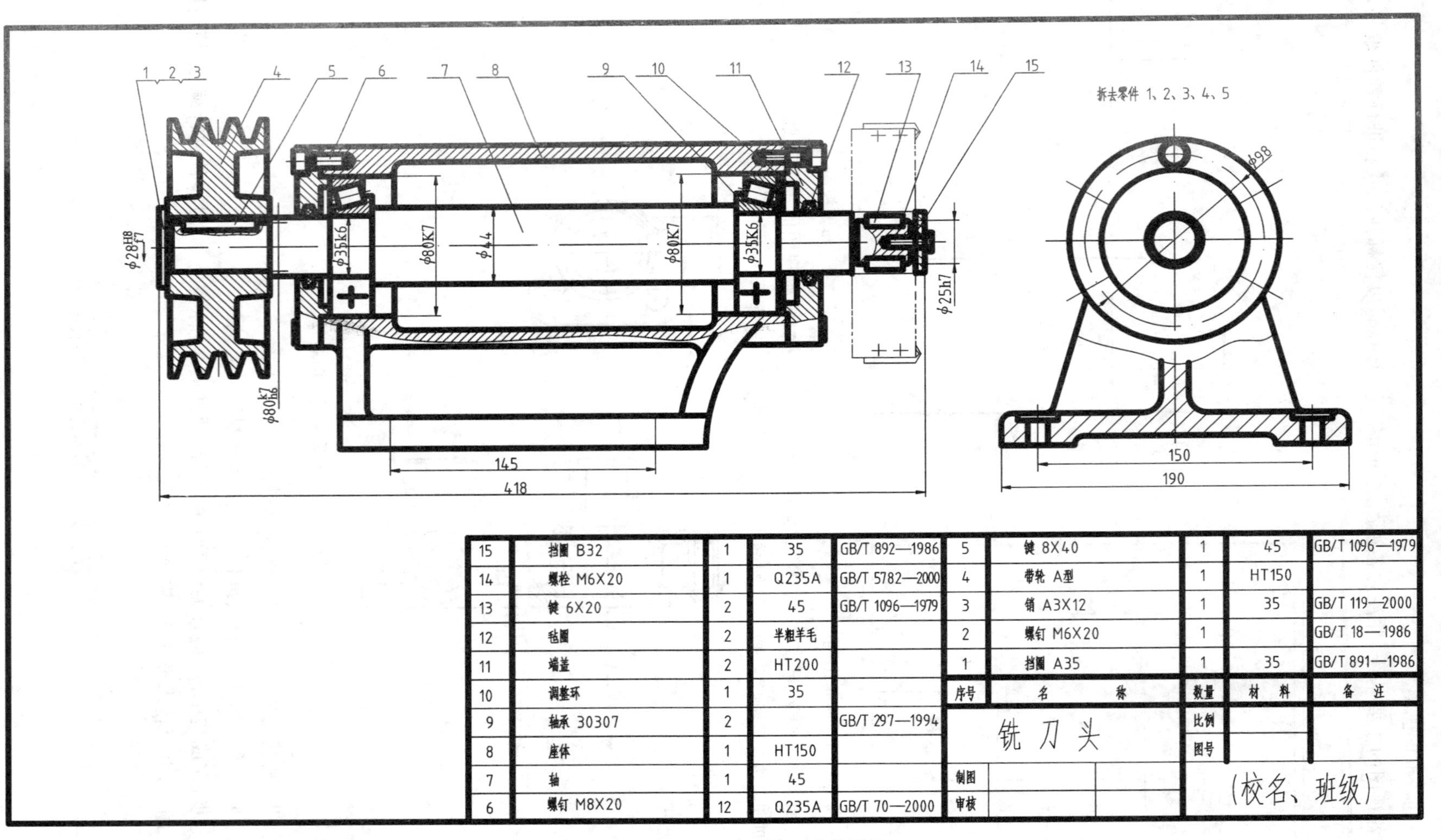

图 7-4 实例——铣刀头装配图

7.3.1 绘制零件图

用前两节所讲方法绘制铣刀头各零件的零件图，并用创建图形块的命令（WBLOCK）依次将各零件定义为块，供以后绘制装配图调用。为保证绘制装配图时各零件之间的相对位置和装配关系，在创建图形块时，要注意选择好插入基准点。

铣刀头整个装配体包括 15 个零件。其中螺栓、轴承、挡圈等都是标准件，可根据规格、型号从用户建立的标准图形库调用或按国家标准绘制。非标准零件的零件图如图 7-5 所示。

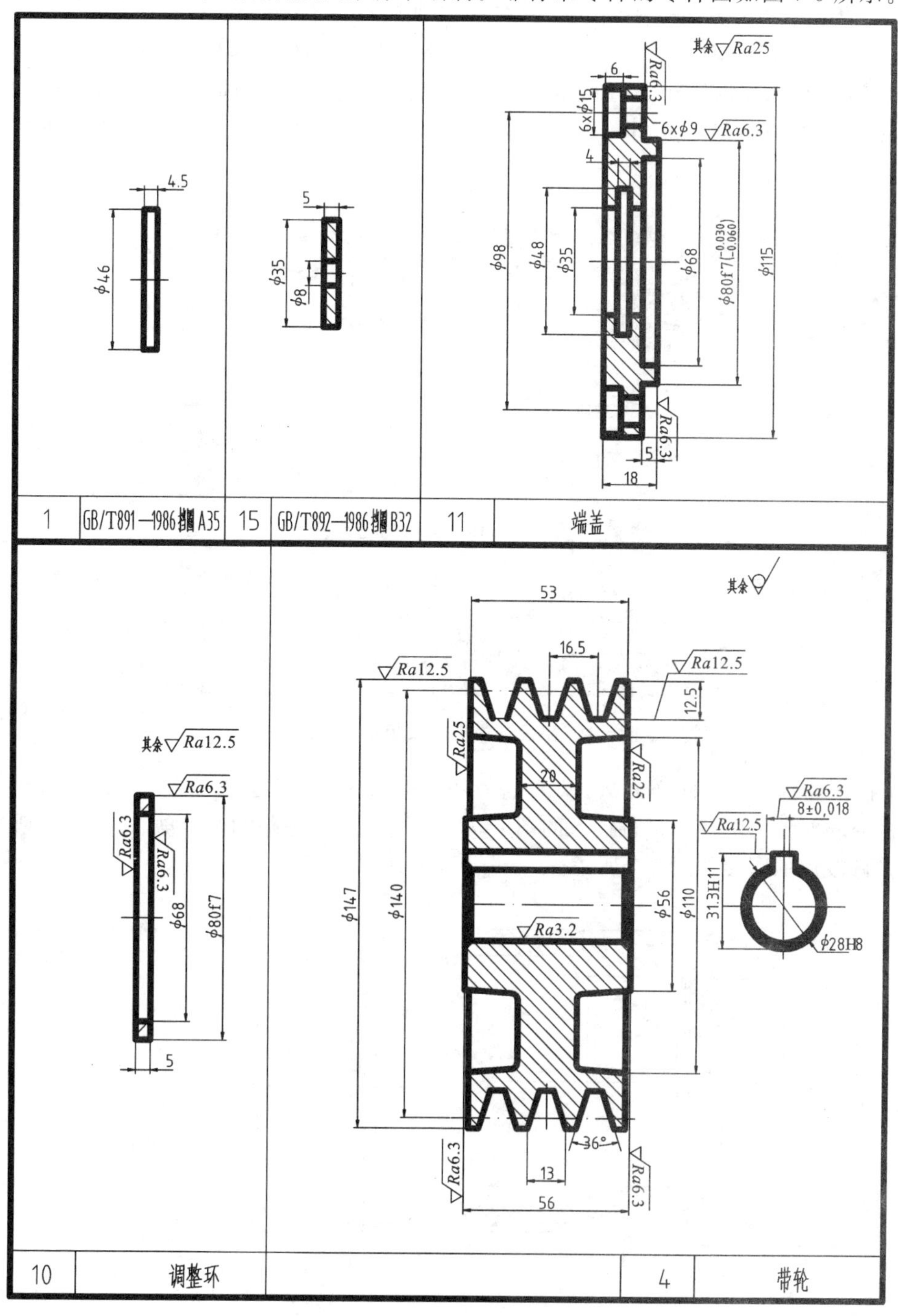

图 7-5 非标准零件的零件图

7.3.2 绘制装配图

绘制装配图通常采用两种方法。第一种是直接利用绘图及图形编辑命令，按手工绘图的步骤，结合对象捕捉、极轴追踪等辅助绘图工具绘制装配图。这种方法不但作图过程繁杂，而且容易出错，只能绘制一些比较简单的装配图。第二种绘制装配图的方法是“拼装法”，即先绘出各零件的零件图，然后将各零件以图块的形式“拼装”在一起，构成装配图。下面利用 AutoCAD 提供的集成化图形组织和管理工具，用“拼装法”绘制铣刀头装配图。

(1) 选择[工具]|[设计中心]选项，或单击工具栏上的按钮，打开设计中心选项板，如图 7-6 所示。在文件列表中找到铣刀头零件图的存储位置，在内容区选择要插入的图形文件，如座体.dwg，按住鼠标左键不放，将图形拖入绘图区空白处，释放鼠标左键，则座体零件图便插入到绘图区。

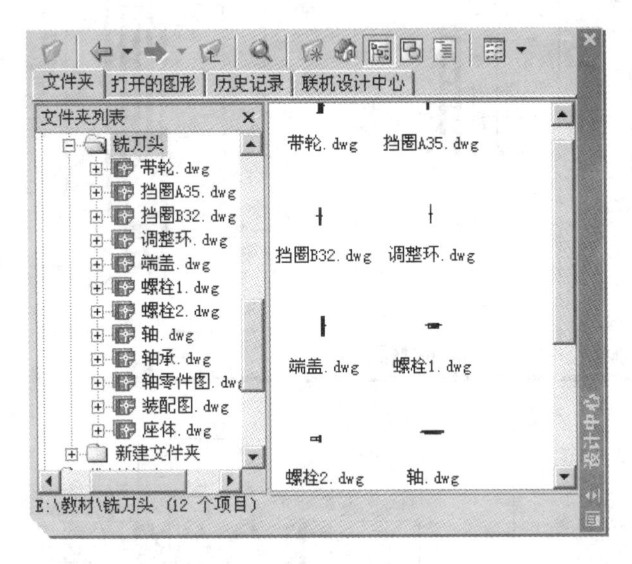

图 7-6 用设计中心选项板插入图形块

(2) 插入左端盖。用同样方法，以 A 点为基准点插入左端盖。为保证插入准确，应充分使用缩放命令和对象捕捉功能。将插入的图形块“分解”，利用“擦除”和“修剪”命令删除或修剪多余线条。修改后的图形如图 7-7 所示。

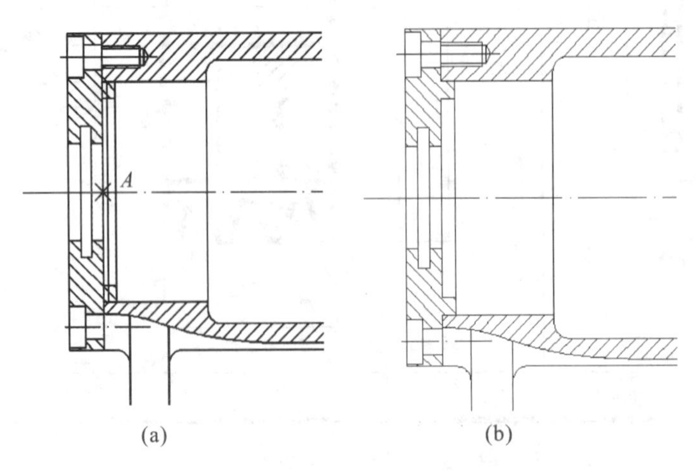

图 7-7 插入座体及左端盖

(3) 插入螺钉。以 B 点为基准点插入螺钉，删除、修剪多余线条，如图 7-8 所示。注意相邻两零件的剖面线方向和间隔及螺纹连接等要符合制图标准中装配图的规定画法。

(4) 插入轴承。以 C 点为基准点插入左端轴承，并修改图形，如图 7-9 所示。

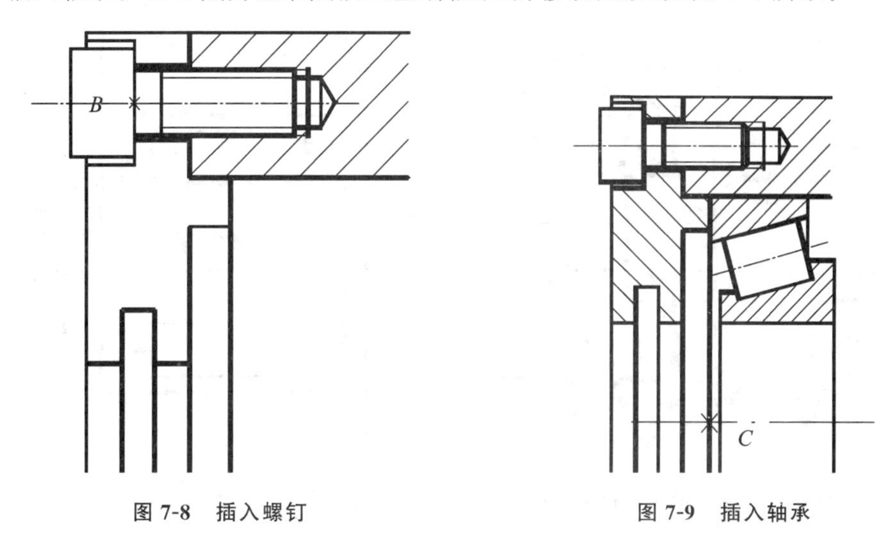

图 7-8　插入螺钉　　　　图 7-9　插入轴承

(5) 重复以上步骤，依次插入右端轴承、端盖和螺钉等，修改图形如图 7-10 所示。

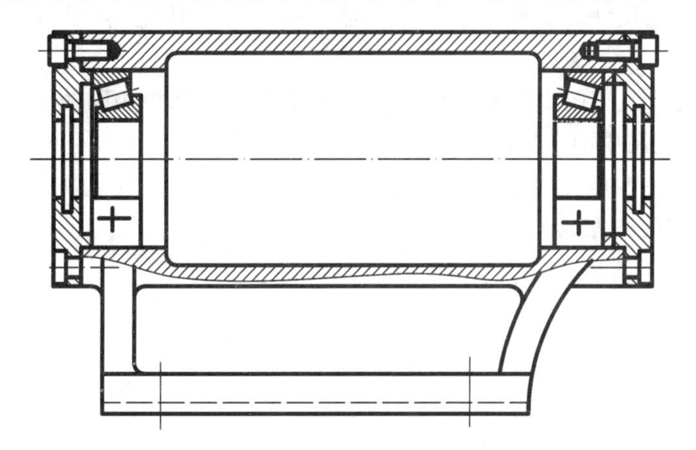

图 7-10　插入右端轴承、端盖、螺钉等

(6) 以 D 点为基准点插入轴，修改后如图 7-11 所示。

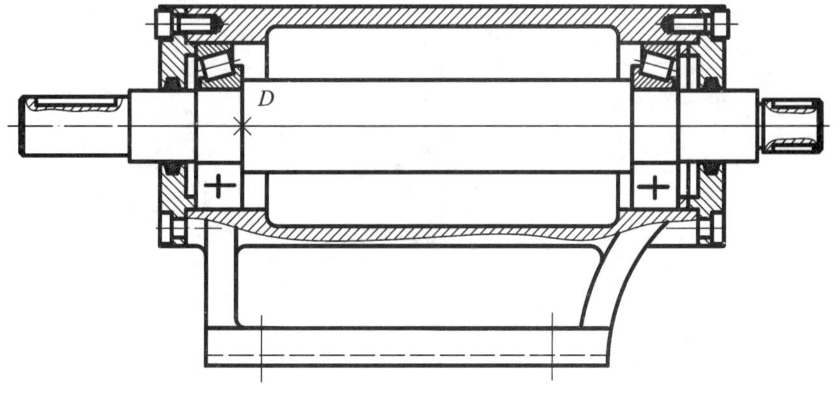

图 7-11　插入轴

（7）以 E 点为基准点插入带轮及轴端挡圈，按规定画法绘制键，如图 7-12 所示。

（8）绘制铣刀、键，插入轴端挡板等，如图 7-13 所示。

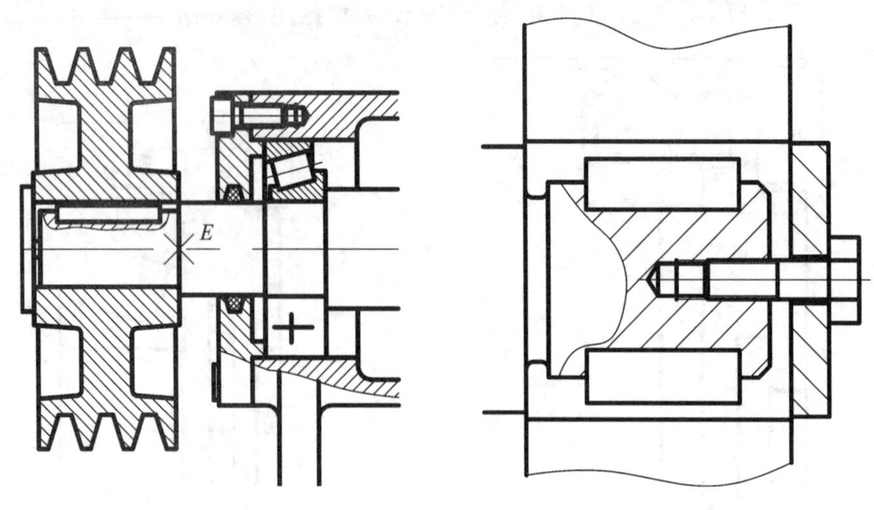

图 7-12　插入带轮及轴端挡圈　　　　图 7-13　绘制铣刀、键

（9）画油封并对图形局部进行修改。

（10）标注装配图尺寸。装配图的尺寸标注一般只标注性能、装配、安装和其他一些重要尺寸。

（11）编写序号。装配图中的所有零件都必须编写序号，其中相同的零件采用同样的序号，且只编写一次。装配图中的序号应与明细表中的序号一致。

（12）绘制明细栏，明细栏中的序号自下往上填写。最后书写技术要求，填写标题栏。

至此，铣刀头装配图完成。

第 8 章 三维建模

在工程设计和绘图过程中，三维图形应用越来越广泛。AutoCAD 可以利用三种方式来创建三维图形，即线架模型方式、曲面模型方式和实体模型方式。线架模型方式为一种轮廓模型，它由三维的直线和曲线组成，没有面和体的特征。

8.1 建立用户坐标系

在三维坐标系下，同样可以使用直角坐标或极坐标方法来定义点。此外，在绘制三维图形时，还可使用柱坐标和球坐标来定义点。

柱坐标系：使用 *XY* 平面的角和沿 *Z* 轴的距离来表示，如图 8-1 所示，其格式如下。

XY 平面距离<*XY* 平面角度，*Z* 坐标（绝对坐标）

@*XY* 平面距离<*XY* 平面角度，*Z* 坐标（相对坐标）

球坐标系：具有点到原点的距离、在 *XY* 平面上的角度及和 *XY* 平面的夹角三个参数，如图 8-2 所示，其格式如下。

XYZ 距离<*XY* 平面角度<和 *XY* 平面的夹角（绝对坐标）

@*XYZ* 距离<*XY* 平面角度<和 *XY* 平面的夹角（相对坐标）

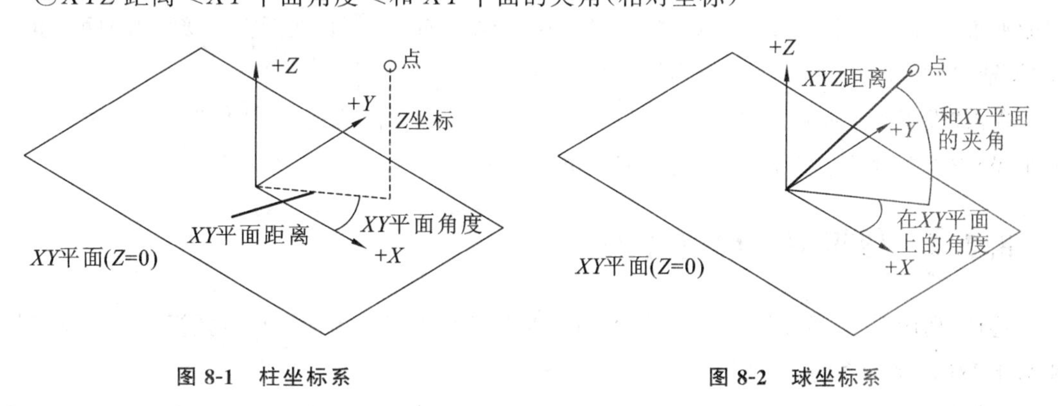

图 8-1　柱坐标系　　图 8-2　球坐标系

8.2 设立视图观测点

视点是指观察图形的方向。例如，绘制三维零件图时，如果使用平面坐标系即 *Z* 轴垂直于屏幕，此时仅能看到物体在 *XY* 平面上的投影，如图 8-3 所示。如果调整视点至当前坐标系的左上方，将看到一个三维物体，如图 8-4 所示。

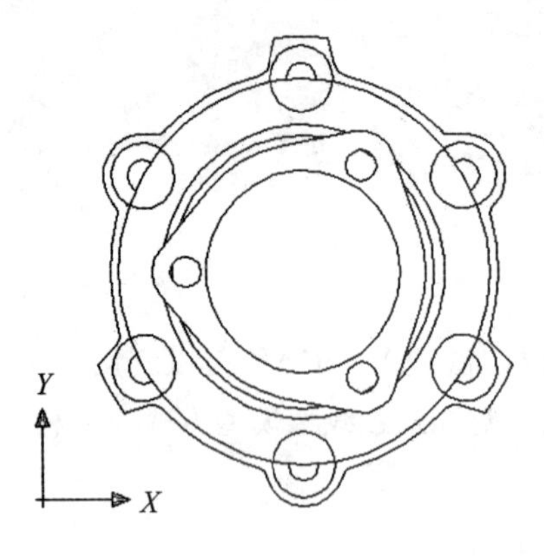

图 8-3 使用平面坐标系

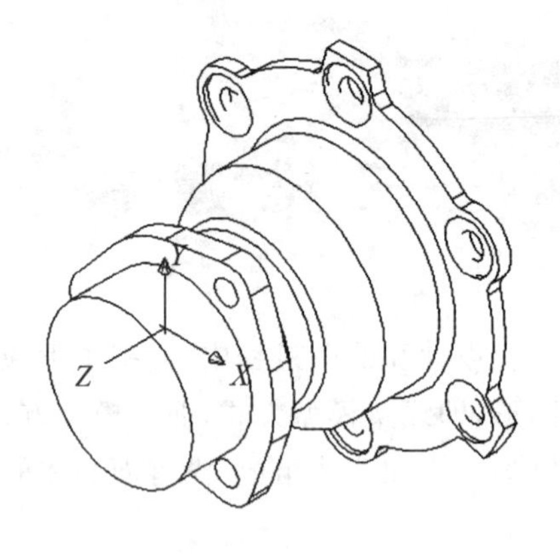

图 8-4 三维物体

设置视点有三种方法：

- 使用“视点预置”对话框设置视点；
- 使用罗盘确定视点；
- 使用“三维视图”菜单设置视点。

8.2.1 使用“视点预置”对话框设置视点

选择“视图”|“三维视图”|“视点预置”命令(DDVPOINT)，打开“视点预置”对话框，为当前视口设置视点。

“视点预置”对话框中的左图用于设置原点和视点之间的连线在 XY 平面的投影与 X 轴正向的夹角；右面的半圆形图用于设置该连线与投影线之间的夹角，在图上直接拾取即可，也可以在“X 轴”“XY 平面” 两个文本框内输入相应的角度。

单击“设置为平面视图”按钮，可以将坐标系设置为平面视图。默认情况下，观察角度是相对于 WCS 坐标系的。选择“相对于 UCS”单选按钮，可相对于 UCS 坐标系定义角度。

8.2.2 使用罗盘确定视点

选择“视图”|“三维视图”|“视点”命令(VPOINT)，可以为当前视口设置视点。该视点均是相对于 WCS 坐标系的。这时可通过屏幕上显示的罗盘定义视点。

三轴架的 3 个轴分别代表 X 轴、Y 轴和 Z 轴的正方向。当光标在坐标球范围内移动的时候，三维坐标系通过绕 Z 轴旋转可调整 X、Y 轴的方向。坐标轴中心及两个同心圆可定义视点和目标点连线与 X、Y、Z 平面的角度，如图 8-5 所示。

8.2.3 使用“三维视图”菜单设置视点

选择“视图”|“三维视图”子菜单中的“俯视”“仰视”“左视”“右视”“主视”“后视”“西南等轴测”“东南等轴测”“东北等轴测”和“西北等轴测”命令(见图 8-6)，从多个方向来观察图形。

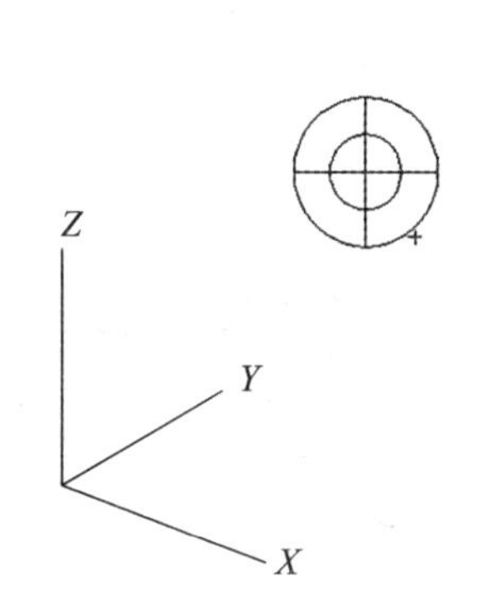

图8-5 坐标轴中心及两个同心圆

图 8-6 “三维视图”子菜单

8.3 动态观察

在 AutoCAD 2007 中，选择“视图”|“动态观察”命令中的子命令，可以动态观察视图。图 8-7 所示为动态观察示例。

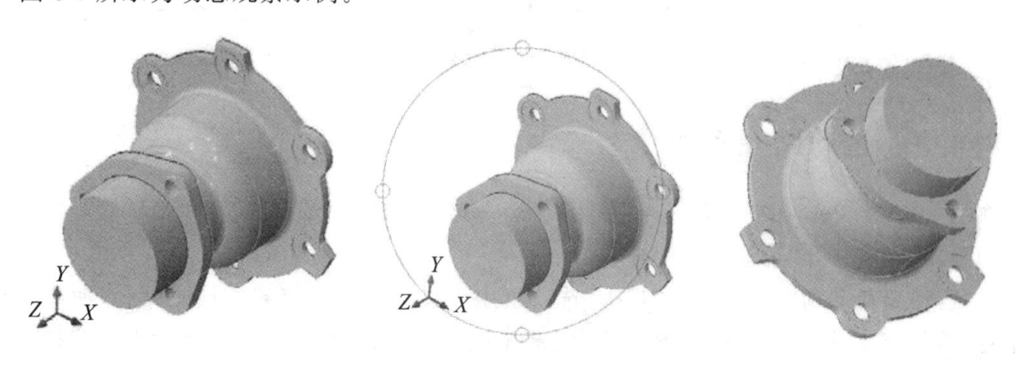

图 8-7 动态观察示例

8.4 使用相机

在 AutoCAD 2007 中，相机是新引入的一个对象，用户可以在模型空间中放置一台或多台相机来定义 3D 透视图。

8.4.1 创建相机

选择“视图”|“创建相机”命令，可以在视图中创建相机，当指定了相机位置和目标位置后，命令行显示如下提示信息。

输入选项[?/名称(N)/位置(LO)/高度(H)/目标(T)/镜头(LE)/剪裁(C)/视图(V)/退出(X)]<退出>:

在该命令提示下，可以指定创建的相机名称、相机位置、高度、目标位置、镜头长度、剪裁方式以及是否切换到相机视图。

8.4.2 相机预览

在视图中创建相机后，当选中相机时，将打开“相机预览”窗口。其中，预览框中显示了使用相机观察到的视图效果。在“视觉样式”下拉列表框中，可以设置预览窗口中图形的三维隐藏、三维线框、概念、真实等视觉样式，如图 8-8 所示。

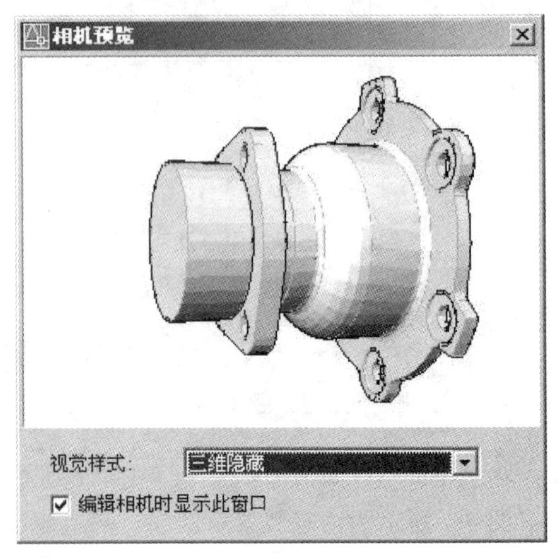

图 8-8 设置视觉样式

8.4.3 运动路径动画

在 AutoCAD 2007 中，可以选择“视图”|“运动路径动画”命令，创建相机沿路径运动观察图形的动画，此时将打开“运动路径动画”对话框。

在“运动路径动画”对话框中，“相机”选项组用于设置相机链接到的点或路径，使相机位于指定点观测图形或沿路径观察图形；“目标”选项组用于设置相机目标链接到的点或路径；“动画设置”选项组用于设置动画的帧频、帧数、持续视觉、分辨率、动画输出格式等选项。

当设置完动画选项后，单击预览按钮，将打开“动画预览”窗口，可以预览动画播放效果。

8.5 漫游与飞行

在 AutoCAD 2007 中，用户可以在漫游或飞行模式下，通过键盘和鼠标控制视图显示，或创建导航动画。

8.5.1 “定位器”选项板

选择“视图”|“漫游”或“视图”|“飞行”命令，打开“定位器”选项板和“三维漫游导航映射”对话框，如图 8-9 所示。

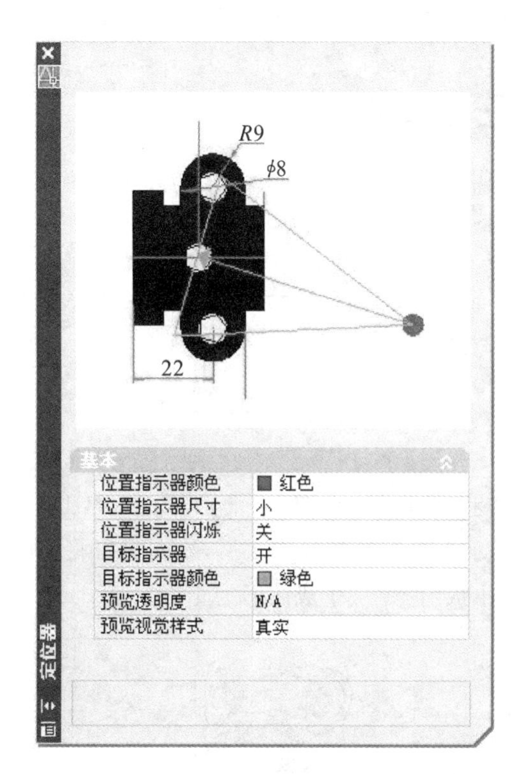

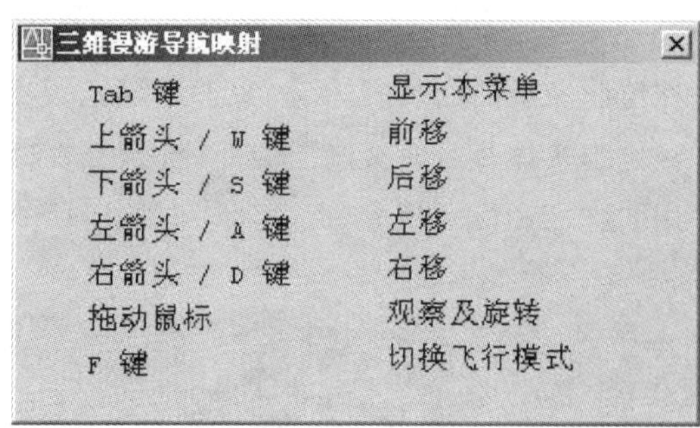

图 8-9 “定位器”选项板和“三维漫游导航映射”对话框

8.5.2 漫游和飞行设置

选择“视图”|“漫游和飞行”命令，打开“漫游和飞行设置”对话框(见图 8-10)。可以设置显示指令窗口的时机、窗口显示的时间，以及当前图形设置的步长和每秒步数。

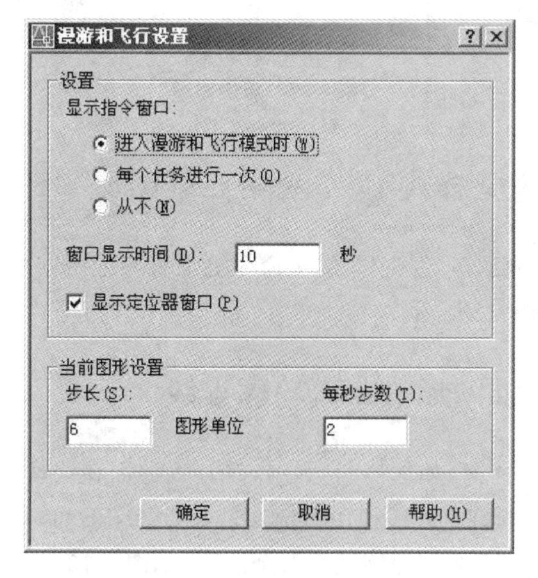

图 8-10 “漫游和飞行设置”对话框

8.6 观察三维图形

在 AutoCAD 中,使用“视图”|“缩放”、“视图”|“平移”子菜单中的命令可以缩放、平移三维图形,以观察图形的整体或局部。其方法与观察平面图形的方法相同。此外,在观测三维图形时,还可以通过旋转、消隐及设置视觉样式等方法来观察三维图形。

8.6.1 消隐图形

在绘制三维曲面及实体时,为了更好地观察效果,可选择“视图”|“消隐”命令(HIDE),暂时隐藏位于实体背后而被遮挡的部分,如图 8-11 所示。执行消隐操作之后,绘图窗口将暂时无法使用“缩放”和“平移”命令,直到选择“视图”|“重生成”命令重生成图形为止。

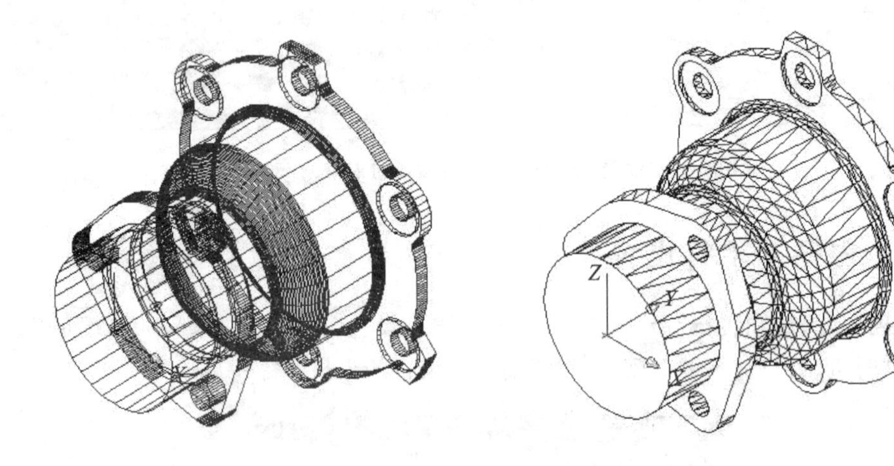

图 8-11　消隐图形

8.6.2 使用“视觉样式”菜单观察三维图形

用户可以通过选择“视图”|“视觉样式”子命令更加真实地观察三维图形,例如选择“概念”命令观察三维图形,如图 8-12 所示。

8.6.3 改变三维图形的曲面轮廓素线

当三维图形中包含弯曲面(如球体和圆柱体等)时,曲面在线框模式下用线条的形式来显示,这些线条称为网线或轮廓素线。使用系统变量 ISOLINES 可以设置显示曲面所用的网线条数,默认值为 4,即使用 4 条网线来表达每一个曲面,如图 8-13 所示。该值为 0 时,表示曲面没有网线。如果增加网线的条数,则会使图形看起来更接近三维实物,如图 8-14 所示。

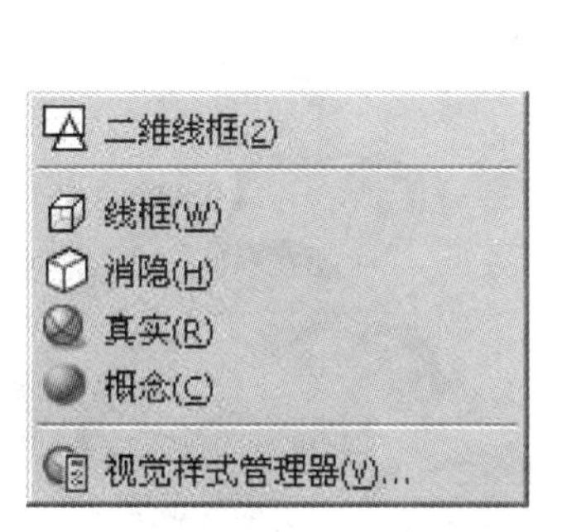

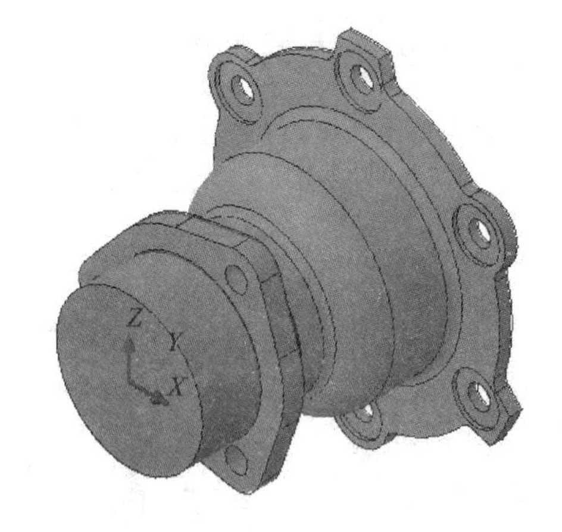

图 8-12　选择“概念”命令观察三维图形

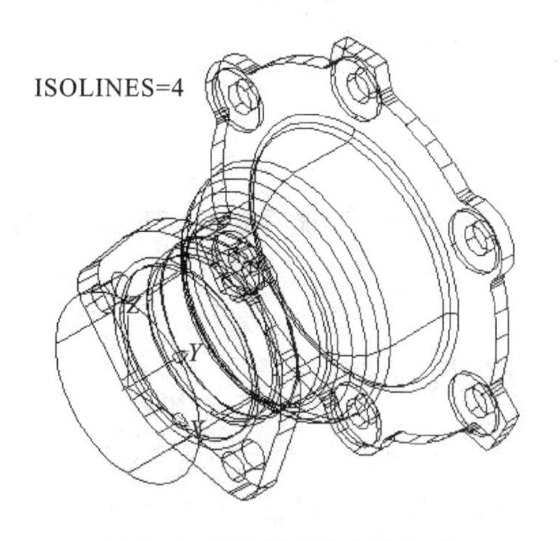

图 8-13　默认网线的条数(4 条)

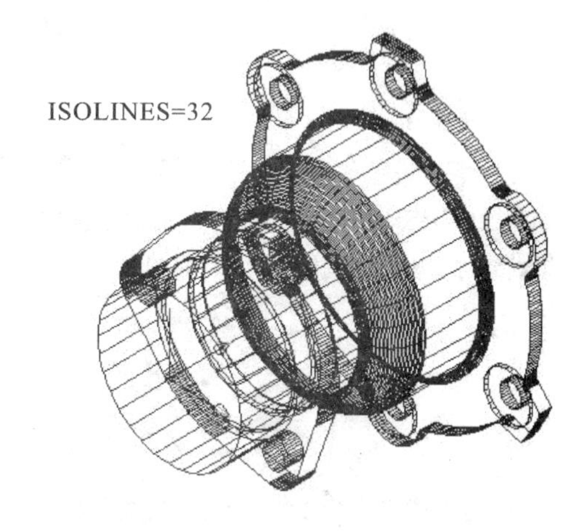

图 8-14　增加网线的条数(32 条)

8.6.4　以线框形式显示实体轮廓

使用系统变量 DISPSILH 可以以线框形式显示实体轮廓,如图 8-15 所示。此时需要将其值设置为 1,并用“消隐”命令隐藏曲面的小平面。

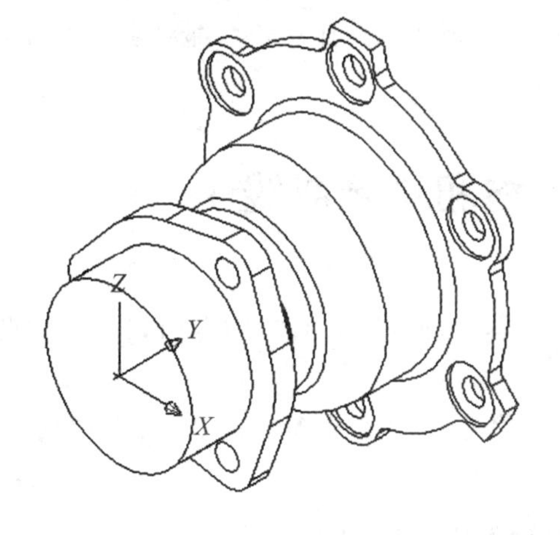

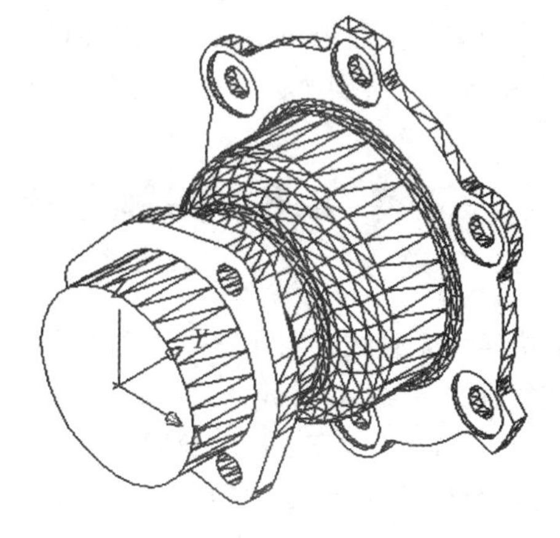

图 8-15　以线框形式显示实体轮廓

8.6.5 改变实体表面的平滑度

要改变实体表面的平滑度，可通过修改系统变量 FACETRES 来实现。该变量用于设置曲面的面数，取值范围为 0.01～10。其值越大，曲面越平滑，如图 8-16 所示。

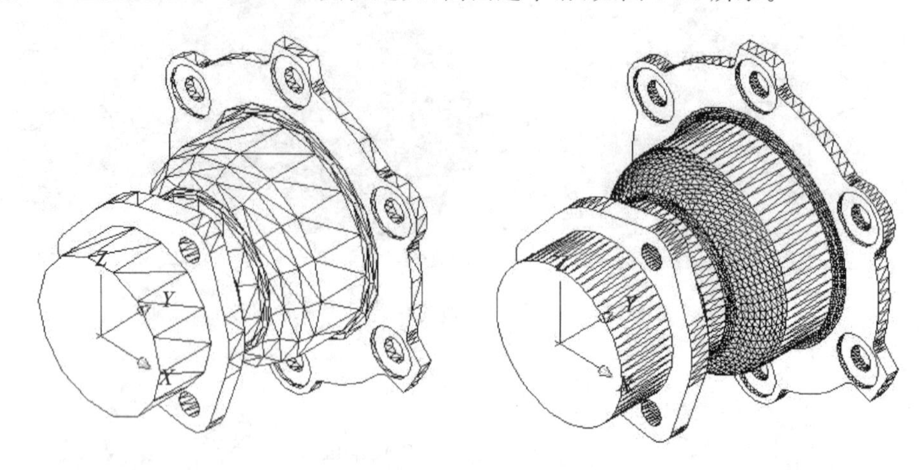

图 8-16 改变实体表面的平滑度

如果 DISPSILH 变量值为 1，那么在执行“消隐”“渲染”命令时不能看到 FACETRES 的设置效果，此时必须将 DISPSILH 值设置为 0。

8.7 绘制三维点

选择“绘图”|“点”命令，或在“绘图”工具栏中单击“点”按钮，然后在命令行中直接输入三维坐标即可绘制三维点。

由于三维图形对象上的一些特殊点，如交点、中点等不能通过输入坐标的方法来实现，可以采用三维坐标下的目标捕捉法来拾取点。

二维图形方式下的所有目标捕捉方式在三维图形环境中可以继续使用。不同之处在于，在三维环境下只能捕捉三维对象的顶面和底面的一些特殊点，而不能捕捉柱体等实体侧面的特殊点，即在柱状体侧面竖线上无法捕捉目标点，因为主体的侧面上的竖线只是帮助显示的模拟曲线。在三维对象的平面视图中也不能捕捉目标点，因为顶面上的任意一点都对应着底面上的一点，此时的系统无法辨别所选的点究竟在哪个面上。

8.8 绘制三维直线和样条曲线

两点决定一条直线。当在三维空间中指定两个点后，如点(0,0,0)和点(1,1,1)，这两个点之间的连线即是一条 3D 直线。

同样，在三维坐标系下，使用“绘图”|“样条曲线”命令，可以绘制复杂的 3D 样条曲线，这时定义样条曲线的点不是共面点。例如，经过点(0,0,0)、(10,10,10)、(0,0,20)、(－10,－10,30)、(0,0,40)、(10,10,50) 和(0,0,60)绘制的样条曲线，如图 8-17 所示。

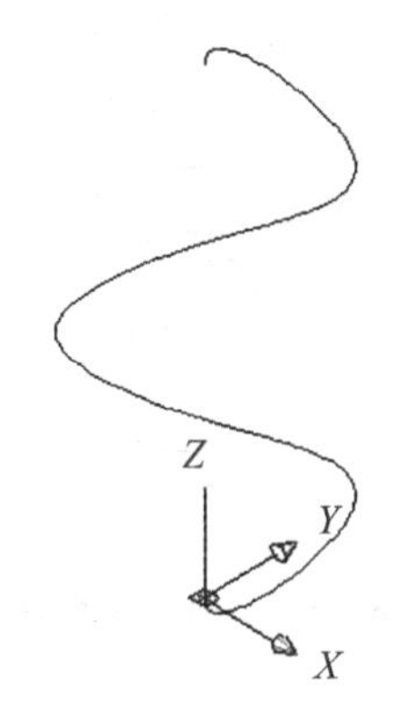

图 8-17 绘制的样条曲线

8.9 绘制三维多段线

在二维坐标系下,使用"绘图"|"多段线"命令绘制多段线,尽管各线条可以设置宽度和厚度,但它们必须共面。三维多段线的绘制过程和二维多段线的基本相同,但其使用的命令不同,另外在三维多段线中只有直线段,没有圆弧段。选择"绘图"|"三维多段线"命令(3DPOLY),此时命令行提示依次输入不同的三维空间点,以得到一个三维多段线。

图 8-18 所示为绘制的三维多段线。

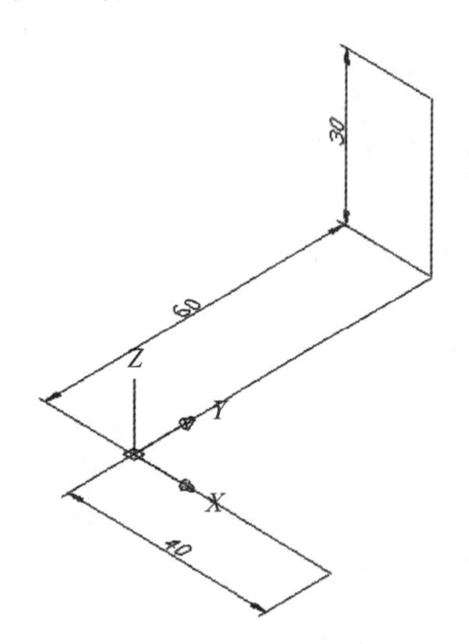

图 8-18 绘制的三维多段线

8.10 绘制螺旋线

选择"绘图"|"螺旋"命令,可以绘制三维螺旋线。当分别指定了螺旋线底面的中心点、底面半径(或直径)和顶面半径(或直径)后,命令行显示如下提示。

```
指定螺旋高度或[轴端点(A)/圈数(T)/圈高(H)/扭曲(W)]<1.0000>:
```

图 8-19 所示为绘制的螺旋线。

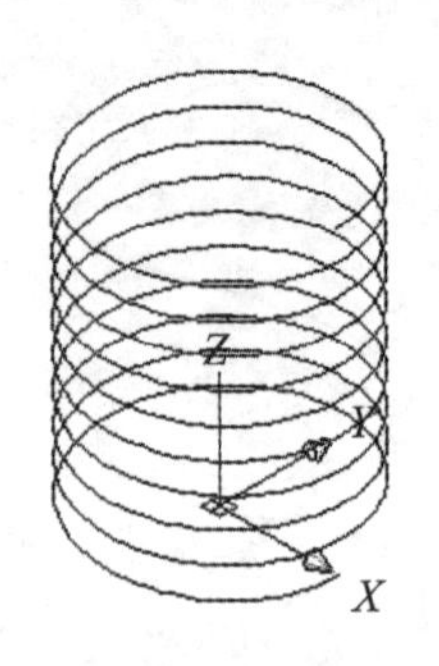

图 8-19　绘制的螺旋线

8.11　实体建模

8.11.1　绘制多实体

在 AutoCAD 2007 中，选择“绘图”|“建模”|“多实体”命令(POLYSOLID)，可以创建实体或将对象转换为实体。绘制多实体时，命令行显示如下提示信息。

指定起点或[对象(O)/高度(H)/宽度(W)/对正(J)]<对象>:

选择“高度”选项，可以设置实体的高度；选择“宽度”选项，可以设置实体的宽度；选择“对正”选项，可以设置实体的对正方式，如左对正、居中对正和右对正，默认为居中对正。当设置了高度、宽度和对正方式后，可以通过指定点来绘制多实体，也可以选择“对象”选项将图形转换为实体。

8.11.2　绘制长方体

选择“绘图”|“建模”|“长方体”命令(BOX)，或在“建模”工具栏中单击“长方体”按钮，都可以绘制长方体。

图 8-20 所示为绘制的长方体。

8.11.3　绘制楔体

在 AutoCAD 2007 中，虽然创建“长方体”和“楔体”的命令不同，但创建方法却相同，因为楔体是长方体沿对角线切成两半后的结果。

图 8-21 所示为绘制的楔体。

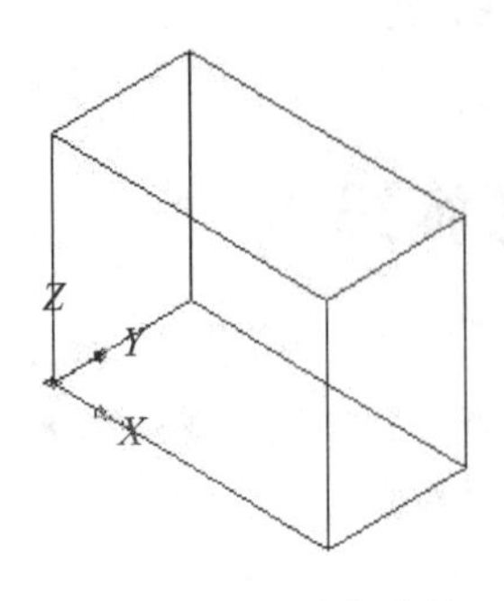

图 8-20　绘制的长方体

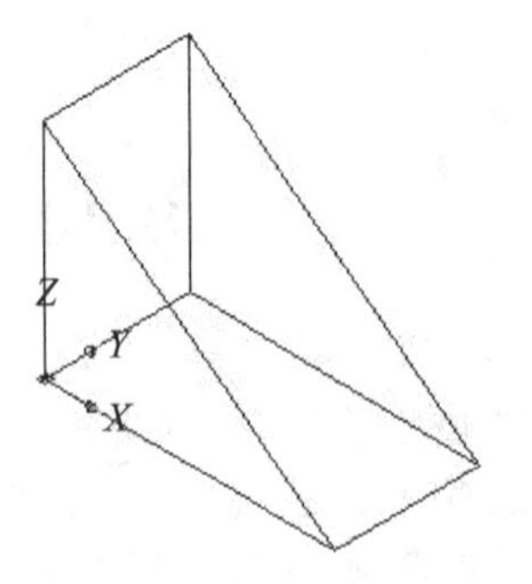

图 8-21　绘制的楔体

8.11.4 绘制圆柱体

选择“绘图”|“建模”|“圆柱体”命令(CYLINDER),或在“建模”工具栏中单击“圆柱体”按钮,可以绘制圆柱体或椭圆柱体。

图 8-22 所示为绘制的圆柱体。

图 8-22 绘制的圆柱体

8.11.5 绘制圆锥体

选择“绘图”|“建模”|“圆锥体”命令(CONE),或在“建模”工具栏中单击“圆锥体”按钮,即可绘制圆锥体或椭圆形锥体。

图 8-23 所示为绘制的圆锥体。

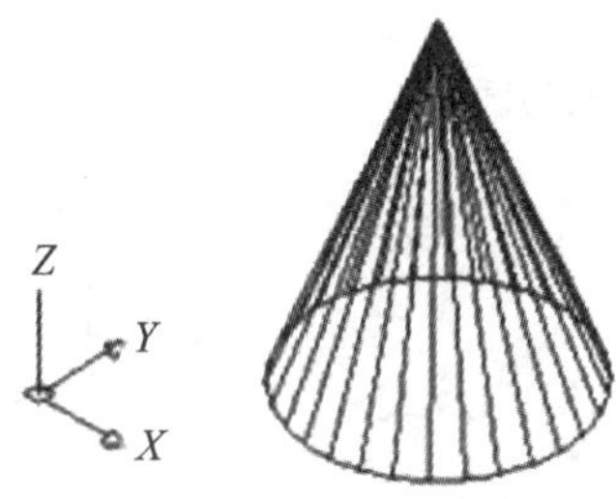

图 8-23 绘制的圆锥体

8.11.6 绘制球体

选择“绘图”|“建模”|“球体”命令(SPHERE),或在“建模”工具栏中单击“球体”按钮,都可以绘制球体。这时只需要在命令行的“指定中心点或[三点(3P)/两点(2P)/相切、相切、半径(T)]:”提示信息下指定球体的球心位置,在命令行的“指定半径或[直径(D)]:”提示信息下指定球体的半径或直径就可以了。

绘制球体时可以通过改变 ISOLINES 变量来确定每个面上的线框密度,如图 8-24 所示。

8.11.7 绘制圆环体

选择“绘图”|“建模”|“圆环体”命令(TORUS),或在“建模”工具栏中单击“圆环体”按钮,都可以绘制圆环体,此时需要指定圆环的中心位置、圆环的半径或直径,以及圆管的半径或直径。

图 8-25 所示为绘制的圆环体。

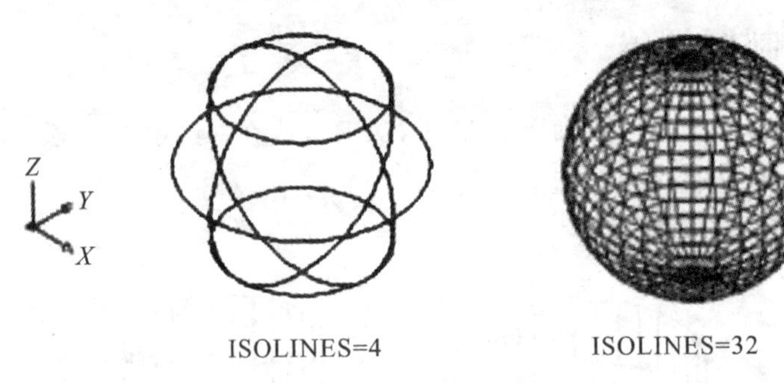

图 8-24　改变线框密度

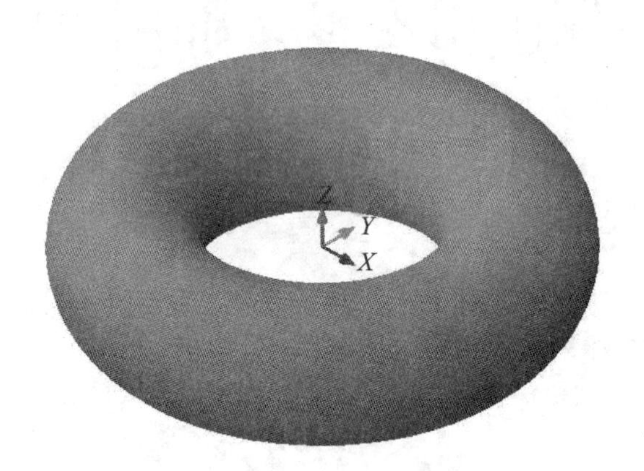

图 8-25　绘制的圆环体

8.11.8　绘制棱锥面

选择“绘图”|“建模”|“棱锥面”命令(PYRAMID),或在“建模”工具栏中单击“棱锥面”按钮,即可绘制棱锥面。

图 8-26 所示为绘制的棱锥面。

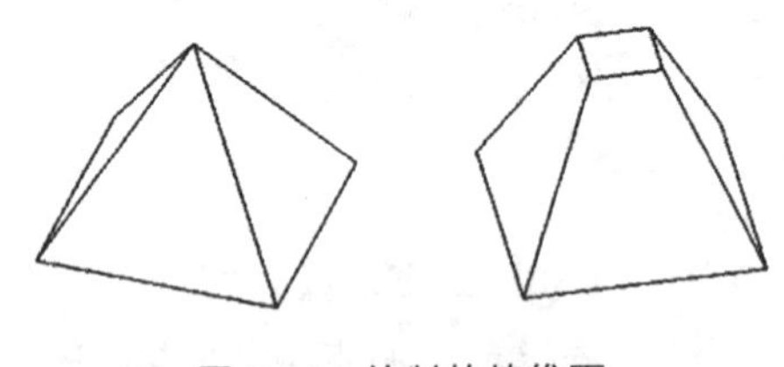

图 8-26　绘制的棱锥面

8.11.9　拉伸

在 AutoCAD 中,选择“绘图”|“建模”|“拉伸”命令(EXTRUDE),可以将 2D 对象沿 Z 轴或某个方向拉伸成实体。拉伸对象被称为断面,断面可以是任何 2D 封闭多段线、圆、椭圆、封闭样条曲线和面域,多段线对象的顶点数不能超过 500 个且不小于 3 个。

默认情况下,可以沿 Z 轴方向拉伸对象,这时需要指定拉伸高度和拉伸角度。其中,拉伸高度值可以为正或为负,正负表示拉伸的方向。拉伸角度可以为正或为负,其绝对值不大于 90°。拉伸角度的默认值为 0°,表示生成的实体的侧面垂直于 XY 平面,没有锥度;如果为正,将产生内锥度，生成的侧面向里靠；如果为负，将产生外锥度，生成的侧面向外，图 8-27 所示。

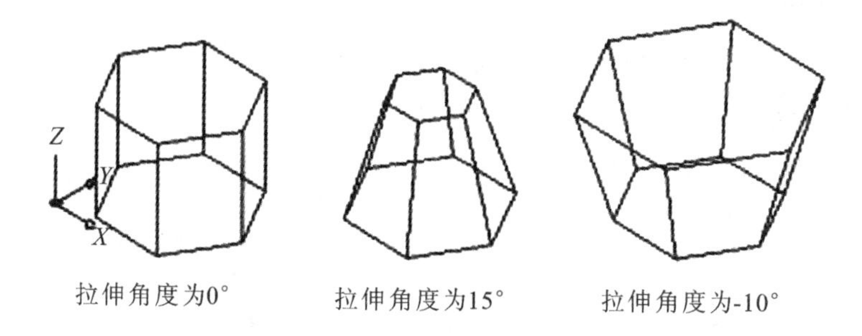

图 8-27　拉伸角度的不同效果

8.11.10　旋转

在 AutoCAD 中，可以使用“绘图”|“建模”|“旋转”命令(REVOLVE)，将二维对象绕某一轴旋转生成实体。用于旋转的二维对象可以是封闭多段线、多边形、圆、椭圆、封闭样条曲线、圆环及封闭区域。三维对象、包含在块中的对象、有交叉或自干涉的多段线不能被旋转，而且每次只能旋转一个对象。

选择“绘图”|“建模”|“旋转”命令，并选择需要旋转的二维对象后，通过指定两个端点来确定旋转轴。

图 8-28 所示为执行旋转操作绘制的图形。

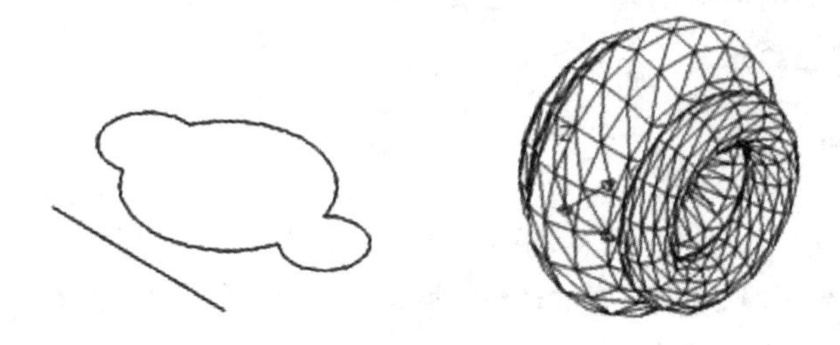

图 8-28　执行旋转操作绘制的图形

8.11.11　扫掠

在 AutoCAD 2007 中，选择新增的“绘图”|“建模”|“扫掠”命令(SWEEP)，可以绘制网格面或三维实体。如果要扫掠的对象不是封闭的图形，那么使用“扫掠”命令后得到的是网格面，否则得到的是三维实体。

图 8-29 所示为执行扫掠操作绘制的图形。

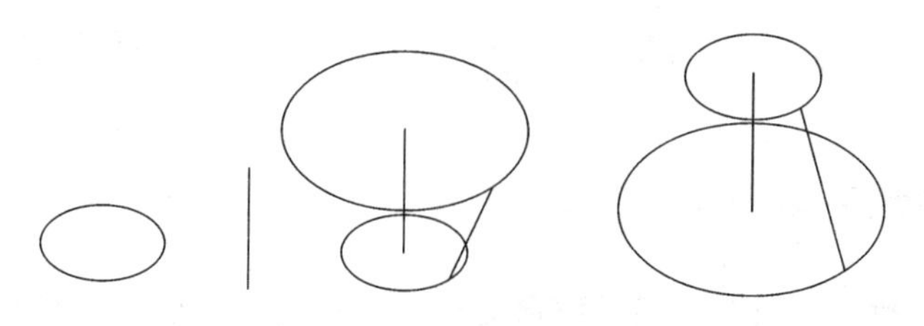

图 8-29　执行扫掠操作绘制的图形

8.11.12 放样

在 AutoCAD 2007 中，选择新增的“绘图”|“建模”|“放样”命令，可以将二维图形放样成实体，如图 8-30 所示。

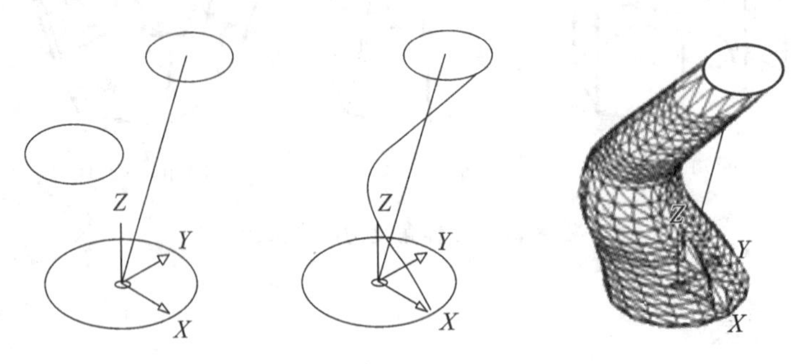

图 8-30 将二维图形放样为实体

8.12 编辑三维对象

在 AutoCAD 中，可以使用三维编辑命令，在三维空间中移动、复制、镜像、对齐及阵列三维对象，剖切实体以获取实体的截面，编辑它们的面、边或体。在绘图过程中，为了使实体对象看起来更加清晰，可以消除图形中的隐藏线，但要创建更加逼真的模型图像，就需要对三维实体对象进行渲染处理，增加色泽感。

8.12.1 三维移动

选择“修改”|“三维操作”|“三维移动”命令(3DMOVE)，可以移动三维对象，如图 8-31 所示。执行“三维移动”命令时，首先需要指定一个基点，然后指定第二点即可移动三维对象。

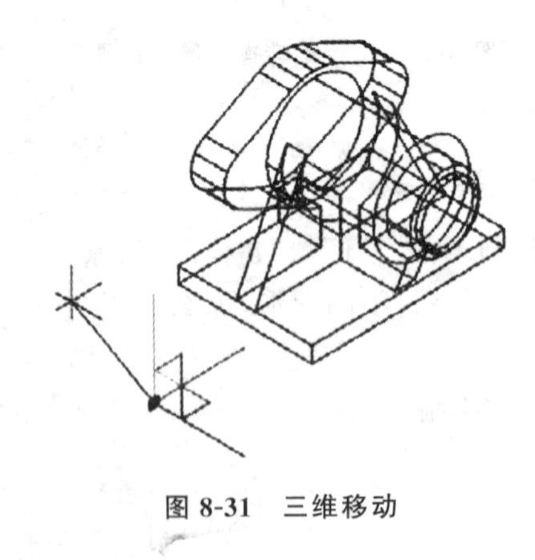

图 8-31 三维移动

8.12.2 三维旋转

选择“修改”|“三维操作”|“三维旋转”命令(ROTATE3D)，可以使对象绕三维空间中的任意轴(X 轴、Y 轴或 Z 轴)、视图、对象或两点旋转，如图 8-32 所示。

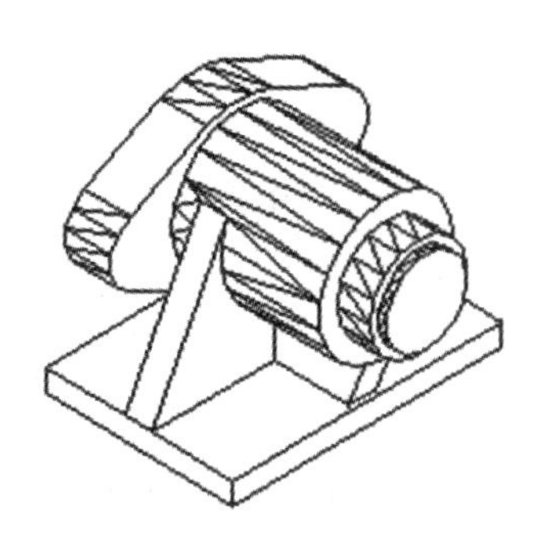
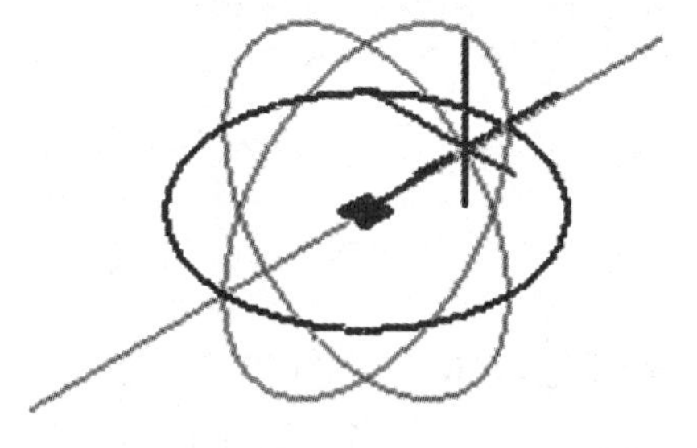
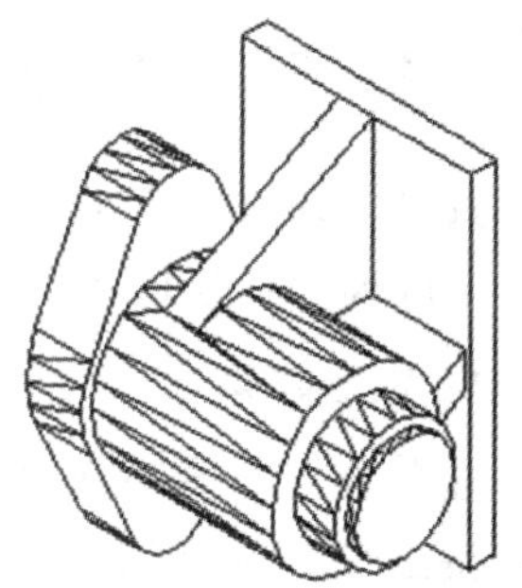

图 8-32 三维旋转

8.12.3 对齐位置

选择“修改”|“三维操作”|“对齐”命令(ALIGN),可以对齐对象,如图 8-33 所示。首先选择源对象,在命令行“指定基点或[复制(C)]:”提示下输入第 1 个点,在命令行“指定第二个点或[继续(C)] <C>:”提示下输入第 2 个点,在命令行“指定第三个点或[继续(C)] <C>:”提示下输入第 3 个点。目标对象同样需要确定 3 对点,与源对象的 3 对点对应。

图 8-33 对齐位置

8.12.4 三维镜像

选择“修改”|“三维操作”|“三维镜像”命令(MIRROR3D),可以在三维空间中将指定对象相对于某一平面镜像,如图 8-34 所示。执行该命令并选择需要进行镜像的对象,然后指定镜像面。镜像面可以通过 3 点确定,也可以是对象、最近定义的面、Z 轴、视图、XY 平面、YZ 平面和 ZX 平面。

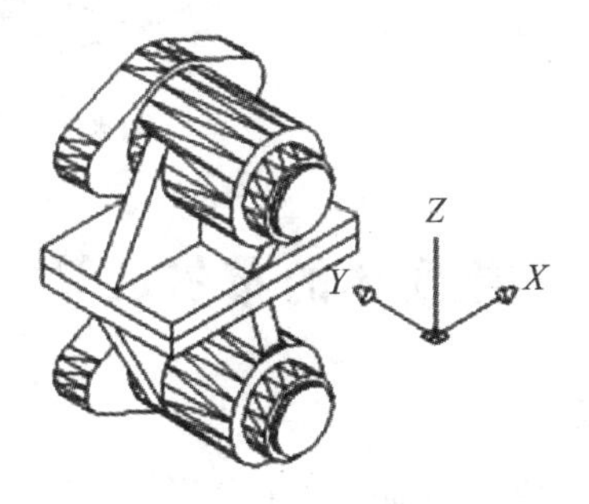

图 8-34 三维镜像

8.12.5 三维阵列

选择“修改”|“三维操作”|“三维阵列”命令(3DARRAY),可以在三维空间中使用环形阵列或矩形阵列方式复制对象。

1. 矩形阵列

在命令行的“输入阵列类型[矩形(R)/环形(P)] <矩形>:”提示下,选择“矩形”选项或者直接按回车键,可以以矩形阵列方式复制对象(见图 8-35),此时需要依次指定阵列的行数、列数、阵列的层数、行间距、列间距及层间距。其中,矩形阵列的行、列、层分别沿着当前 UCS 的 X 轴、Y 轴和 Z 轴的方向。输入某方向的间距值为正值时,表示将沿相应坐标轴的正方向阵列,否则沿反方向阵列。

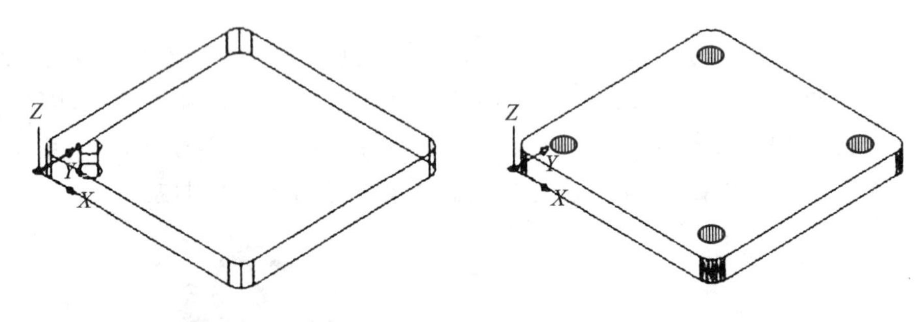

图 8-35 矩形阵列

2. 环形阵列

在命令行的“输入阵列类型[矩形(R)/环形(P)]<矩形>:”提示下,选择“环形”选项,可以以环形阵列方式复制对象(见图 8-36),此时需要输入阵列的项目个数,并指定环形阵列的填充角度,确认是否要进行自身旋转,然后指定阵列的中心点及旋转轴上的另一点,确定旋转轴。

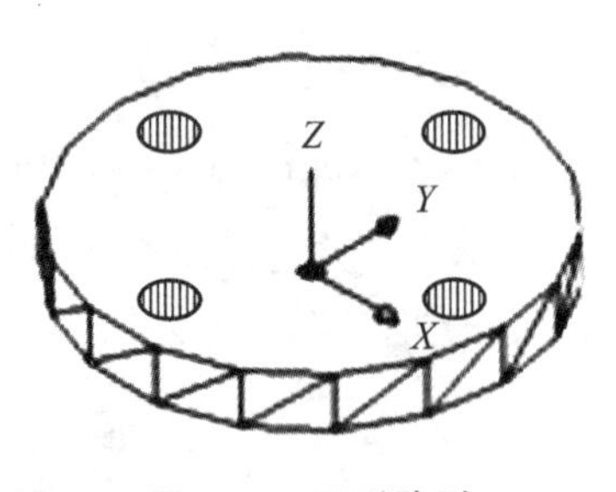

图 8-36 环形阵列

8.12.6 三维实体的布尔运算

1. 并集运算

选择“修改”|“实体编辑”|“并集”命令(UNION),或在“实体编辑”工具栏中单击“并集”按钮,就可以通过组合多个实体生成一个新实体,如图 8-37 所示。该命令主要用于将多个相交或相接触的对象组合在一起。当组合一些不相交的实体时,其显示效果看起来还是多个实体,但实际上却被当作一个对象。在使用该命令时,只需要依次选择待合并的对象即可。

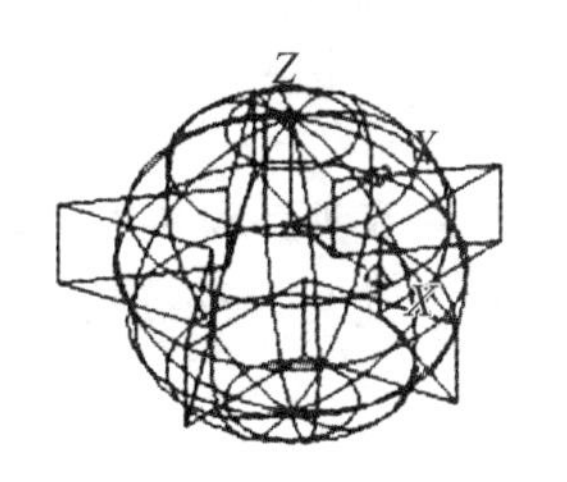

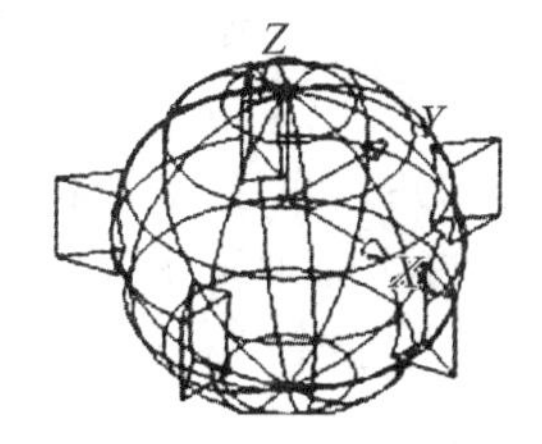

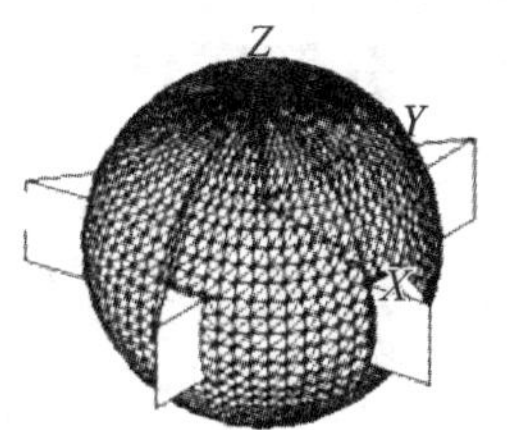

图 8-37 并集运算

2. 差集运算

选择“修改”|“实体编辑”|“差集”命令(SUBTRACT),或在“实体编辑”工具栏中单击“差集”按钮,即可从一些实体中去掉部分实体,从而得到一个新的实体,如图 8-38 所示。

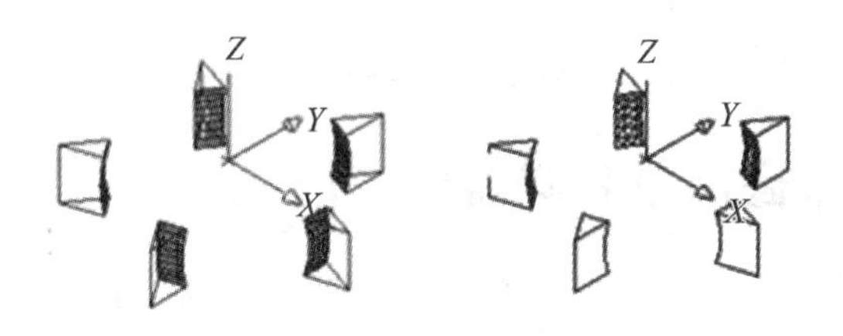

图 8-38 差集运算

3. 交集运算

选择“修改”|“实体编辑”|“交集”命令(INTERSECT),或在“实体编辑”工具栏中单击“交集”按钮,就可以利用各实体的公共部分创建新实体,如图 8-39 所示。

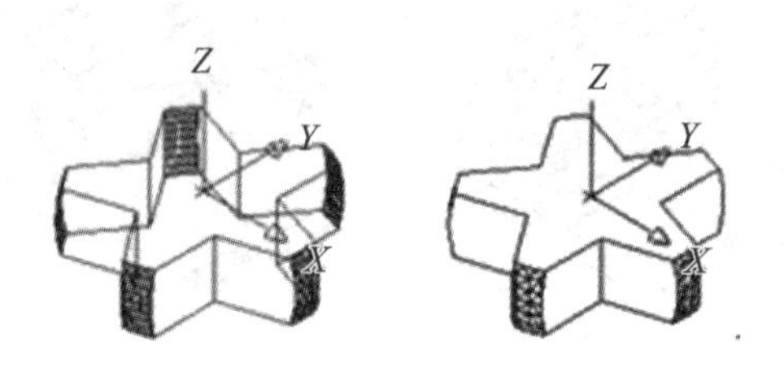

图 8-39 交集运算

4. 干涉运算

选择“修改”|“三维操作”|“干涉”命令(INTERFERE),就可以对对象进行干涉运算。干涉运算会把原实体保留下来,并用两个实体的交集生成一个新实体,如图 8-40 所示。

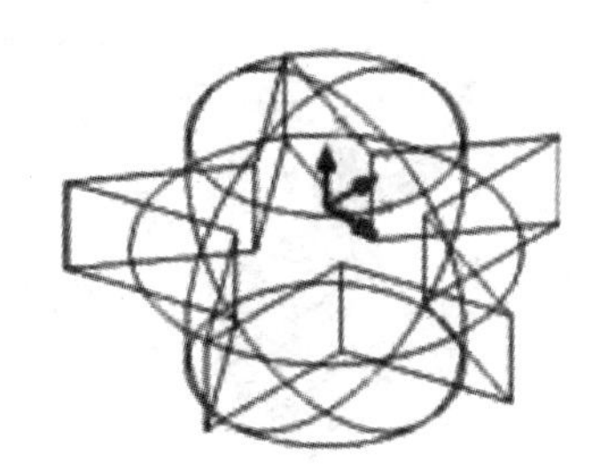
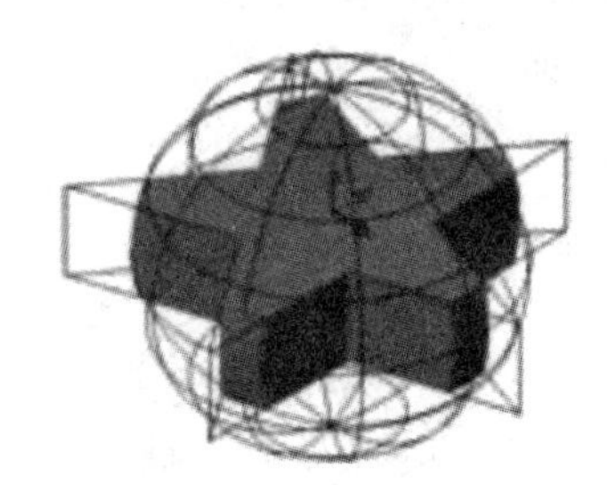

图 8-40 干涉运算

8.12.7 分解实体

选择“修改”|“分解”命令(EXPLODE),可以将实体分解为一系列面域和主体,如图 8-41 所示。其中,实体中的平面被转换为面域,曲面被转化为主体。用户还可以继续使用该命令,将面域和主体分解为组成它们的基本元素,如直线、圆及圆弧等。

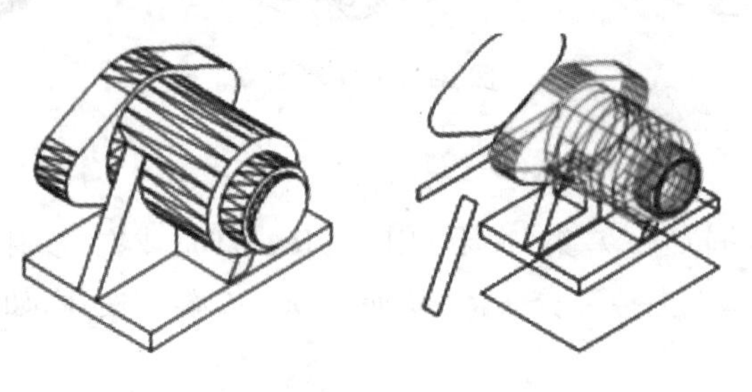

图 8-41 分解实体

8.12.8 对实体修倒角和圆角

选择“修改”|“倒角”命令(CHAMFER),可以对实体的棱边修倒角,从而在两相邻曲面间生成一个平坦的过渡面。

选择“修改”|“圆角”命令(FILLET),可以为实体的棱边修圆角,从而在两个相邻面间生成一个圆滑过渡的曲面,如图 8-42 所示。在为几条交于同一个点的棱边修圆角时,如果圆角半径相同,则会在该公共点上生成球面的一部分。

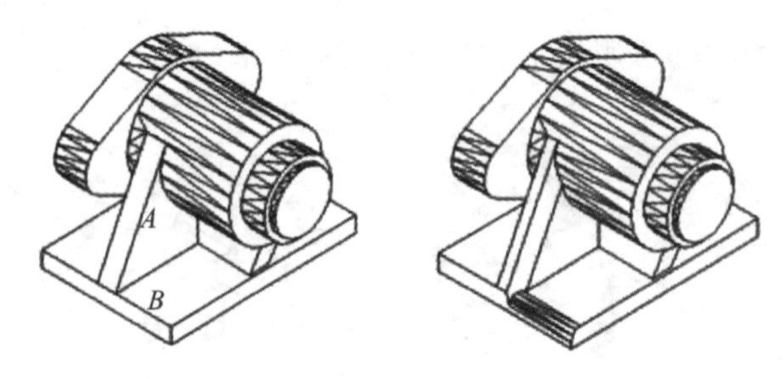

图 8-42 修圆角

8.12.9 剖切实体

选择“修改”|“三维操作”|“剖切”命令(SLICE),或在“实体”工具栏中单击“剖切”按钮,都可以使用平面剖切一组实体,如图 8-43 所示。剖切面可以是对象、Z 轴、视图、$XY/YZ/ZX$ 平面或 3 点定义的面。

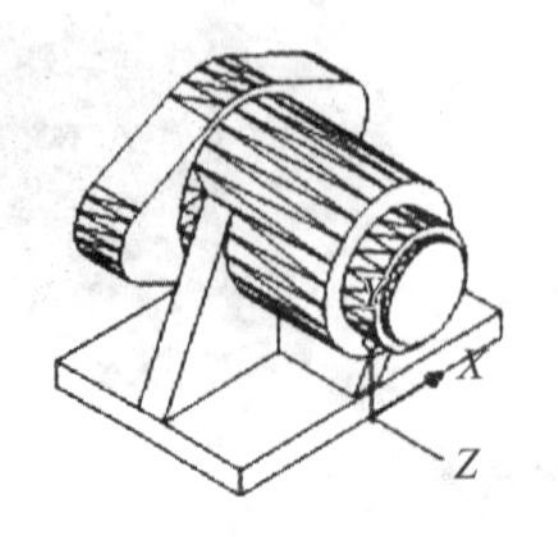

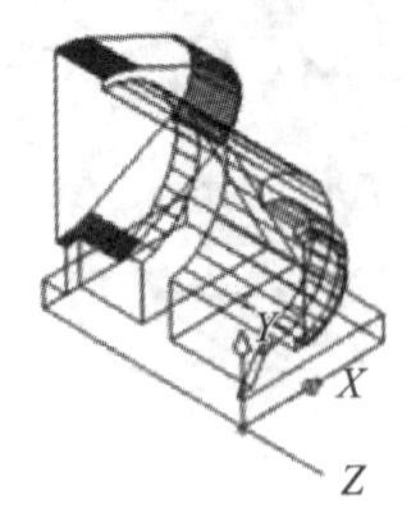

图 8-43 剖切实体

8.12.10 加厚

选择“修改”|“三维操作”|“加厚”命令(THICKEN),可以为曲面添加厚度,使其成为一个实体,如图 8-44 所示。

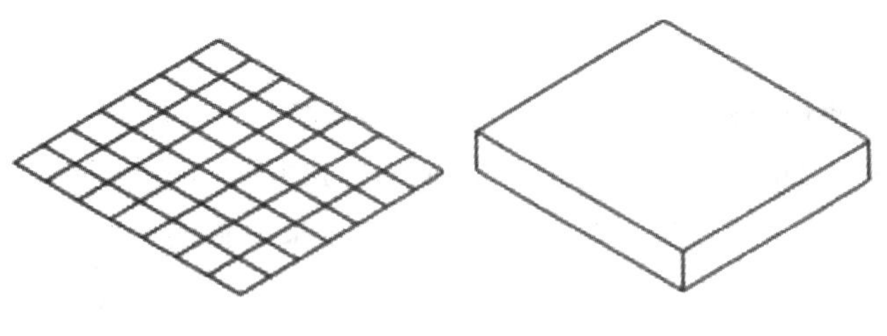

图 8-44 加厚

8.12.11 编辑实体面

在 AutoCAD 中,使用“修改”|“实体编辑”子菜单中的命令,可以对实体面进行拉伸、移动、偏移、删除、旋转、倾斜、着色和复制等操作,如图 8-45 所示。

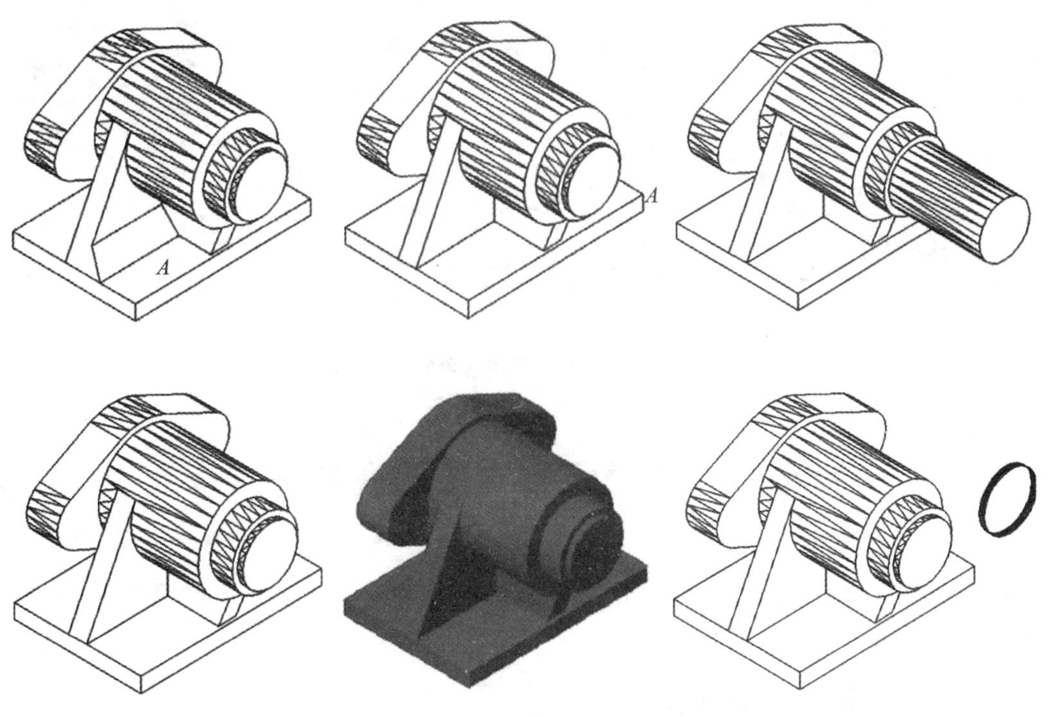

图 8-45 编辑实体面

8.12.12 编辑实体边

在 AutoCAD 中,选择“修改”|“实体编辑”|“着色边”命令,或在“实体编辑”工具栏中单击“着色边” 按钮,即可着色实体边,其方法与着色实体面的方法相同;选择“修改”|“实体编辑”|“复制边”命令,或在“实体编辑”工具栏中单击“复制边”按钮,可以复制三维实体的边,其方法与复制实体面的方法相同。

此外，在 AutoCAD 中，使用"修改"|"实体编辑"子菜单中的命令，还可以对实体进行压印、清除、分割、抽壳与检查等操作。

8.13 标注三维对象的尺寸

在 AutoCAD 中，使用"标注"菜单中的命令或"标注"工具栏中的标注工具，不仅可以标注二维对象的尺寸，还可以标注三维对象的尺寸，如图 8-46 所示。由于所有的尺寸标注都只能在当前坐标的 *XY* 平面中进行，因此为了准确标注三维对象中各部分的尺寸，需要不断地变换坐标系。

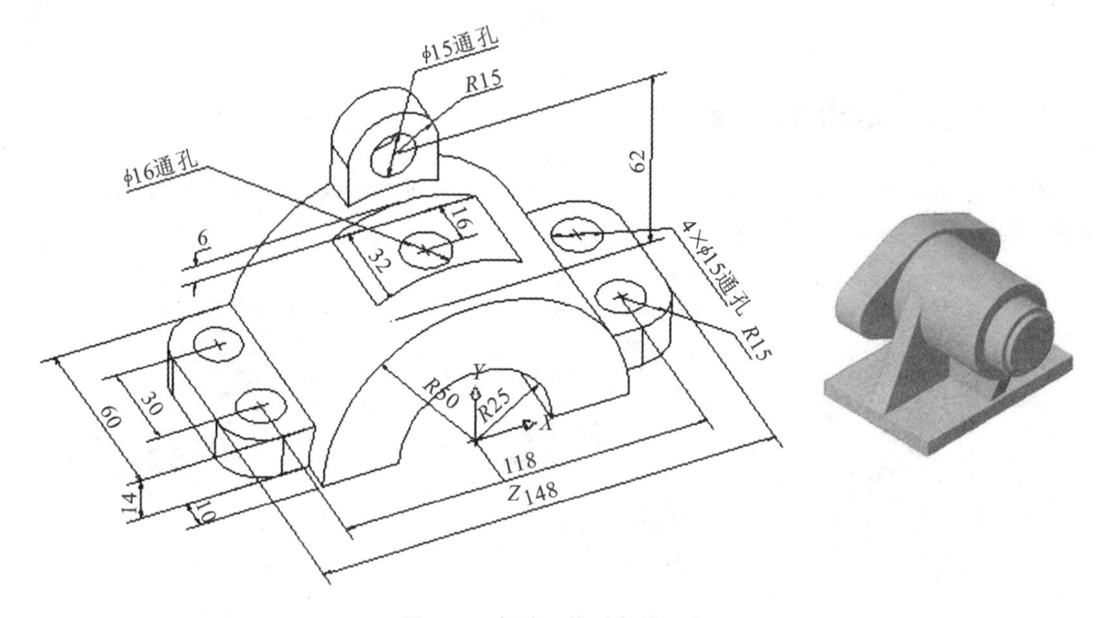

图 8-46　标注三维对象的尺寸

8.14 设置三维对象的视觉样式

在 AutoCAD 2007 中，可以使用"视图"|"视觉样式"命令中的子命令或"视觉样式"工具栏来观察对象。

8.14.1 应用视觉样式

对对象应用视觉样式一般使用来自观察者左后方上面的固定环境光。而使用"视图"|"重生成"命令重新生成图像时，不会影响对象的视觉样式效果，如图 8-47 所示。用户在此模式下可以使用通常视图中进行的一切操作，如窗口的平移、缩放、绘图和编辑等。

8.14.2 管理视觉样式

在 AutoCAD 2007 中，选择"视图"|"视觉样式"|"视觉样式管理器"命令，打开视觉样式管

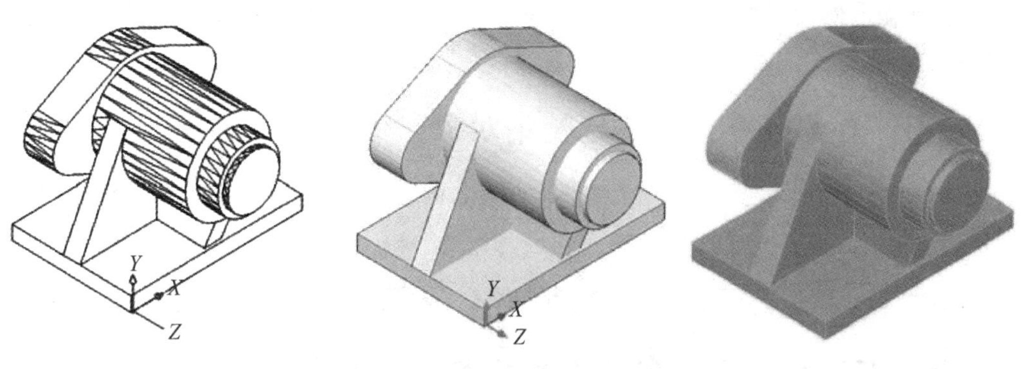

图 8-47 应用视觉样式

理器选项板(见图 8-48),可以对视觉样式进行管理。

图 8-48 视觉样式管理器

8.15 渲染对象

使用"视图"|"视觉样式"命令中的子命令为对象应用视觉样式时,不能执行产生亮显、移动

光源或添加光源的操作。要更全面地控制光源，必须使用渲染，可以使用“视图”|“渲染”命令中的子命令或“渲染”工具栏实现。

8.15.1 在渲染窗口中快速渲染对象

在 AutoCAD 2007 中，选择“视图”|“渲染”|“渲染”命令，可以在打开的渲染窗口（见图 8-49）中快速渲染当前视口中的图形。

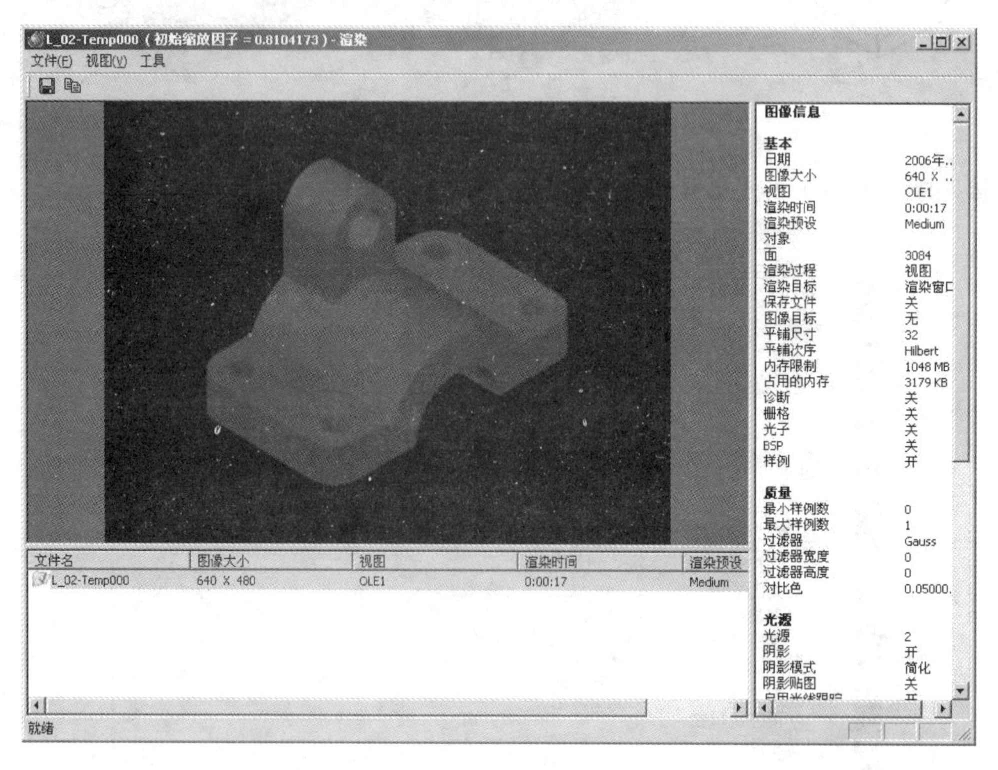

图 8-49 渲染窗口

8.15.2 设置光源

在渲染过程中，光源的应用非常重要，它由强度和颜色两个因素决定。在 AutoCAD 中，不仅可以使用自然光(环境光)，也可以使用点光源、平行光源及聚光灯光源，以照亮物体的特殊区域。

在 AutoCAD 2007 中，选择“视图”|“渲染”|“光源”命令中的子命令，可以创建和管理光源，如图 8-50 所示。

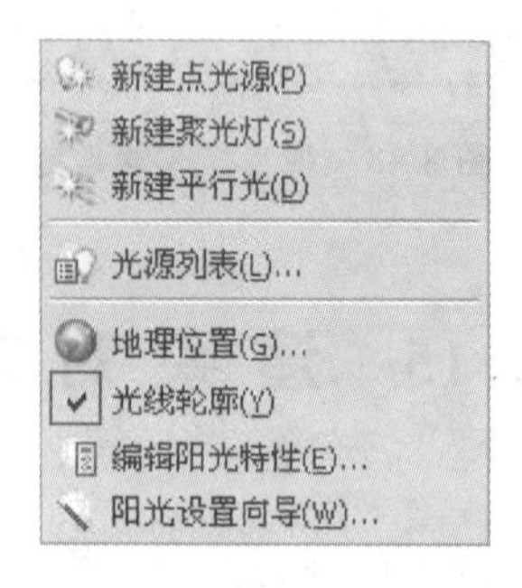

图 8-50 “光源”命令中的子命令

8.15.3 设置渲染材质

在渲染对象时，使用材质可以增强模型的真实感。在 AutoCAD 2007 中，选择“视图”|“渲染”|“材质”命令，打开“材质”选项板，可以为对象选择并附加材质。

8.16 三维建模实践

绘制图 8-51 所示的箱体，步骤如下。

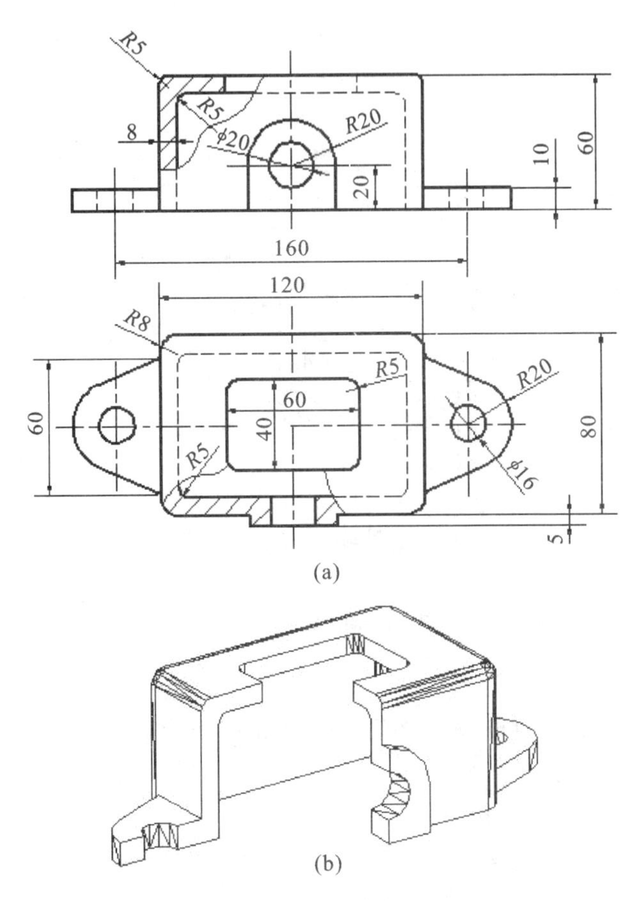

图 8-51 箱体

1. 新建一张图

设置实体层和辅助线层，并将实体层设置为当前层，将视图方向调整到西南等轴测方向。

2. 创建长方体

调用长方体命令，绘制长 120 mm、宽 80 mm、高 60 mm 的长方体。

3. 圆角

调用圆角命令，以 8 mm 为半径，对四条垂直棱边倒圆角，结果如图 8-52 所示。

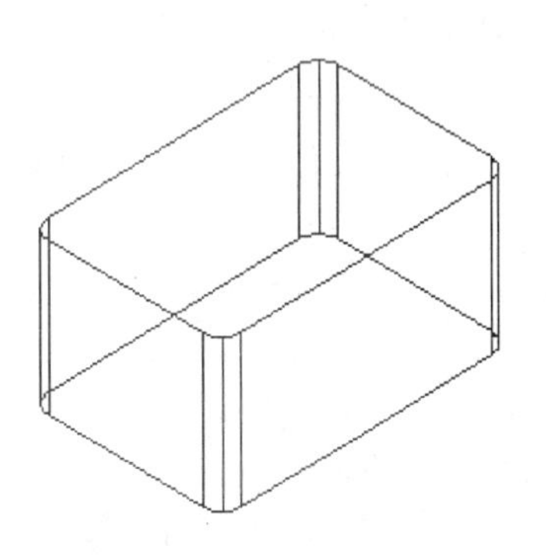

图 8-52 倒圆角长方体

4. 创建内腔

1) 抽壳

调用抽壳命令：

```
命令:_solidedit
实体编辑自动检查: SOLIDCHECK=1
输入实体编辑选项[面(F)/边(E)/体(B)/放弃(U)/退出(X)]<退出>:_body
输入体编辑选项
[压印(I)/分割实体(P)/抽壳(S)/清除(L)/检查(C)/放弃(U)/退出(X)]<退出>:_shell
选择三维实体:在三维实体上单击
删除面或[放弃(U)/添加(A)/全部(ALL)]:选择上表面 找到一个面,已删除1个。
删除面或[放弃(U)/添加(A)/全部(ALL)]:↙
输入抽壳偏移距离:8↙
已开始实体校验。
已完成实体校验。
```

结果如图 8-53 所示。

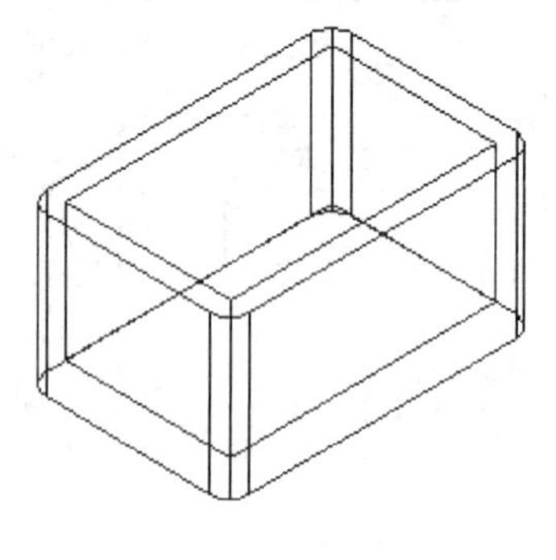

图 8-53　抽壳

2)倒圆内角

单击“修改”工具栏上的“圆角”命令按钮，调用“圆角”命令，以 5 mm 为半径，对内表面的四条垂直棱边倒圆角。

5. 创建耳板

1)绘制耳板端面

将坐标系调至上表面，按图 8-51(a)所示尺寸绘制耳板端面图形，并将其生成面域，然后用外面的大面域减去圆形小面域，结果如图 8-54 所示。

2)拉伸耳板

单击“实体”工具栏上的“拉伸”命令按钮，调用拉伸命令：

```
命令:_extrude
当前线框密度: ISOLINES=4
选择对象:选择面域 找到1个
选择对象:↙
指定拉伸高度或[路径(P)]:-10↙
指定拉伸的倾斜角度<0>:↙
```

结果如图 8-55 所示。

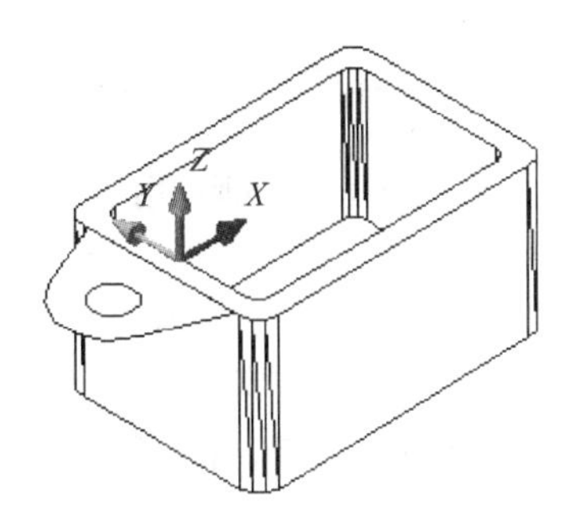

图 8-54 耳板端面

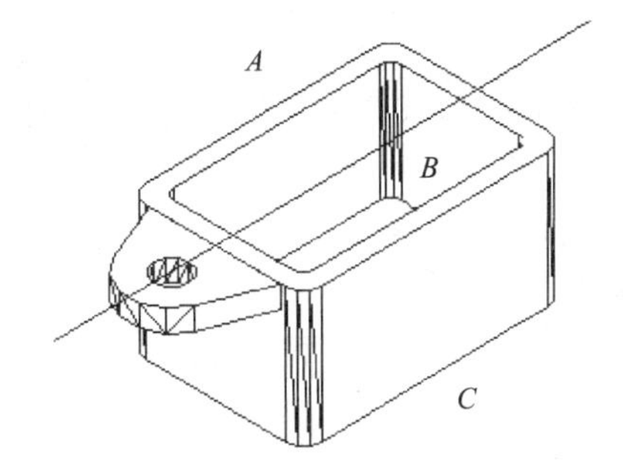

图 8-55 拉伸耳板

3）镜像另一侧耳板

调用“三维镜像”命令：

```
命令：_mirror3d
选择对象:选择耳板 找到 1 个
选择对象:↙
指定镜像平面 (三点) 的第一个点或
[对象(O)/最近的(L)/Z 轴(Z)/视图(V)/XY 平面(XY)/YZ 平面(YZ)/ZX
平面(ZX)/三点(3)]<三点> :选择中点 A
在镜像平面上指定第二点:选择中点 B
在镜像平面上指定第三点:选择中点 C
是否删除源对象?[是(Y)/否(N)]<否> :N↙
```

结果如图 8-56 所示。

4）布尔运算

调用并集运算命令，将两个耳板和一个壳体合并成一个。

6. 旋转

调用“三维旋转”命令：

```
命令：_rotate3d
当前正向角度:ANGDIR=逆时针 ANGBASE=0
选择对象:选择实体 找到 1 个
选择对象:↙
指定轴上的第一个点或定义轴依据
[对象(O)/最近的(L)/视图(V)/X 轴(X)/Y 轴(Y)/Z 轴(Z)/两点(2)]:选择辅助线端点 E
指定轴上的第二点:选择辅助线端点 F
指定旋转角度或[参照(R)]:180↙
```

结果如图 8-57 所示。

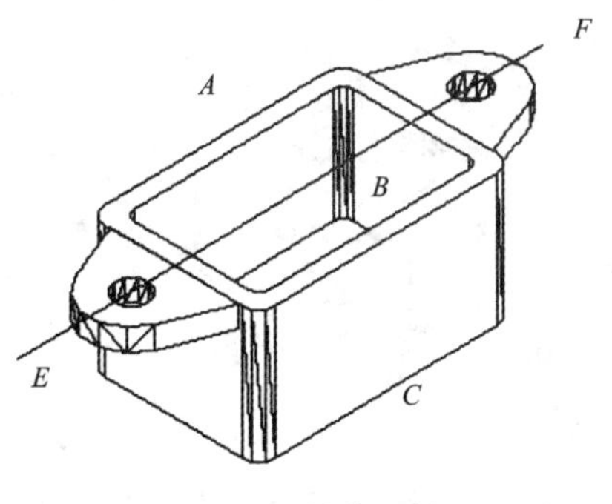

图 8-56 镜像耳板

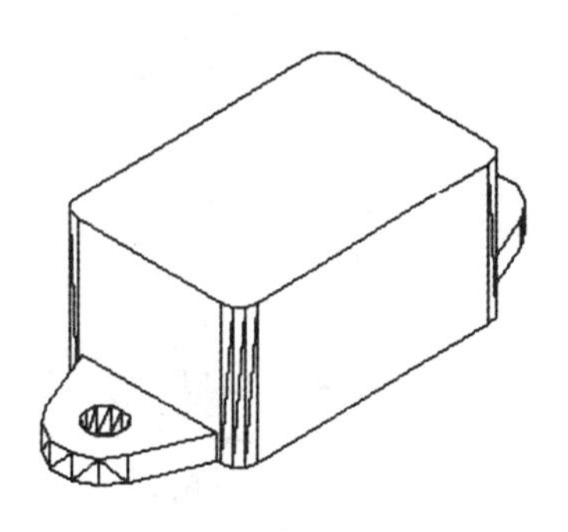
图 8-57 旋转箱体

7. 创建箱体顶盖方孔

1）绘制方孔轮廓线

调用“矩形”命令，绘制长 60 mm、宽 40 mm、圆角半径为 5 mm 的矩形，用直线连接边的中点 MN，结果如图 8-58(a)所示。

2）移动矩形线框

连接箱盖顶面长边棱线中点 G、H，绘制辅助线 GH。

再调用移动命令，以 MN 的中点为基点，移动矩形线框至箱盖顶面，目标点为 GH 的中点。

3）压印

调用压印命令：

```
命令:_solidedit
实体编辑自动检查:SOLIDCHECK=1
输入实体编辑选项 [面(F)/边(E)/体(B)/放弃(U)/退出(X)]<退出>:_body
输入体编辑选项
[压印(I)/分割实体(P)/抽壳(S)/清除(L)/检查(C)/放弃(U)/退出(X)]<退出>:_imprint
选择三维实体:选择实体
选择要压印的对象:选择矩形线框
是否删除源对象 [是(Y)/否(N)]<N>:Y↙
```

结果如图 8-58(b)所示。

4）拉伸面

调用拉伸面命令：

```
命令:_solidedit
实体编辑自动检查:SOLIDCHECK=1
输入实体编辑选项 [面(F)/边(E)/体(B)/放弃(U)/退出(X)]<退出>:_face
输入面编辑选项
[拉伸(E)/移动(M)/旋转(R)/偏移(O)/倾斜(T)/删除(D)/复制(C)/着色(L)/放弃(U)/退出(X)]
<退出>:_extrude
选择面或 [放弃(U)/删除(R)]:在压印面上单击 找到一个面
选择面或 [放弃(U)/删除(R)/全部(ALL)]:↙
指定拉伸高度或 [路径(P)]:-8↙
指定拉伸的倾斜角度 <0>:↙
已开始实体校验。
已完成实体校验。
```

结果如图 8-58(c)所示。

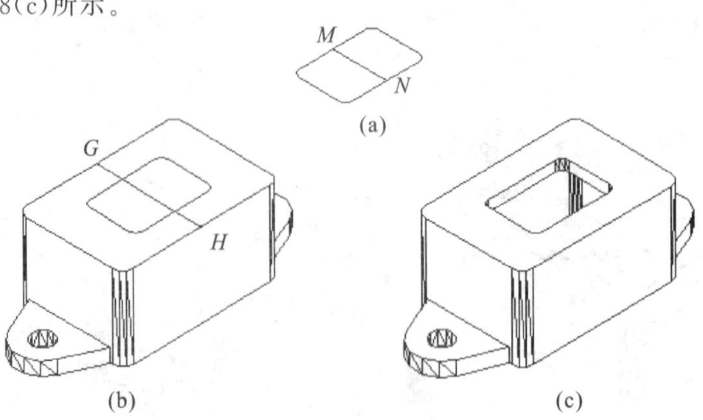

图 8-58　创建顶面方孔

8. 创建前表面凸台

(1) 按图 8-51(a)所示尺寸绘制凸台轮廓线,创建面域,再将面域压印到实体上,结果如图 8-59(a)所示。

(2)拉伸面:调用拉伸面命令,选择凸台压印面拉伸,高度为 5 mm,拉伸的倾斜角度为 0°,结果如图 8-59(b)所示。

(3)合并:调用"并集"命令,合并凸台与箱体。

(4)创建圆孔:在凸台前表面上绘制直径为 20 mm 的圆,压印到箱体上,然后以－13 mm 的高度拉伸面,创建出凸台通孔。

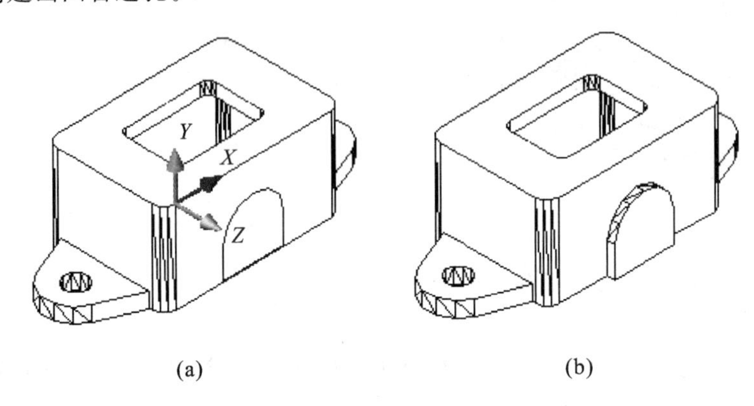

(a) (b)

图 8-59 创建凸台

9. 倒顶面圆角

将视图方式调整到三维线框模式,调用圆角命令:

```
命令:_fillet
当前设置:模式=修剪,半径=5.0000
选择第一个对象或[多段线(P)/半径(R)/修剪(T)/多个(U)]:选择上表面的一个棱边
输入圆角半径<5.0000>:5↙
选择边或[链(C)/半径(R)]:C↙
选择边链或[边(E)/半径(R)]:选择上表面的另一个棱边
选择边链或[边(E)/半径(R)]:选择内表面的一个棱边  //如图 8-60(a)所示
选择边链或[边(E)/半径(R)]:↙
已选定 16 个边用于圆角。
```

结果如图 8-60(b)所示。

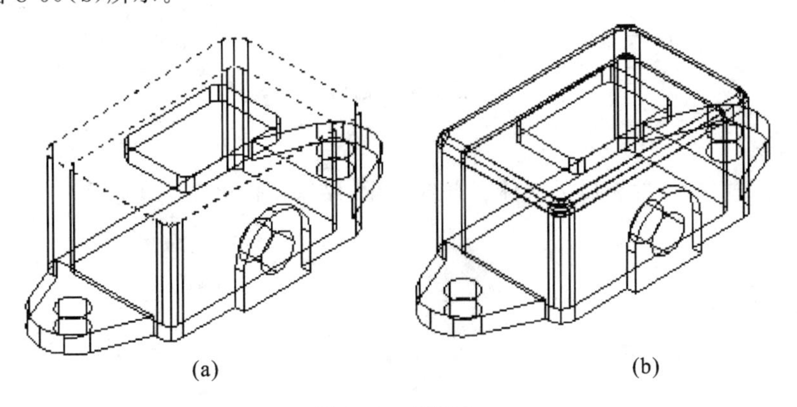

(a) (b)

图 8-60 倒圆角

10. 剖切

1）剖切实体成前、后两部分

调用“剖切”命令：

```
命令:_slice
选择对象:找到 1 个
选择对象:↙
指定切面上的第一个点,依照[对象(O)/Z 轴(Z)/视图(V)/XY 平面(XY)/YZ 平面(YZ)/ZX 平面(ZX)/三点(3)]<三点>:选择中点 A
指定平面上的第二个点:选择中点 B
指定平面上的第三个点:选择中点 C
在要保留的一侧指定点或[保留两侧(B)]:B↙
```

结果如图 8-61(a)所示。

2）剖切前半个实体

调用“剖切”命令：

```
命令:_slice
选择对象:选择前半个箱体找到 1 个
选择对象:↙
指定切面上的第一个点,依照[对象(O)/Z 轴(Z)/视图(V)/XY 平面(XY)/YZ 平面(YZ)/ZX 平面(ZX)/三点(3)]< 三点> :选择中点 D
指定平面上的第二个点:选择中点 F
指定平面上的第三个点:选择中点 E
在要保留的一侧指定点或[保留两侧(B)]:在右侧单击
```

结果如图 8-61(b)所示。

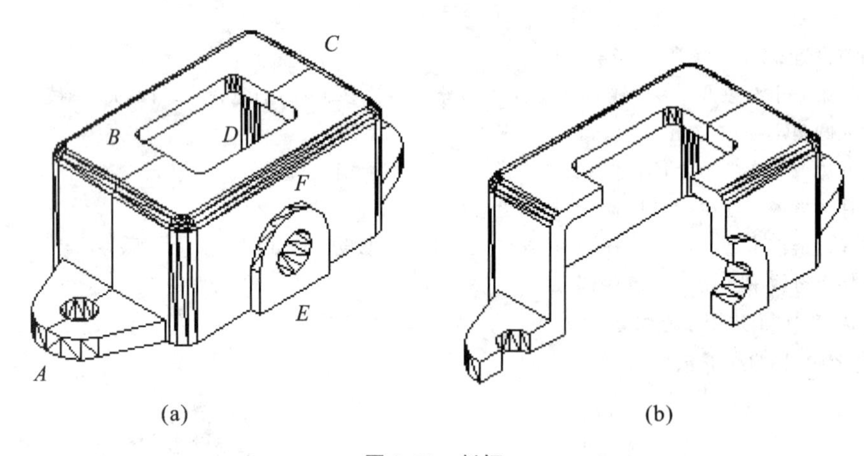

图 8-61　剖切

3）合并实体

调用“并集”命令，将剖切后的实体合并成一个，结果如图 8-51(b)所示。

第 9 章

AutoCAD 块、外部参照与设计中心

在绘制图形的过程中，经常需要绘制一些相同或相似的图形对象，这时用户就可以使用AutoCAD 提供的块功能，将需要多重绘制的图形创建成块，然后在需要的时候将这些块插入到图形中。在 AutoCAD 2007 中，用户还可以使用块编辑器对已经创建的块进行编辑。

在 AutoCAD 中使用外部参照既可以方便地参照其他图形进行工作，又不会占用太多的存储空间，而且还会及时地更新参照图形。

在 AutoCAD 2007 中，系统提供了与 Windows 资源管理器相类似的设计中心。利用设计中心，用户可以直观、高效地对图形文件进行浏览、查找和管理。

块可以是绘制在几个图层上的不同特性对象的组合。

9.1 创建与插入块

9.1.1 图块的定义

块是一个或多个基本图形对象的集成。在实际应用中，块能够帮助用户在同一个图形或其他图形中重复使用一个对象，而该对象可以是多个基本图形对象的集成。块的特点如下。

(1) 提高绘图速度。把绘制工程图中经常使用的某些图形结构定义成图块并保存在磁盘中，这样在以后的使用中可以提高工作效率。

(2) 节省存储空间。每个图块在图形文件中只存储一次，在多次插入时，计算机只保留有关插入信息，而不需要把整个图块重复存储，这样就可以节省存储空间。

(3) 便于图形修改。实际的工程图纸往往需要修改多次。如果原来的图形是通过插入块的方法绘制的，那么只需要对其进行简单的再定义操作，插入图中的所有该图块均会自动更新。

(4) 加入属性。很多图块要求有文字信息进一步解释其用途。AutoCAD 允许为块创建这些文字属性，属性可以随着块的每次引用而改变，而且可以设置它的可见性。

在 AutoCAD 2007 中，图块分为内部块和外部块，内部块只能在原图形(定义图块的图形)中被调用，而不能被其他图形调用。

1. 创建内部块

内部块是指在当前图形中定义块参照，并将块与当前图形数据保存在一起。

启用创建内部块命令有三种方式，如图 9-1 所示。

图 9-2 所示为创建内部块对话框。

2. 创建外部块

外部块是指将创建的块命名存盘，这样块就可以被其他图形使用。

外部块命令用于将选定的实体作为一个外部图形文件保存下来。它和其他图形文件没有什么区别，同样可以被打开、编辑，也可以被其他图形作为图块调用。

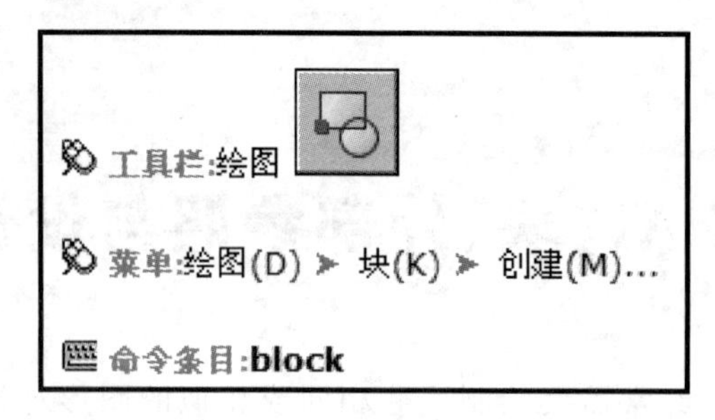

图 9-1　启用创建内部块命令的三种方式

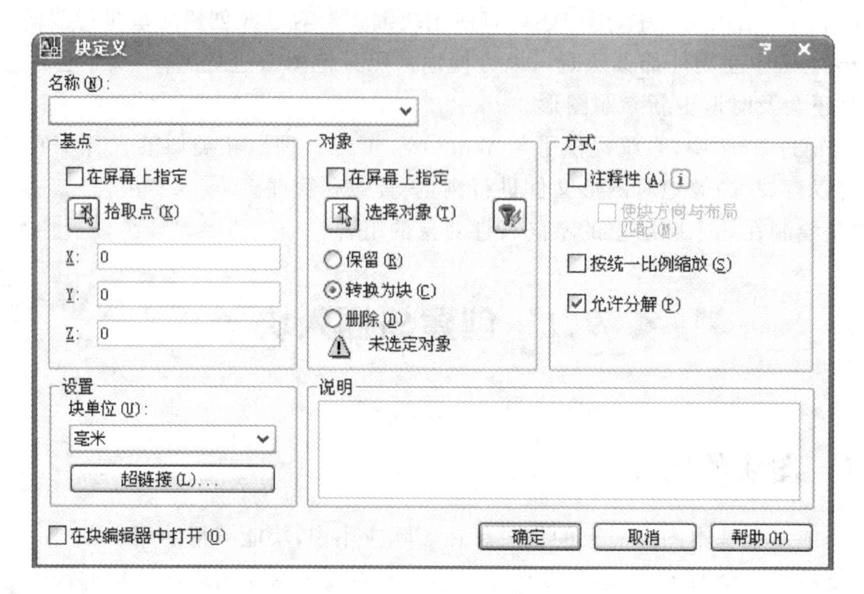

图 9-2　创建内部块对话框

在命令行提示下输入 WBLOCK，系统弹出“写块”对话框，如图 9-3 所示。

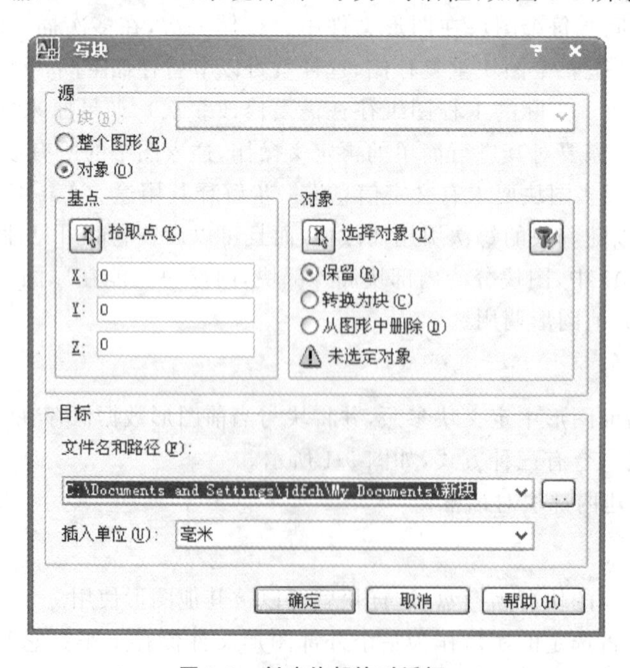

图 9-3　创建外部块对话框

9.1.2 插入块

在 AutoCAD 中，用户可以将创建的块插入到图形文件中。在插入图块时，用户必须确定插入的图块名、插入点位置、插入比例系数和图块的旋转角度，如图 9-4 所示。用户可以在插入图块前或在插入图块的同时指定图块的插入点、缩放比例和旋转角度。

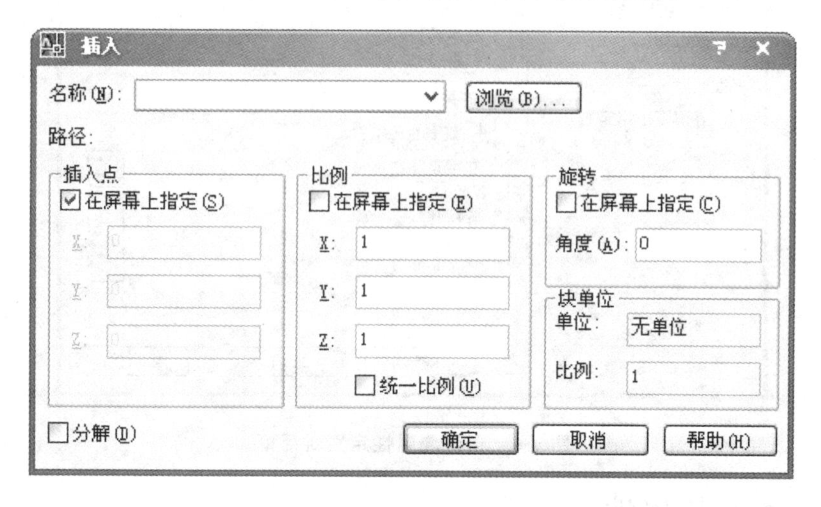

图 9-4 “插入”对话框

9.2 创建与编辑块属性

9.2.1 创建块属性

块属性是图块的附加信息，用于显示图块的标记、提示和值。

图块的属性具有以下特点：

(1) 块属性由标记名和属性值两部分组成。

(2) 创建块之前应先定义块的属性，即定义块的标记、提示和值，以及属性的模式等。

(3) 创建块属性后，将要创建成的块图形对象与块的属性一起定义为块。

(4) 具有属性的块在插入到图形中时，可以有不同的属性值。

图 9-5 所示为定义块属性的菜单。

图 9-6 所示为创建块属性定义对话框。

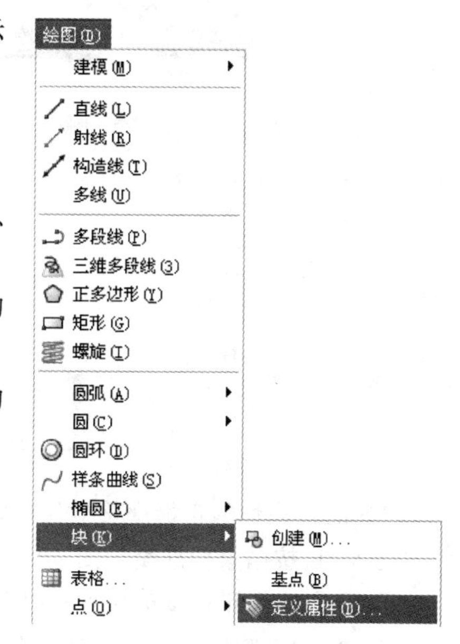

图 9-5 定义块属性的菜单

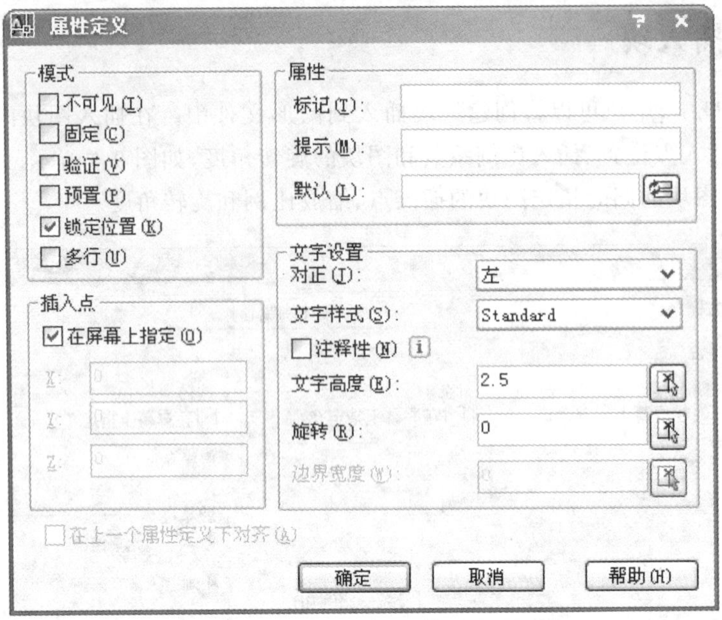

图 9-6　创建块属性定义对话框

9.2.2　编辑块属性

创建块属性后，如果还没有将块属性与其他图形定义为块，则用户可以对图块的标记、提示和值属性进行修改。

图 9-7 所示为编辑块属性下拉菜单。

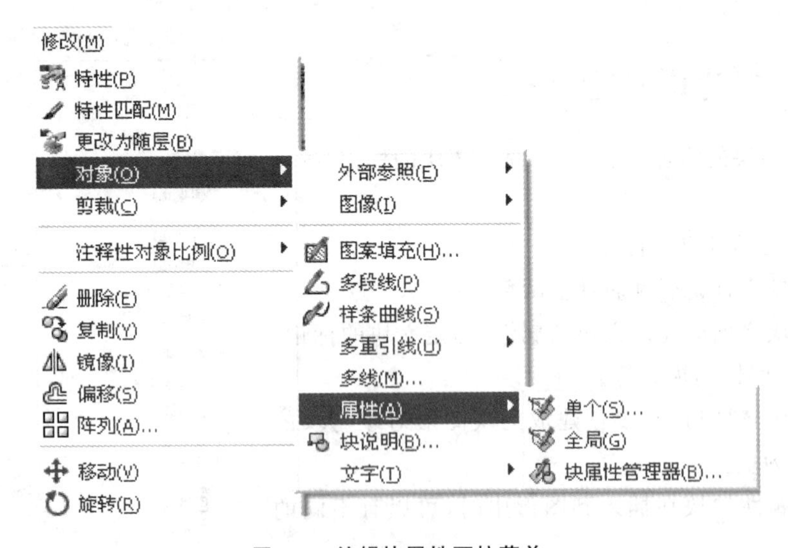

图 9-7　编辑块属性下拉菜单

例如，带属性的粗糙度符号块的定义与使用如下。

步骤 1：按国家标准绘制图 9-8(a)。

步骤 2：定义粗糙度的属性，在图 9-9 所示的对话框中进行参数设置，得到图 9-8(b)。

步骤 3：定义块，一定要将定义的属性选中，如图 9-10 所示。

步骤 4：插入块，得到图 9-8(c)。

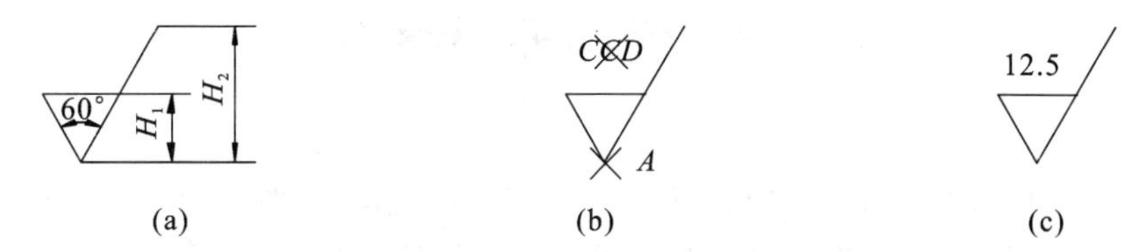

图 9-8　带属性的粗糙度符号块的定义与使用

图 9-9　粗糙度属性定义

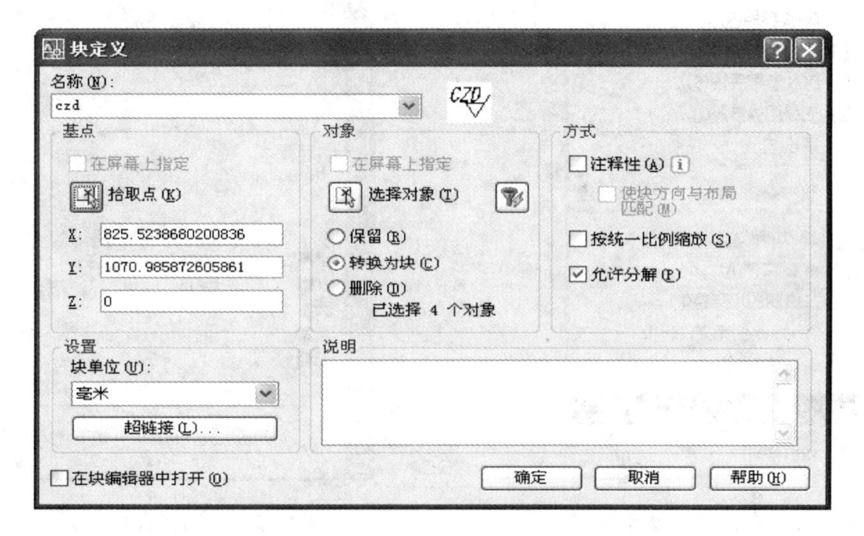

图 9-10　定义粗糙度块

9.3 使用外部参照

外部参照是指在当前图形文件中引用另一幅图形文件作为参照文件。在图形文件中使用外部参照，可以节省存储空间，并随时更新最新的参照内容。使用外部参照是一种资源共享的好方法。

启用“外部参照”命令有三种方式，如图 9-11 所示。

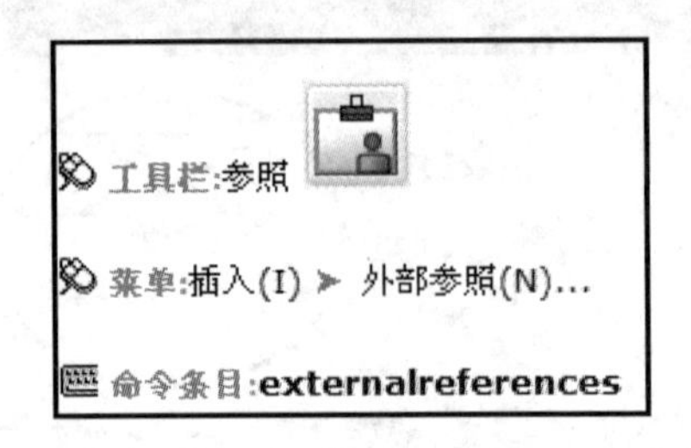

图 9-11 启用“外部参照”命令的三种方式

单击“插入”|“外部参照”命令，如图 9-12 所示。

图 9-13 所示为外部参照选项板。

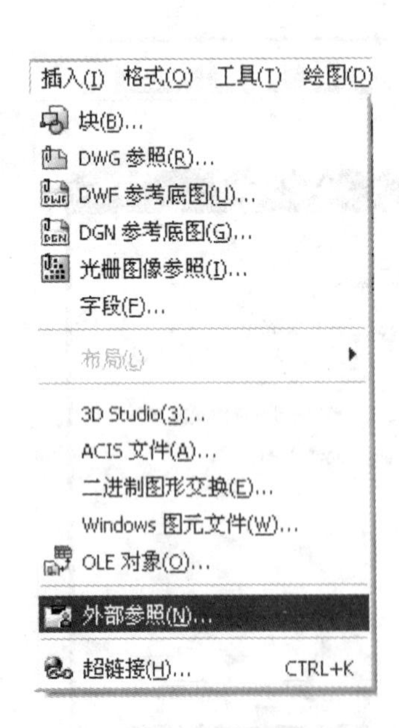

图 9-12 单击“外部参照”命令

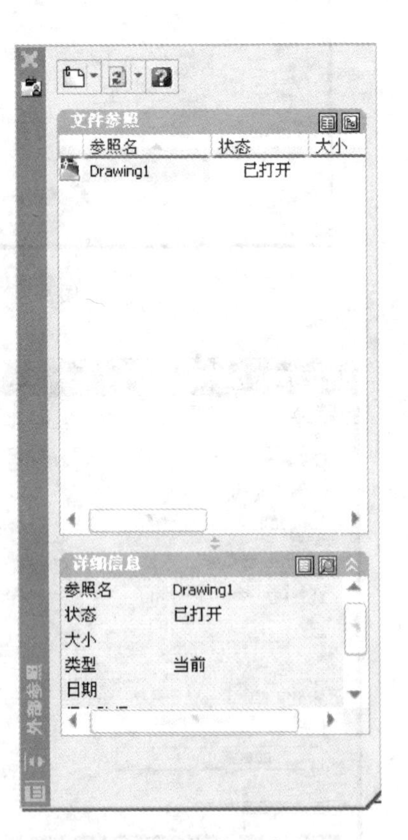

图 9-13 外部参照选项板

9.4 使用AutoCAD设计中心

使用设计中心可以管理块参照、外部参照和其他内容(例如图层定义、布局和文字样式)。通过设计中心,用户可以组织对图形、块、图案填充和其他图形内容的访问。可以将源图形中的任何内容拖动到当前图形中。可以将图形、块和填充拖动到工具选项板上。源图形可以位于用户的计算机上、网络位置或网站上。另外,如果打开了多个图形,则可以通过设计中心在图形之间复制和粘贴其他内容(如图层定义、布局和文字样式)来简化绘图过程。

使用设计中心可以:

◆ 浏览用户计算机、网络驱动器和Web页上的图形内容(例如图形或符号库);

◆ 在定义表中查看图形文件中命名对象(例如块和图层)的定义,然后将定义插入、附着、复制和粘贴到当前图形中;

◆ 更新(重定义)块定义;

◆ 创建指向常用图形、文件夹和Internet网址的快捷方式;

◆ 向图形中添加内容(例如外部参照、块和填充);

◆ 在新窗口中打开图形文件;

◆ 将图形、块和填充拖动到工具选项板上以便于访问。

使用AutoCAD设计中心(见图9-14),可以方便地在当前图形中插入块,引用光栅图像及外部参照,在图形之间复制块、复制图层、线型。

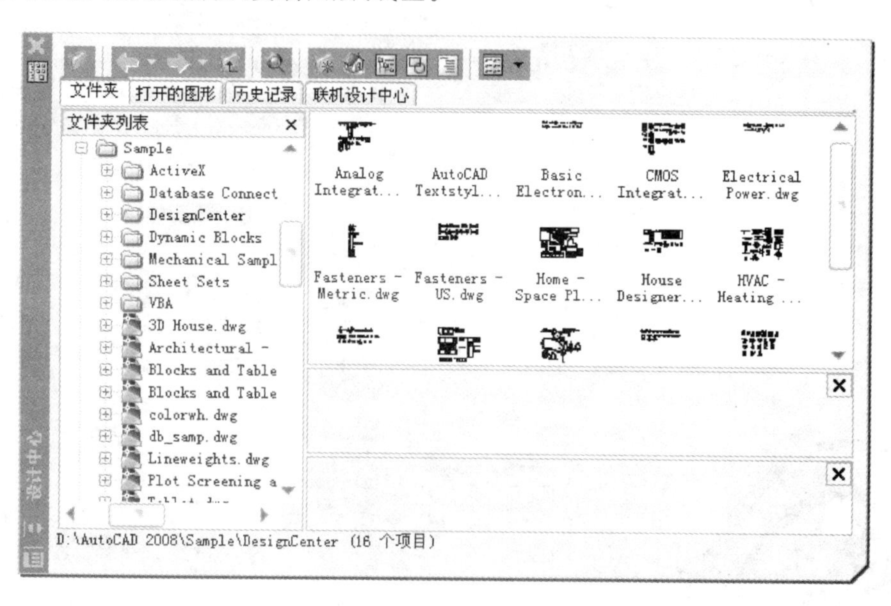

图9-14 设计中心选项板

实战篇

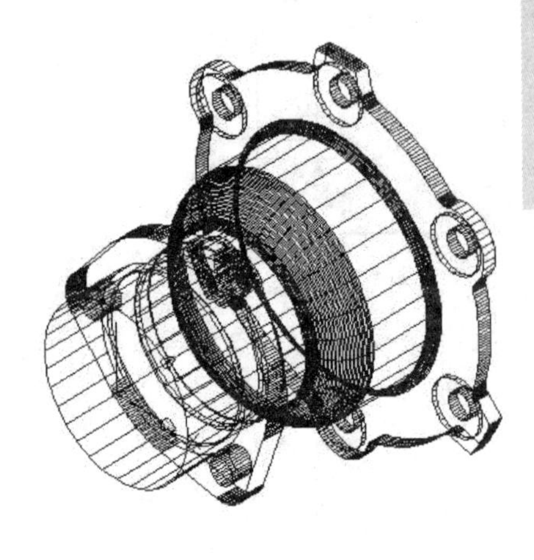

第 10 章

上机训练题目(机械)

(1) 利用点的绝对坐标或相对坐标绘制图 10-1 和图 10-2。

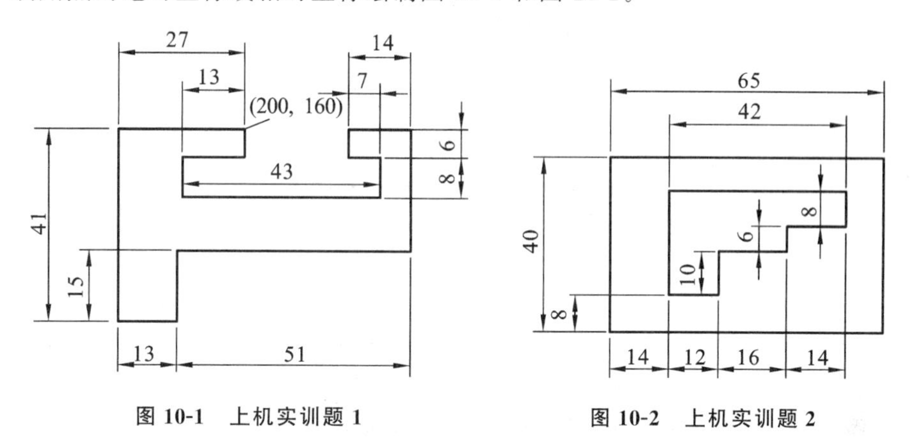

图 10-1 上机实训题 1

图 10-2 上机实训题 2

(2) 利用动态输入功能,通过指定线段的长度及角度绘制图 10-3。

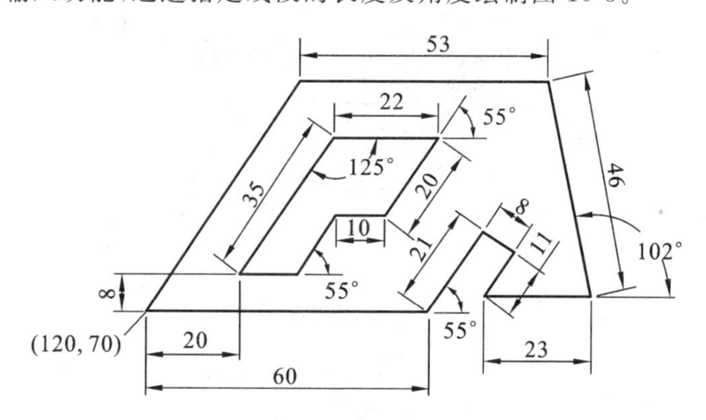

图 10-3 上机实训题 3

(3) 绘制下列图形(见图 10-4 至图 10-34)。

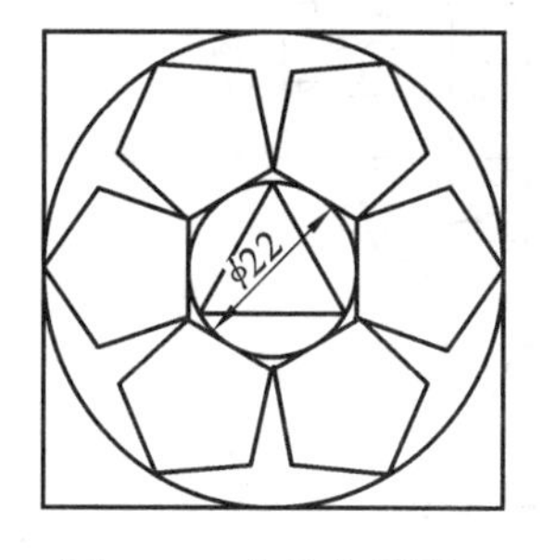

图 10-4 上机实训题 4

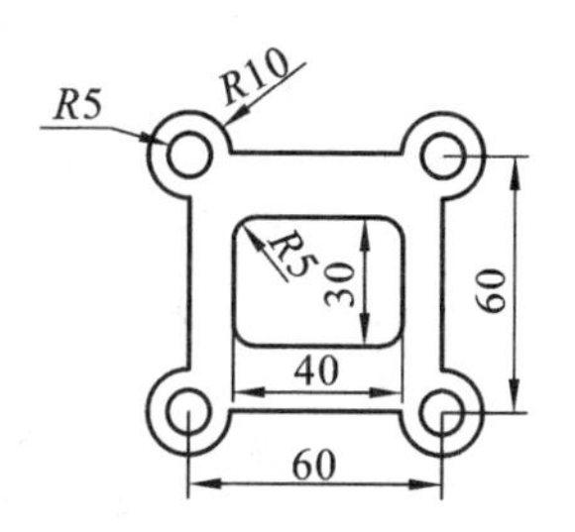

图 10-5 上机实训题 5

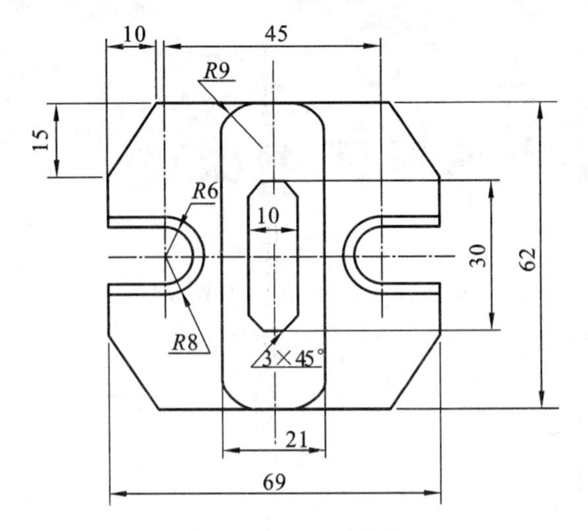

图 10-6　上机实训题 6

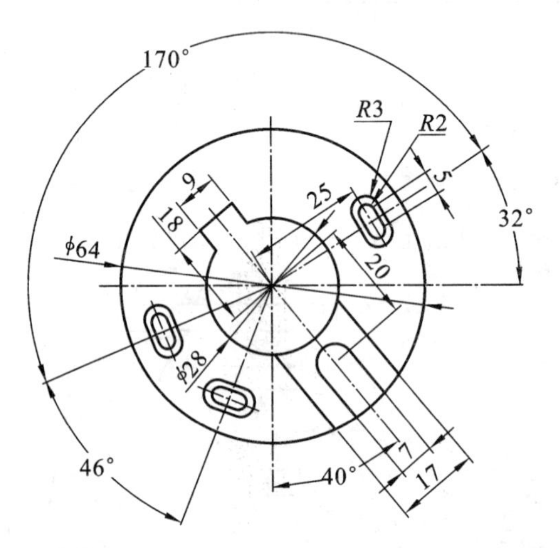

图 10-7　上机实训题 7

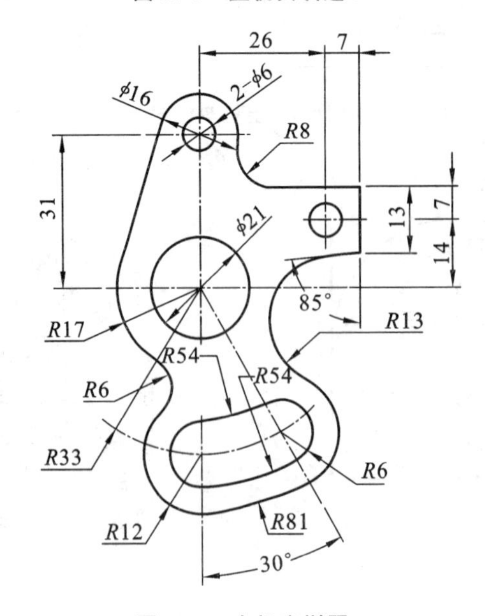

图 10-8　上机实训题 8

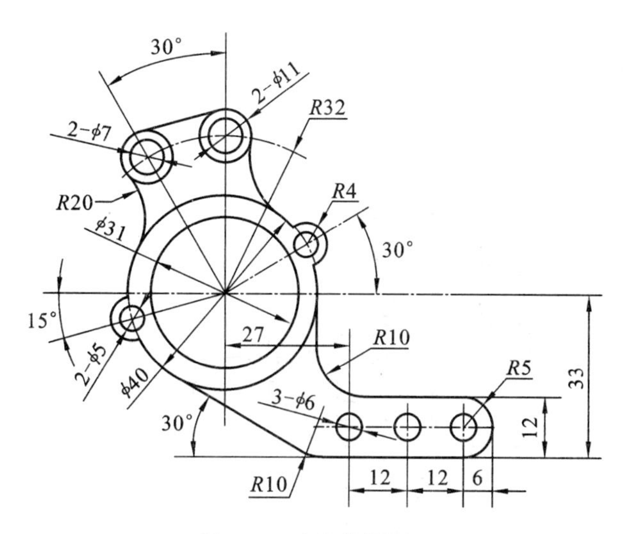

图 10-9 上机实训题 9

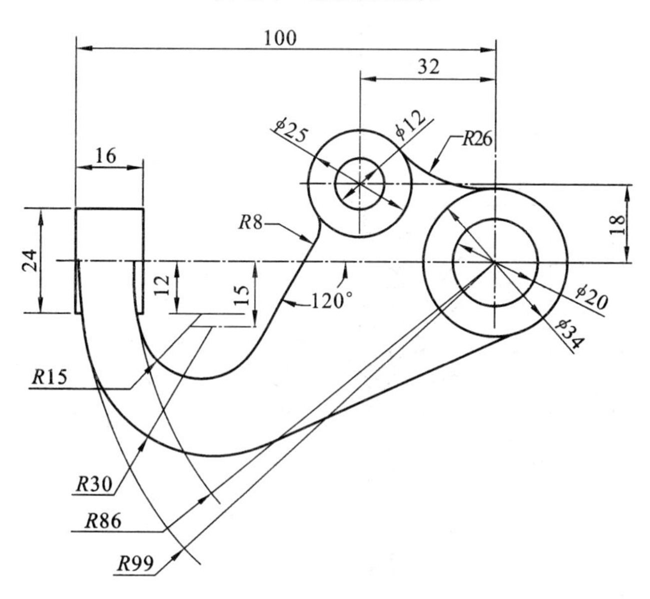

图 10-10 上机实训题 10

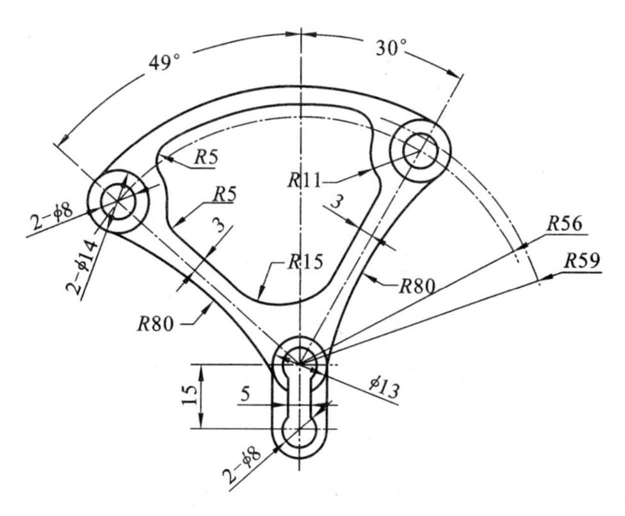

图 10-11 上机实训题 11

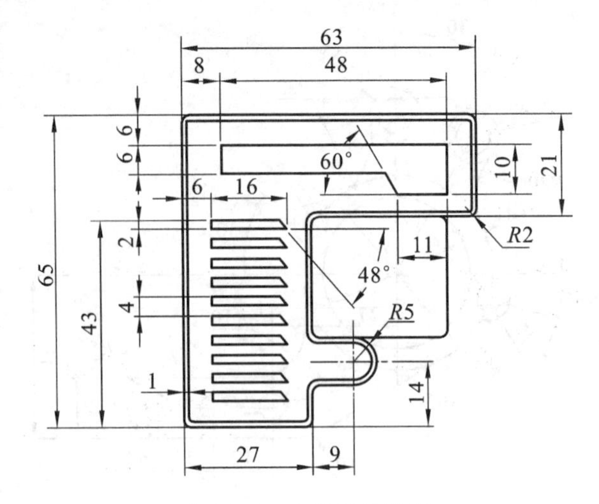

图 10-12　上机实训题 12

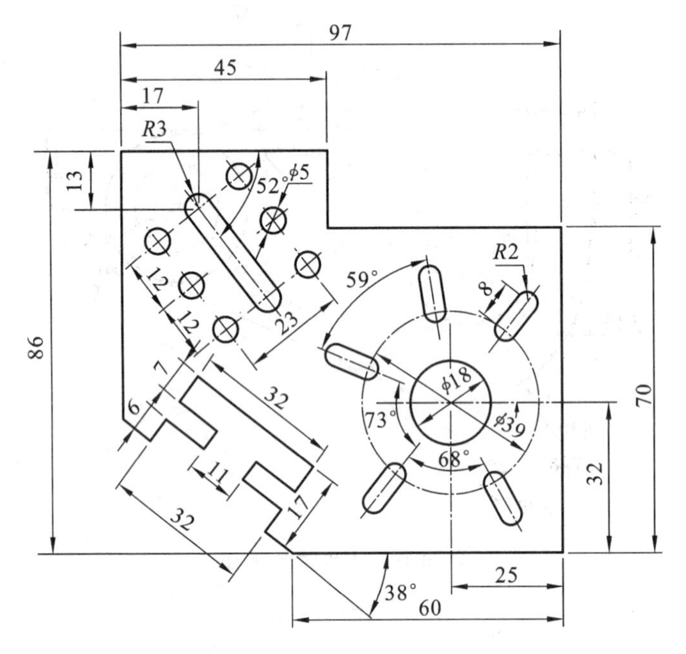

图 10-13　上机实训题 13

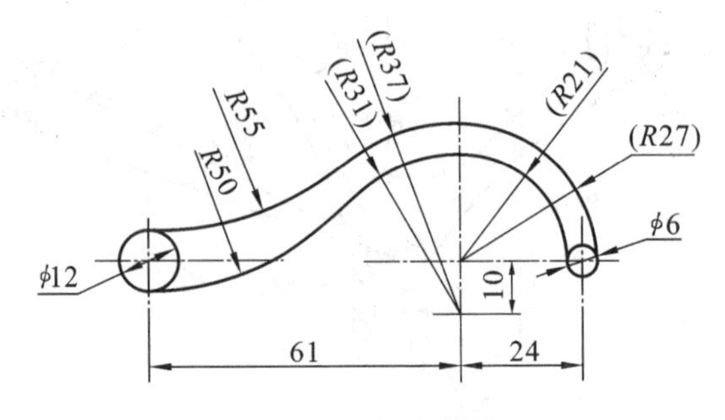

图 10-14　上机实训题 14

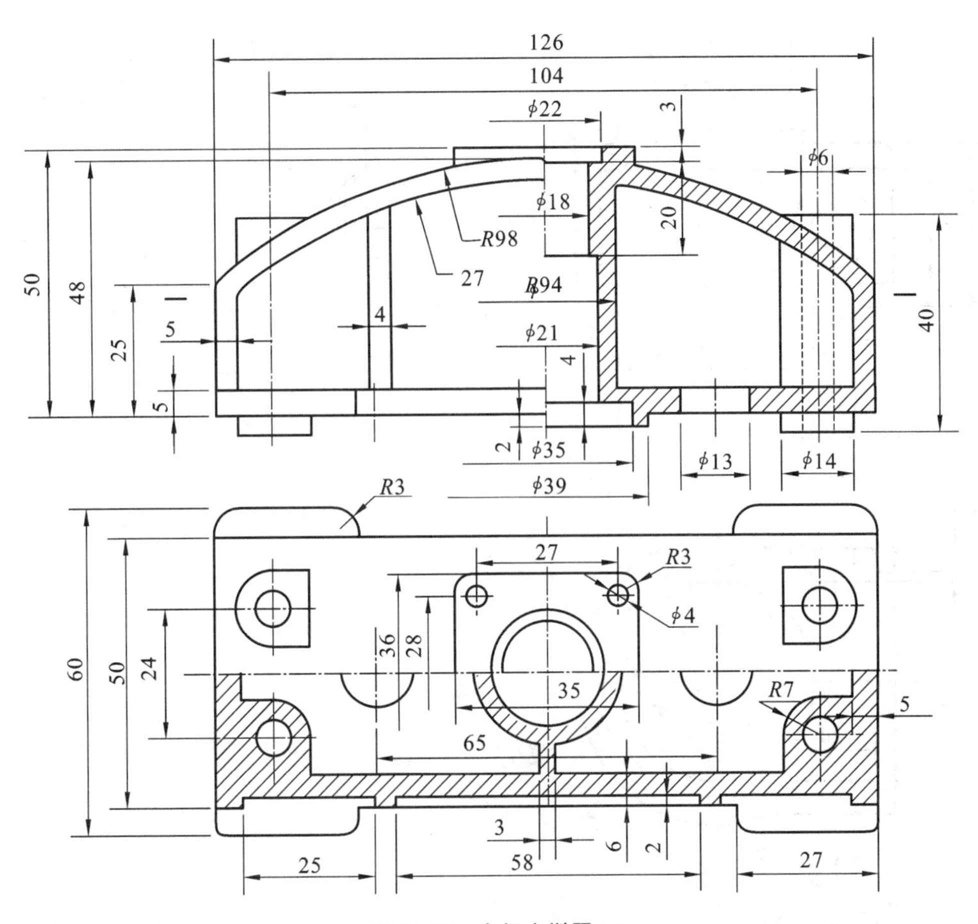

图 10-15 上机实训题 15

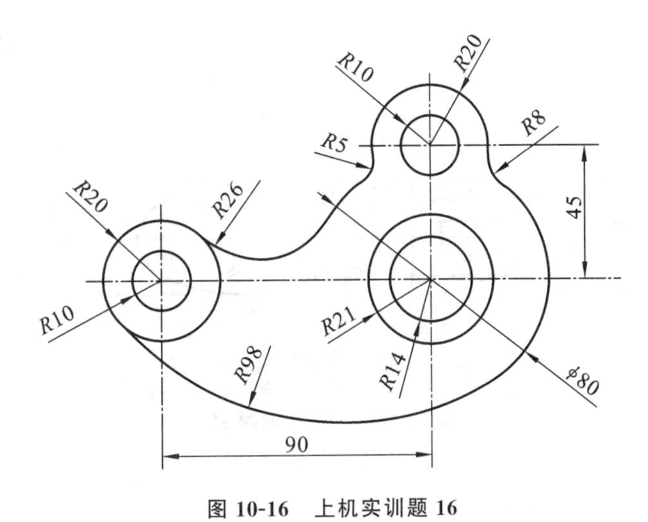

图 10-16 上机实训题 16

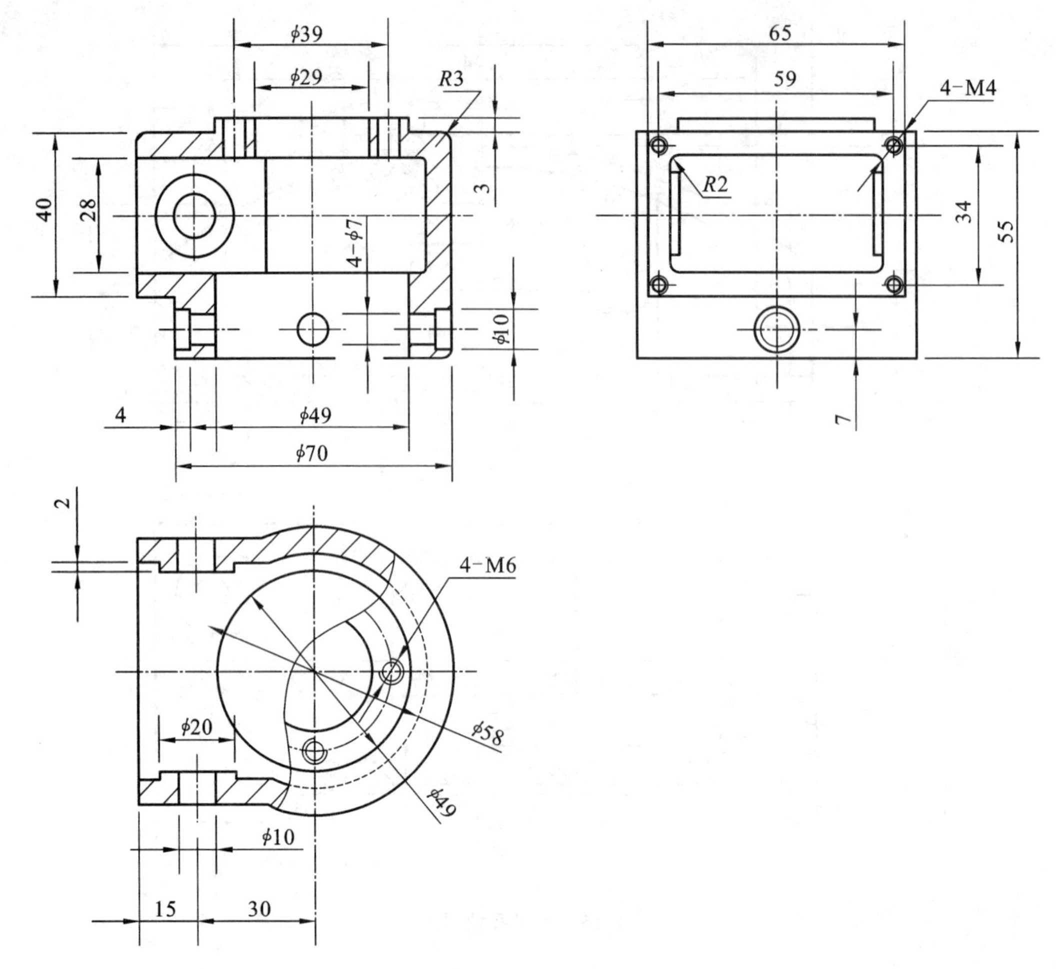

图 10-17　上机实训题 17

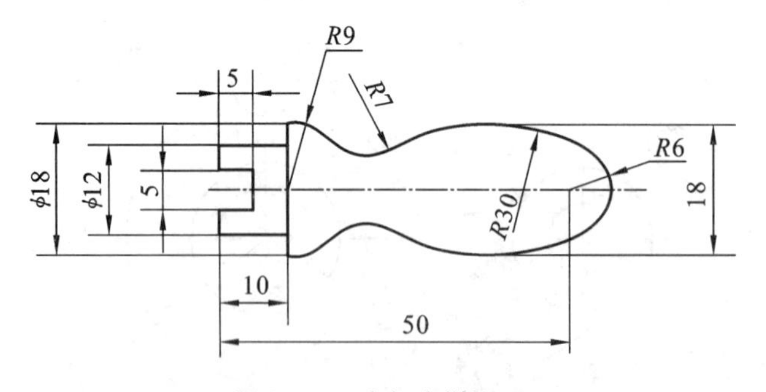

图 10-18　上机实训题 18

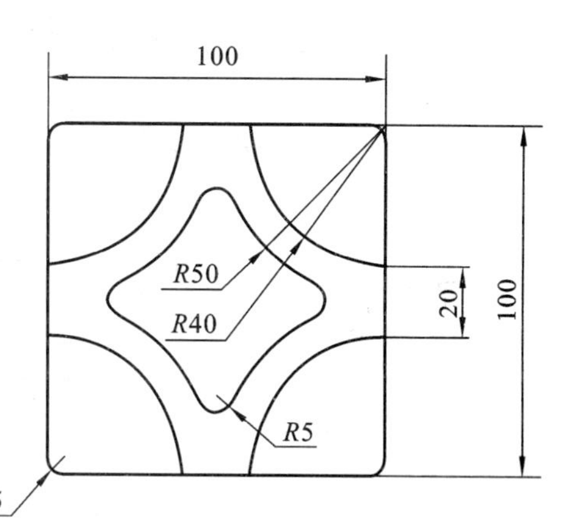

图 10-19 上机实训题 19

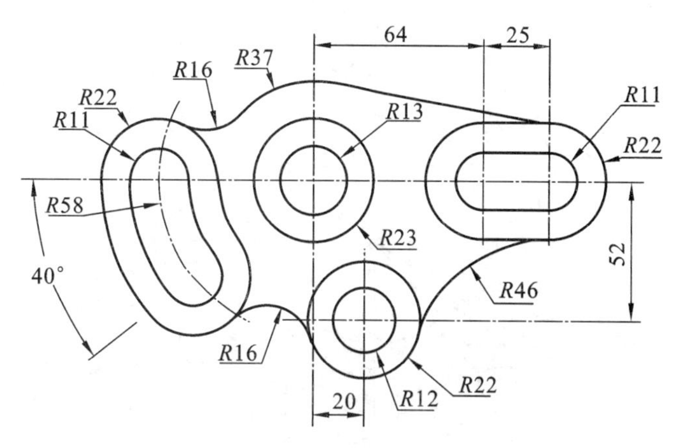

图 10-20 上机实训题 20

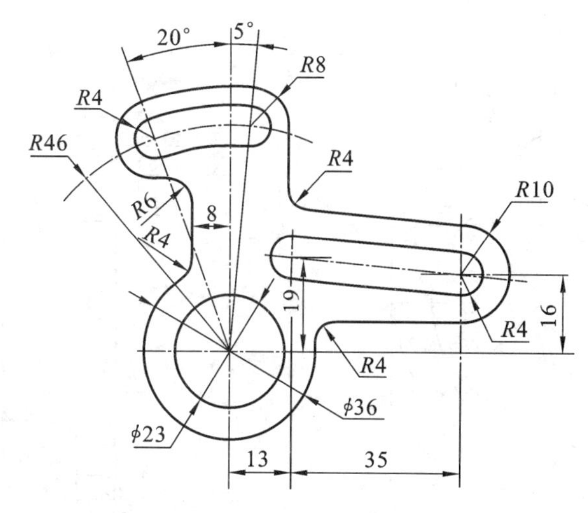

图 10-21 上机实训题 21

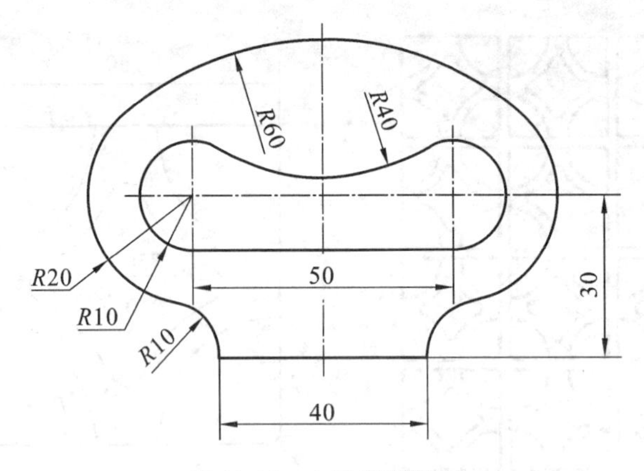

图 10-22　上机实训题 22

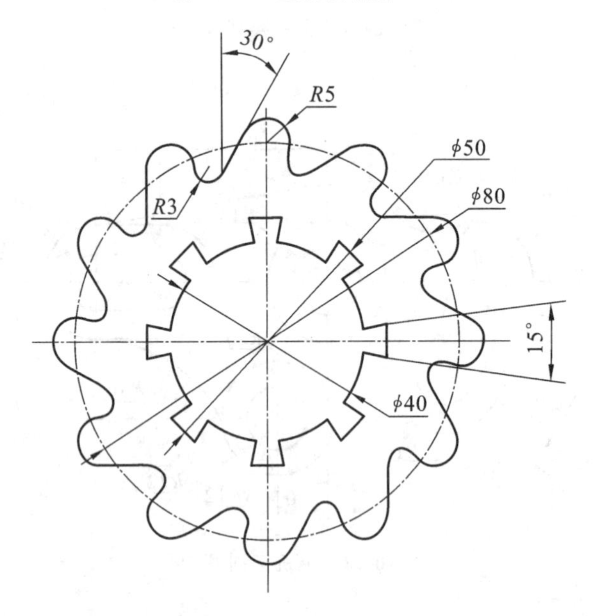

图 10-23　上机实训题 23

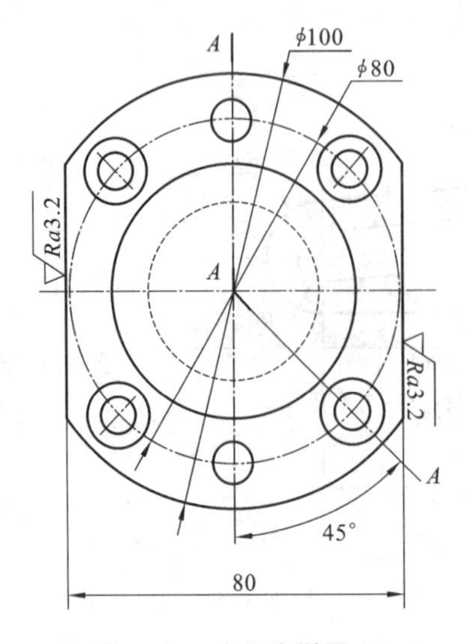

图 10-24　上机实训题 24

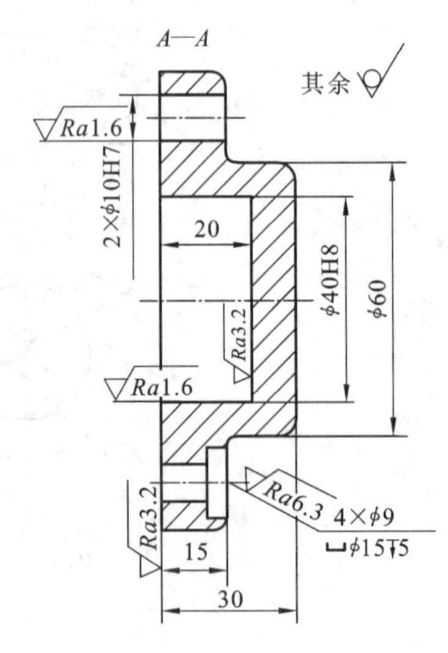

图 10-25　上机实训题 25

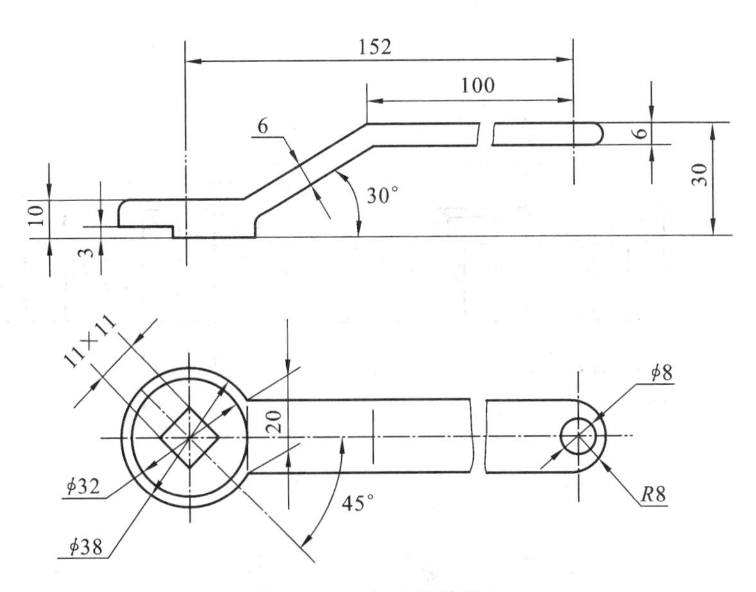

图 10-26 上机实训题 26

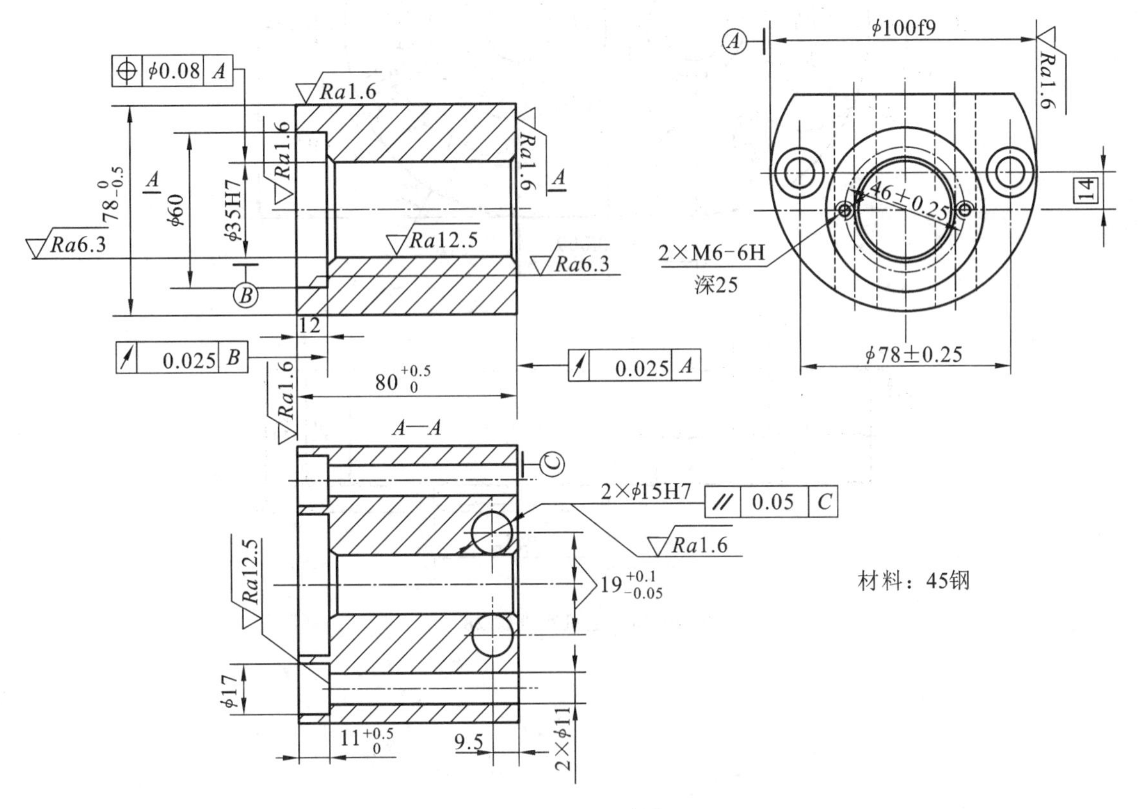

图 10-27 上机实训题 27

A—A

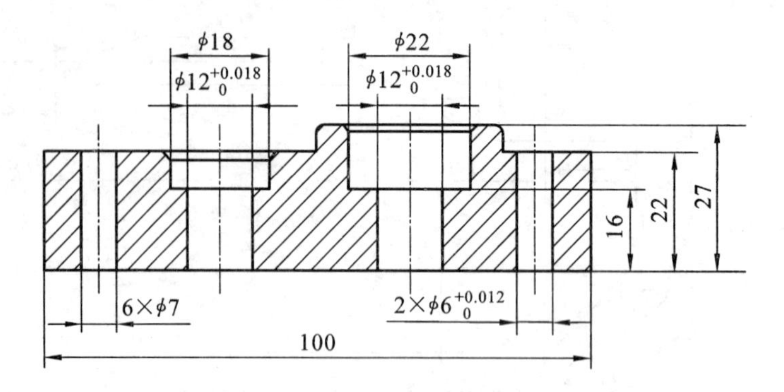

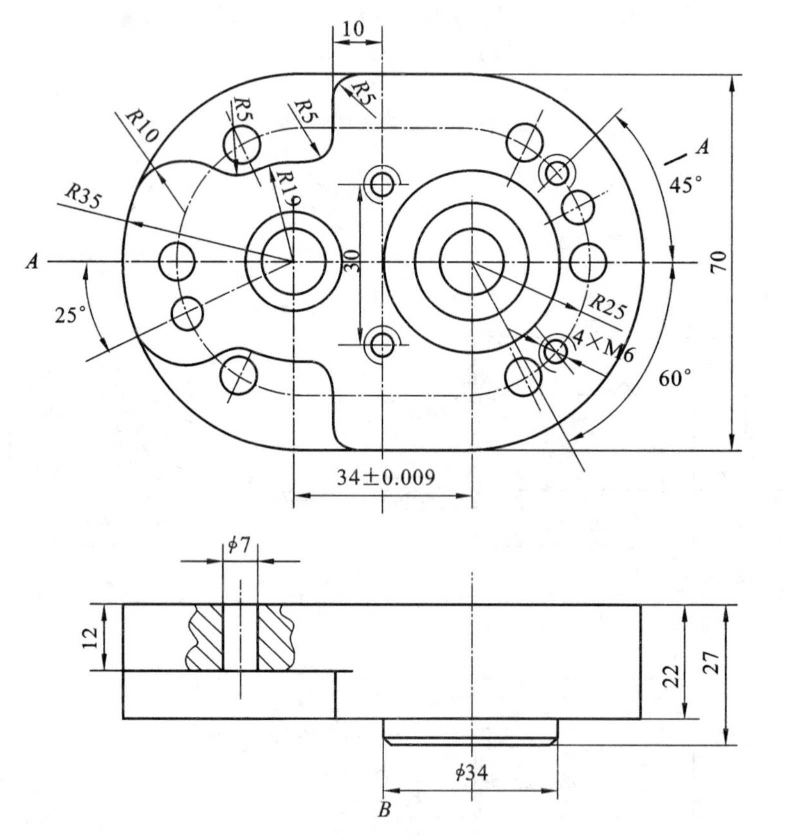

图 10-28 上机实训题 28

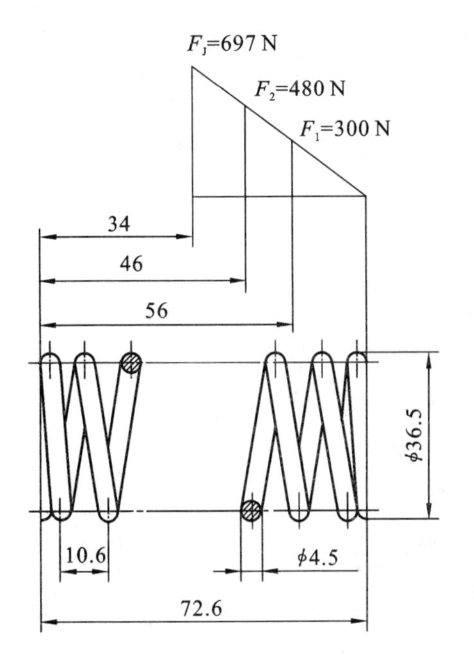

技术要求

1. 展开长度L=859 mm
2. 旋向：右
3. 有效圈数n=6
4. 总圈数n_1=88.5
5. 热处理40~50 HRC

图 10-29　上机实训题 29

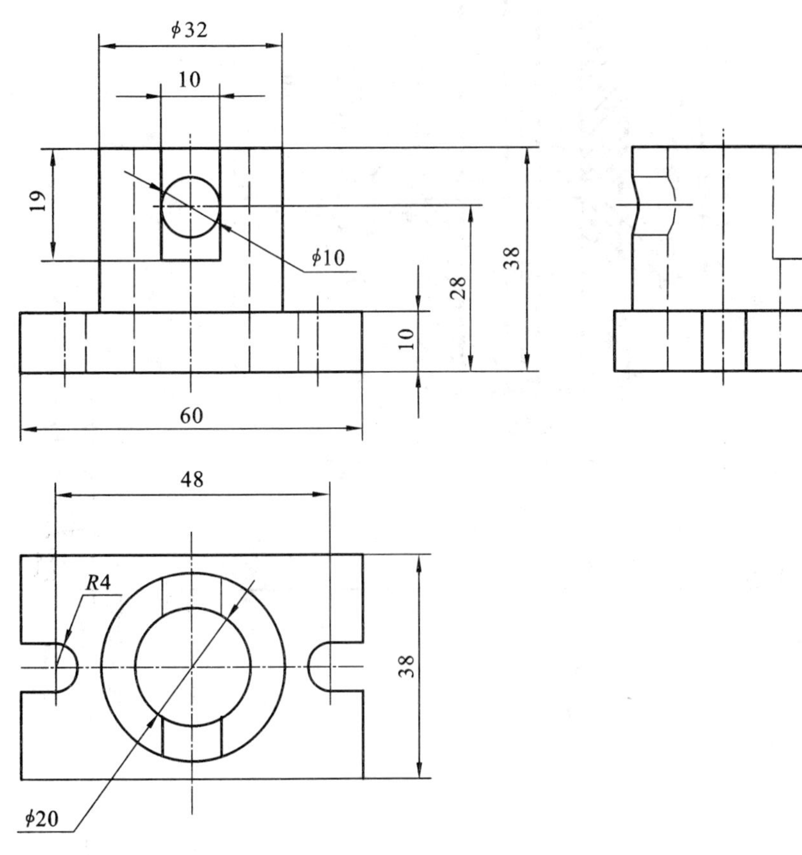

图 10-30　上机实训题 30

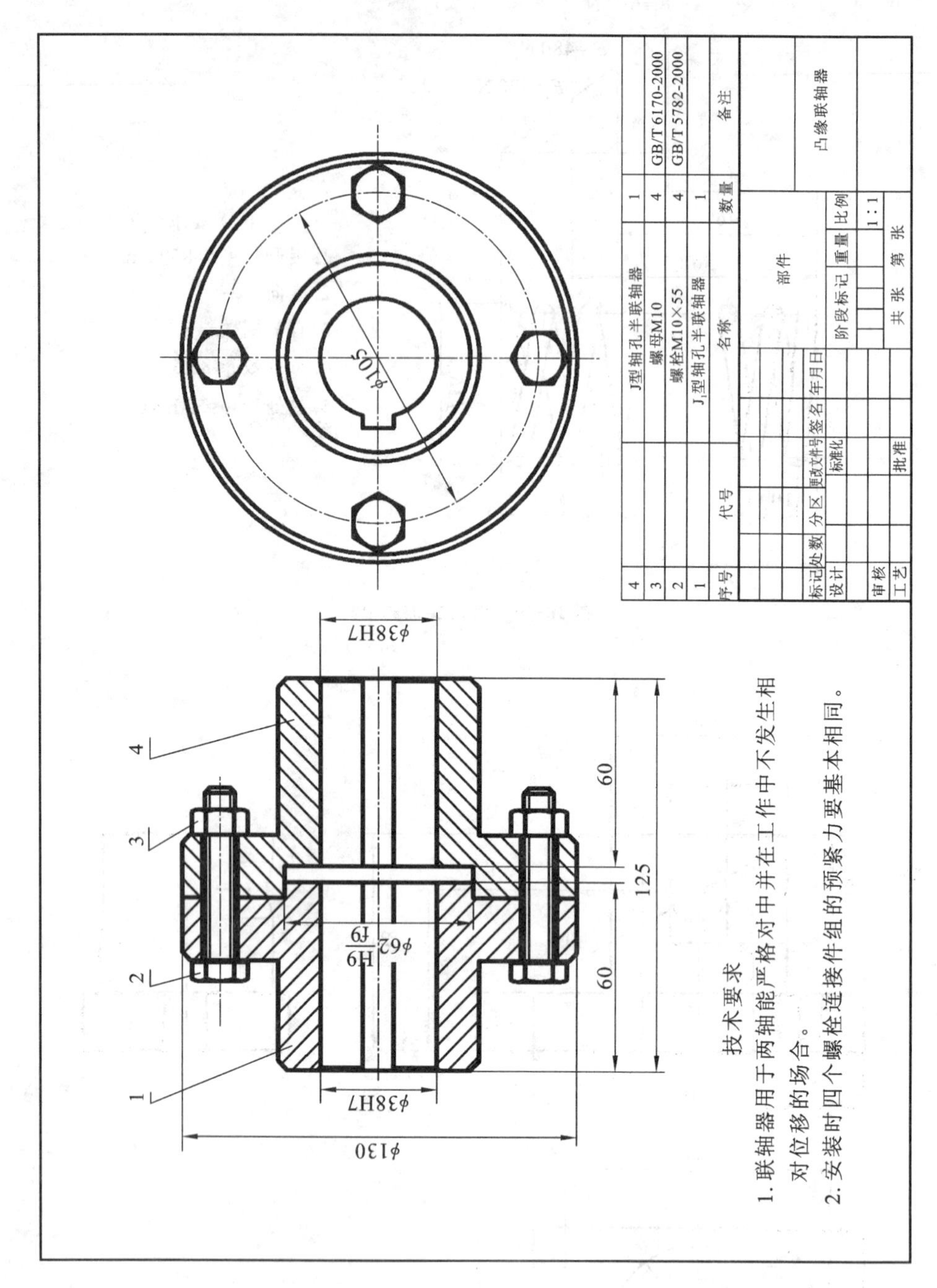

图 10-31　上机实训题 31

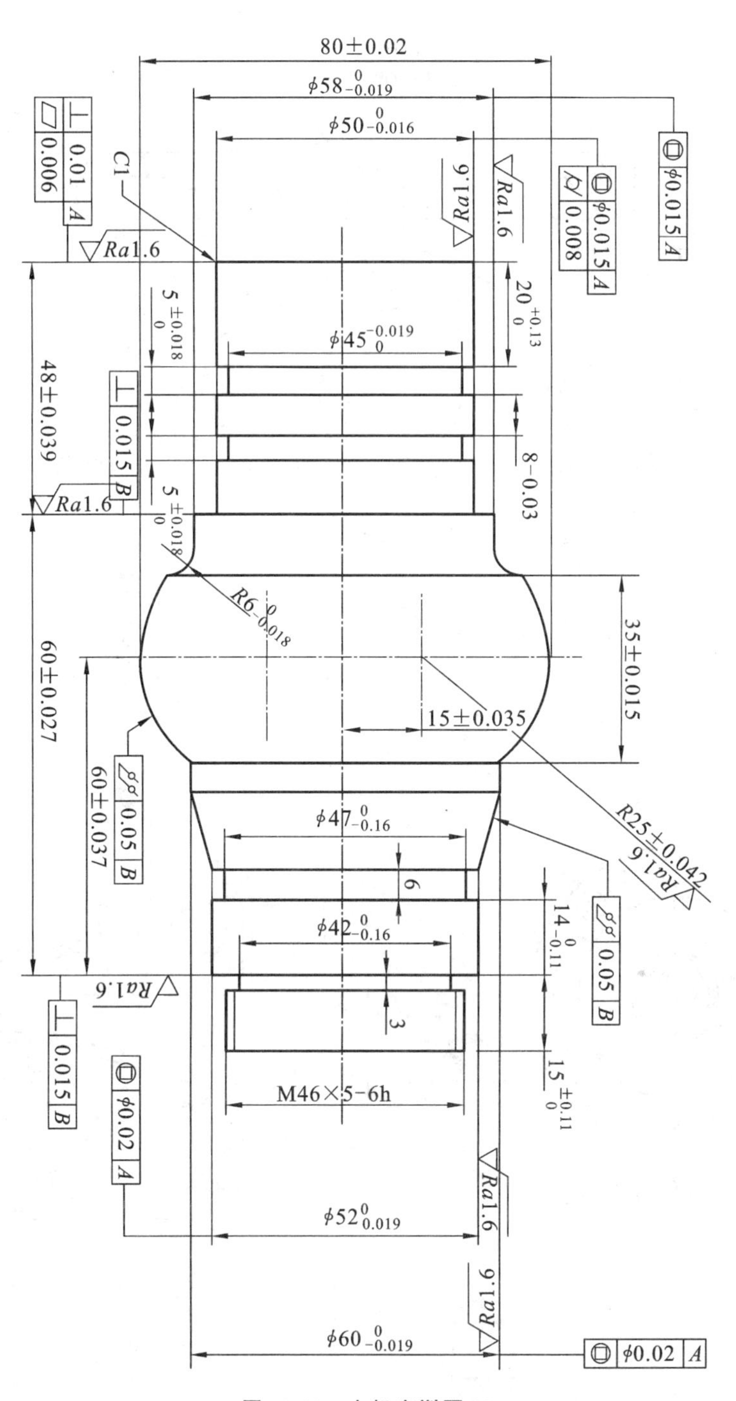

图 10-32 上机实训题 32

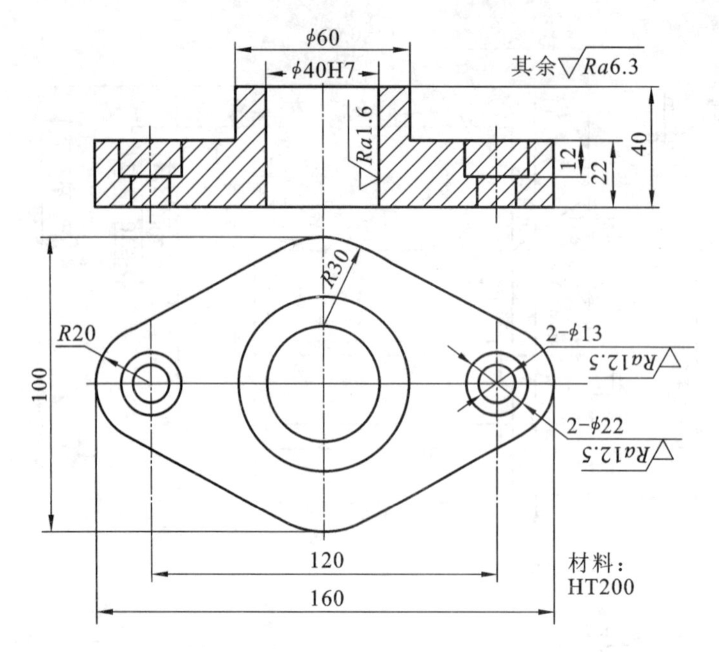

图 10-33　上机实训题 33

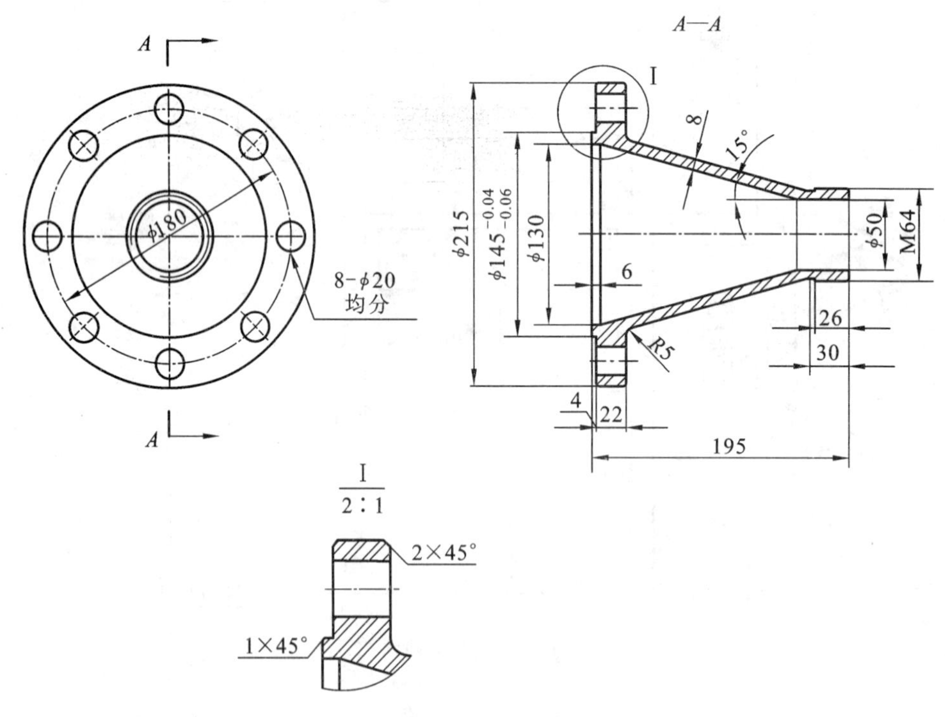

图 10-34　上机实训题 34